日本軍と軍用車両

戦争マネジメントの失敗

林 譲治
Hayashi Joji

並木書房

はじめに

島国である日本が外征部隊に対して兵站輸送を行なうにあたり、大きく二つの段階に分けられる。それは日本から船舶・鉄道を用いて大本営や方面軍などが管轄する領域における、いわば「戦略的な兵站輸送」と、師団が担当する前線までの領域、つまり「戦術的な兵站輸送」の二つである。

この二つの分水嶺となるのが兵站末地（まっち）であり、自動車による兵站輸送が活躍するのも主としてこの領域になる。今風に言えば、「ロジスティクスのラスト一マイル」の担い手である。

日本陸軍の輜重兵（しちょうへい）部隊は、多くが馬による動物輜重に依存していたことは知られている。アメリカ軍やイギリス軍がトラックを自在に操るなかで、日本軍は馬匹（ばひつ）で物資を輸送し、時には人力で運んでいた。

それは確かに事実ではあるのだが、だから「日本軍は精神主義一辺倒で機械力に理解がなかった」と結論するのはいささか早計である。

事実関係をみれば、日本陸軍は欧米諸国とほぼ同時期に自動車の研究を始めている。工業基盤の遅れから、自動車の国産化や量産化には時間を必要としたものの、構想レベルでは諸外国に劣っていたわけではない。

たとえば、とかく非力な存在として槍玉に上がる九七式中戦車にしても、開発時の要求仕様は十分に満たしていた。さらに言えば、同時期の世界の戦車と比較すれば三七ミリが主力の中で、五七ミリ砲を搭載するなど（歩兵直協のためではあったが）火力重視の思想も読み取れるのである。

また、運動戦を重視する立場から、歩兵師団の自動車化にも日本陸軍は熱心であり、生産力の範囲で着実に自動車導入が進められてきた。

一つの転機は満洲事変とそれに続く熱河（ねっか）作戦であった。満洲事変で日本陸軍は初めて大規模な自動車運用を経験した。さらに熱河作戦により、自動車の可能性を学ぶこととなった。

満洲事変の経験により日本陸軍の自動車政策は一つの転機を迎える。ここでのキーマンは伊藤久雄輜重兵大尉である。彼は陸軍自動車学校を経て、一九三二年から三九年まで陸軍省整備局動員課に勤めていた人物である。

彼は満洲事変でフォード・シボレークラスの自動車が活躍したことから、後方の兵站輸送をこうした量産に適した大衆車に委ね、前線はディーゼルエンジンを備えた重量級の軍用車が担うという、自動車の棲み分けを提案している。

この提案による大衆車クラスの量産はのちの自動車製造事業法にて実現することになる。

伊藤輜重兵大尉と並んで日本陸軍の機械化を語るうえで忘れてはならないのが吉田悳（しん）騎兵監であろう。彼は機甲軍創設の立役者でもあるが、重要なのは彼が機械化部隊を必要とするその理由にある。

一九四〇（昭和一五）年一〇月、吉田騎兵監は『装甲兵団ト帝国ノ陸上軍備』を発表する。この中で彼は、一国の人口問題から軍の機械化を説く。一国の人口は一朝一夕には増えない。そして工業社会の戦争だからこそ、軍事力を下支えする工業を維持するための労働人口は減らせない。ゆえに戦場に無闇に兵力を送ることは労働人口を減らし、戦力低下につながる。したがって限られた兵力で高い戦闘力を維持するには軍の機械化を行なうよりない。

この吉田騎兵監の提言は、諸外国に比較して労働生産性の低さが問題となる今日の日本においても傾聴に値する意見だろう。

このように日本陸軍の自動車化・機械化への関心は高く、決して精神力一辺倒ではなかった。だが一方で、日本軍の兵站は動物輜重中心であり、数少ない自動車についても故障で苦労したという証言には枚挙(まいきょ)に暇(いとま)がない。

この矛盾はどこから生じるのか？　本書の目的もこの矛盾について考える点にある。

一つ言えるのは、日華事変から終戦までの師団数の急増と根こそぎ動員こそが、諸悪の根源であったということである。

日本陸軍の優位は、基礎教育の普及を背景とした将兵の教育・訓練水準の高さにあった。しかし、根こそぎ動員でそれが実現不可能となった時、自動車一つ満足に運用できない事態に陥ったのである。

目次

はじめに 1

第一章 日本軍と自動車産業 9

発明家の時代 9

自動車産業の黎明／日本最初の自動車メーカー

軍用自動車の研究開発と自動車産業の誕生 13

軍馬の数と質の不足／国産軍用車の第一号

輸入から国産化へ 20

自動車メーカーの誕生

国家による自動車産業の育成 24

陸軍の試算と思惑

アメリカ自動車産業の進出　28
欧米の自動車産業発達の背景／世界をリードしたアメリカ
アメリカメーカーの日本進出　33
自動車輸入の拡大／フォード、ＧＭ日本上陸
商工省標準型式自動車とその周辺　38
軍用車は輸入か国産か？
標準車の誕生　40
国産振興委員会の答申／標準車量産の不振と課題／陸軍の求める軍用車
自動車製造事業法とその周辺　48
一九三〇年代の自動車の分類／満洲事変での自動車運用実績／日産と豊田の登場
国産車量産に向けた法整備　58
自動車製造事業法の目的／経済、産業の戦時体制への移行
戦時体制下の自動車生産　62
自動車の需要供給の統制／戦争長期化の影響

第二章　日本軍の軍用車両　68

ディーゼル車とガソリン車　68
戦時下のメーカー統廃合

自動貨車　71
ちよだ、スミダ六輪自動貨車／九四式六輪自動貨車／九七式四輪自動貨車／一式四輪・六輪自動貨車／日産８０型・１８０型トラック／トヨタＧＢトラック・ＫＢトラック／戦時規格型トラック──１８０Ｎ・ＫＣ型／フォード、シボレーのトラック

火砲の牽引車　94
黎明期の牽引車／九二式五トン牽引車／九二式八トン牽引車／九四式四トン牽引車／九五式一三トン牽引車／九八式四トン牽引車／九八式六トン牽引車／牽引自動貨車

戦車および装軌車両、装甲車両　113
日本陸軍の機甲化構想／輸入戦車／八九式中戦車／九二式重装甲車／九四式軽装甲車・九七式軽装甲車／九五式軽戦車／九七式中戦車／一式中戦車／一式砲戦車／三式中戦車以降／装甲車／装甲兵車

乗用車と小型車　169
戦前、戦時期の小型車生産／乗用車／自転車／オートバイ／三輪自動車

第三章　日本陸軍機械化への道　195

馬匹から自動車へ　195

常設されなかった機械化部隊／動物輜重の実態

自動車隊の黎明期　200

青島攻略―初の自動車運用／自動車隊の創設／シベリア出兵―自動車の本格的実戦投入／第一、第二自動車隊の編制／陸軍自動車学校の創設／戦力近代化と騎兵の役割

陸軍の自動車化の進展　220

満洲事変で増強される自動車隊／上海事変の戦車部隊運用／熱河作戦の兵站・輸送計画／川原挺進隊の突進／百武戦車隊の戦果と教訓／独立混成第一旅団の新編

第四章　日本陸軍機械化部隊の興亡　243

陸軍の自動車運用の実際　243

兵站輸送での自動車運用／自動車隊の指揮統制／連絡・調整の手段と方法／砲兵部隊との連携と要領

自動車部隊の拡充　264
日華事変と自動車隊の改編／輜重兵科の自動車化とその限界／騎兵機械化への改編と問題点
ノモンハン事件の敗北と教訓　278
日本陸軍が遭遇した初の近代戦／ノモンハン戦の兵站と自動車運用／ソ連軍の機動力、火力に圧倒された日本軍／戦車部隊の改編・新編／機甲兵科の創設と部隊整備
陸軍機械化部隊の太平洋戦争　300
マレー作戦―日本陸軍の電撃戦／「電撃戦」の実相と生かされなかった教訓／兵站輸送と自動車の活躍／有効活用できなかった機甲戦力
大陸打通作戦　318
京漢作戦・湘桂作戦の企図と目的／主要作戦部隊の戦力とその実情／困難続きの兵站線の維持／兵器行政における日本陸海軍の不作為／故障を招いた背景と要因／終始つきまとった整備の問題
主な参考文献　340
おわりに　342

第一章　日本軍と自動車産業

発明家の時代

自動車産業の黎明

日本に自動車が初めて現れたのはいつか？　これには一八九七年説と一九〇〇年説がある。

一八九七年説によると、横浜在住のアメリカ人、エペリー・ハイムが蒸気自動車オリエント号を、アメリカから持ち込んだのが日本初の自動車であるという。

一九〇〇年説では、別の横浜在住のアメリカ人が、同じく蒸気自動車を持ち込んだとある。

また同年にはサンフランシスコの在留日本人会が、皇太子に自動車を献上したという記録があり、日本人所有の自動車としては、これが第一号となる。ちなみにこの自動車は電気自動車であった。

この時代、水雷艇一隻が三万円、魚雷一本が四〇〇〇円といわれていたが、献上された自動車は三〇〇〇円であったという。当時、自動車がいかに高額であったかがわかる。

すでに欧米には自動車産業が存在していた当時、日本の産業は日露戦争（一九〇四～〇五年）前後に、ようやく機械化が進みつつある段階だった。

日本の工場数も一九〇三年には約八三〇〇、一九〇五年に九八〇〇、そして一九一〇年には約一万三五〇〇を数えるまでになった。

だがその半数以上が紡績関連工場であり、機械化が進んだといっても、それは軽工業を中心としたものだった。

それを端的に示しているのが、国産鉄材であろう。一八八八（明治二一）年ごろまで、国産鉄材の九〇％以上が、たたら製鉄により生産されていた。それ以外は輸入鉄材に依存していたのである。

この状況が変化するのは釜石の製鉄所ができてからで、日清戦争が起こった一八九五年頃には、たたら製鉄の国産鉄材のシェアは五〇％を割っていた。一九〇〇年に八幡製鉄所が稼働し始めると、たたら製鉄のシェアは急落し、一九一〇年頃には一％未満になっていた。

近代的な製鉄所が、たたら製鉄を市場から駆逐する一方、日本の鉄材需要は小規模な製鉄所で賄える規模（たとえば一九〇五年国産鉄量は八万三六九トン、輸入鉄量は一四万七八五九トンで合計二二万八二二八トン、国産化率は約三五％）だったのである。

海外から日本に自動車が輸入された頃の日本の工業はこのような状況だった。


また日本での自動車の普及も当初は遅々としたものであった。最初の自動車輸入より一〇年以上経過した一九一〇（明治四三）年の時点で、国内の自動車総数は一二一台にすぎなかった。

理由は日本の低い所得水準によるもので、当時の自家用車のオーナーは政財界の著名人など富裕層に限られていた。

日本国内の自動車数が一万台を超えるのは一九二一（大正一〇）年のことで、国内総数は一万二一一七台を数えた。

一〇年ほどで百倍近く自動車総数が増えた理由は、所得水準が百倍向上したためではなく、欧米では自家用車が市場を広げたのとは対照的に、日本では営業車の増加によるところが大きかった。

この一万二一一七台の内訳も、自家用車が四六八三台に対して、営業車はその倍近い七四三四台を数えていた。

これら営業車の中心はタクシーや（乗用車を改造した）バスなどの旅客輸送用であり、トラックによる運送は低調だった。

一つには欧米でもトラックが発達するのは、第一次世界大戦後であり、トラックの輸入量が限られていたことがあった。

さらに、当時の日本社会には、自動車を用いてまで輸送しなければならない商品が少なかったことと、価格競争力では荷馬車や荷車に勝てなかったことがある。

実際、荷馬車や荷車は、自動車に駆逐されるどころか、わずかながらも台数自体は増えていたという（ちなみに一九二一年の日本国内には、荷馬車は二六万九三七八台、牛車が五万二一一六台、荷車で二二〇万三四〇六台が保有されていた。自動車は少数派であった）。

また日本には都市部でも（これは当時の自動車全般にいえることだが）トラックが通行できる整備された道路が少なかったことも無視できない。

つまり二〇世紀初頭の日本は、トラック輸送のメリットを享受できる環境に欠けていたのである。

さらに自動車のほとんどが輸入車であったこの時期、その販売ルートも未発達だった。機械などの輸入業者が販売するのが大半で、販売マージンも高かった。アメリカで一五〇〇ドルの自動車が、日本では四〇〇〇ドル近い価格で販売されることも珍しくなかった。

自動車の輸入商も増えていたが、一社あたりが扱う販売数は、年間数台であった。また海外に多数の自動車モデルが存在していたこともあり、この時期の日本国内の自動車は極端な多種少量状態にあった。

たとえば一九一四年の東京には四九九台の自動車が存在していたが、車種は一二〇種類以上あった。しかも、一車種一台という自動車も八〇台あったという。

これは別の解釈をすれば、この時代の日本において一強となるような、自動車車種や海外メーカーはなかったということでもある。

またマージンが多くて販売価格が高ければ、輸入車の価格競争力は大いに削がれる。そこに自動車国産化の可能性があった。

日本最初の自動車メーカー

日本で最初に自動車が組み立られたのは、一九〇二（明治三五）年であった。吉田真太郎が経営する双輪商店という自転車販売店によるものだ。のちの東京自動車製作所である。

これは逓信電気試験所の技師であった内山駒之助がアメリカから二気筒一二馬力のガソリンエンジンを持ち帰ったのがきっかけで、自動車はこのエンジンを元に組み立てられた。

製造ではなく組み立てであるのは、当時の日本の機械工業の水準から、既製品を改造してエンジンを載せるようなかたちでしか自動車の製造ができなかったためだ。

吉田・内山の二人は早くも一九〇三年に広島の業者より二号車の発注を受ける。これはバスとして運行させるためのもので、外国のカタログを参考に製作され、八五〇〇円で売却されたという。

このバスは日本初のバス事業ともいわれるが、機械的信頼性が低かったことと、馬車屋の営業妨害で短期間で廃業に至ったという。

二人は一九〇八年までに一〇台（一四台という説もある）の自動車を組み立て・製造を行なったとされる。ただ先にも述べたように工作機械や部品産業が育っていないため、産業というほどの規模には至らなかった。

彼らの工場でも部品の内製化はほとんど行なえず、外注した部品も、自動車部品の工場などないため、海外に発注するか、国内でも造船、機関車、馬車などの関連工場に依存するしかなかったのが実情だった。

このほかにも一九〇四年には山羽虎夫により蒸気自動車が製造されたという記録がある。これは内国勧業博覧会での自動車展示に刺激されたものといわれる。

こうした事例以外にも発明家による自動車製造は

各地で行なわれたが、それらの生産総数は約四〇台にすぎなかった。事業として成功しなかったのは、日本の工業基盤だけでなく、資金面の弱さがあった。

東京自動車製作所も自動車の性能と価格で外国車よりも劣っていたのは否めなかった。三十数人の従業員を抱え、生産台数は年間二台では経営が成り立つはずもない。経営難に陥った東京自動車製作所は大倉財閥に援助を乞い、一九〇九年一〇月に大日本自動車製造合資会社となる。だが吉田・内山の二人は同社を辞して、経営から完全に退くこととなってしまう。

大倉財閥は、大日本自動車製造合資会社の経営を行なうものの、経営的に自動車の製造で外国車と太刀打ちできないと判断した。主業務は外国車の輸入販売となり、工場設備はそれらの修理に用いられることとなった。

一九一〇年一一月には、同社は組織改編を行ない日本自動車合資会社と社名変更する。社名より「製造」の二文字が消えたのは、そのことの反映であった。

ただ一九二〇年代になると、ようやく自動車産業が日本でも活動し始めるが、そのための技術の蓄積には、こうした輸入車の国内修理の経験が少なからず貢献したのである。

軍用自動車の研究開発と自動車産業の誕生

軍馬の数と質の不足

日本陸軍の軍用車について考えるときに忘れてならないのは、日本陸軍が抱えていた軍馬の問題である。

一九世紀末から二〇世紀初頭の軍隊では、機動力や兵站面で軍馬が重要な位置を占めていた。

だが日本陸軍は、軍馬に関して、その質と数の両面でその所要を満たせないでいた。

たとえば一八九四年から九五年の日清戦争では、

日露戦争では軍馬の不足から輸送力の主役は人間であった。開戦２か月後の1904（明治37）年４月には、戦地に送るための荷車（大八車）の徴発が日本全国で行なわれた。写真は鴨緑江（中国朝鮮国境）に向け、義州付近を北進中の第１軍（近衛、第２、第12師団）の隊列。近衛師団の歩兵、砲兵部隊が輜重車を輓馬に引かせている。

全国馬飼養頭数約一五〇万頭を母体として、その一割にあたる一四万七一四九頭が差し出され、検査の上で三万五〇三二頭が徴用された。

この中から出征した軍馬は、二万五〇〇〇頭ほどで、これだけ聞くと、少数精鋭の優秀馬が集められたように見える。

だが実際は軍務に耐えうると判断された馬は一割にもに満たなかったといわれる。これは単純に馬体の問題だけでなく、船舶や鉄道での輸送中に暴れ、戦場に着く前に傷つくものも珍しくなかったためだ。

このため作戦の立案時には、輜重（しちょう）部隊も駄馬編制で計画していたものが、馬匹（ばひつ）不足から急遽、荷車を人夫数人で牽引することとなり、編成替えが行なわれた。そのために雇われた軍役人夫は二〇万人以上ともいわれている。

その後の義和団事件などでも日本の軍馬は、馬体が小さいわりに従順さに欠け、諸外国から「日本軍は馬に似た猛獣を使用している」と哄笑されるありさまだった。

深刻なのは、諸外国が野戦で重砲を輓馬（ばんば）により牽引する中、日本軍には「重砲あって重輓馬なし」というのが現実だった。馬の能力は、そのまま部隊の砲兵火力に影響したのだ。

日清戦争の反省から、馬匹の改良や去勢などが実施されたが、時間も労力も不足していた。

日露戦争での徴用総馬数は日清戦争の二倍半に達したが、馬体の大きさは貧弱なままだった。

一方で、戦術の変化もあって騎兵・砲兵には一層の機動力が求められたが、日本の軍馬はその要求を満たせる水準になかった。

ある外国の観戦武官などは「ロシア軍なら馬六頭でやすやすと牽引できる火砲を日本軍が鹵獲しても、日本の軍馬では八頭でも牽引は容易ではない」と評したという。

輜重に関しても状況は同様で、馬匹不足から現地の支那馬を購入したが、こちらの方が輓馬として日本馬より優秀だったとの報告さえなされていた。

こうして日露戦争開戦後の一九〇四年九月、「臨時馬制調査委員会官制」が公布され、翌年一月には「馬政第一次計画」が答申された。

これは三〇年計画で、外国種などを導入し、交配させ、日本馬の品種改良を行なうというものであった。ちなみに三〇年後というと、日華事変の二年前、一九三五年となる。

このような馬匹による輸送能力の問題から、日本陸軍は日露戦争後に自動車研究に着手する。

一九〇七年二月、陸軍次官は陸軍技術審査部長に対して、自動車が軍の使用に耐えうるか、さらに国産化が可能であるかどうかについて研究を通牒した。

技術審査部は一九〇八年にまずフランスのノーム・オートモービル社よりトラック二台を購入した。一台の購入価格は五八八二円であった。

この自動車については、予算面で若干の問題が起きている。会計検査院が寺内正毅陸軍大臣に対して、「庁費試験および模範費で支弁されるべき自動車が、なぜ兵器弾薬費で支弁されたのか？」との諮問書を提出した。

寺内陸軍大臣はこれに対して「正式未定兵器として輜重車と同一用途なので兵器弾薬費で支弁した」と解答している。すでにこの時点で陸軍が自動車に

日本の車両保有台数（1908～1930年）　　『戦前の日米自動車摩擦』より

	乗用車・バス	トラック	自動車計	自転車	人力車	荷車	荷馬車	荷牛車
1908			9					
1909			19					
1910			121					
1911			235					
1912			512					
1913			892					
1914			1,066					
1915			1,244					
1916	1,624	24	1,648					
1917	2,647	25	2,672					
1918	4,491	42	4,533					
1919	6,847	204	7,051					
1920	9,355	644	9,999					
1921	11,228	888	12,116					
1922	13,483	1,383	14,866					
1923	10,666	2,099	12,765					
1924	17,939	6,394	24,333	3,690,000	105,700	1,923,500	310,500	63,700
1925	21,002	8,162	29,164	4,142,200	82,900	1,977,800	313,500	68,500
1926	27,973	12,097	40,070	4,597,000	72,300	1,963,100	310,200	82,200
1927	35,775	15,987	51,762	4,844,100	69,300	1,917,800	316,200	86,900
1928	44,660	21,719	66,379	5,111,700	59,200	1,894,100	319,700	86,200
1929	52,829	27,541	80,370	5,602,000	50,100	1,812,500	369,400	93,900
1930	57,827	30,881	88,708	5,779,300	42,600	1,807,800	308,900	98,700

（表1-1）

対して、然るべき用途をイメージしていたことがこの解答から読み取れよう。

ただ、このことをもって、日本陸軍が「馬が駄目だから自動車で」と考えていたとするのは早計だろう。自動車産業もなく、価格も高価な自動車が、すぐに馬の代替となるはずもなかった。

たとえば時代は下るが一九二四年の統計によると、日本国内の自動車総数は二万四三三三台に対して、荷馬車の総数は三一万五〇〇台を数えた。（表1-1）

こうした点から考えるなら、陸軍としては、少なくともこの時点においては、馬匹の改善が進むまでの、補助的手段として自動車を考えていたとするのが妥当だろう。

その証拠に、陸軍は輜重部隊に関しても、輜重車や駄馬輸送方法の改善や、人力輸送のため、輸卒（ゆそつ）の体格審査や教育の改善などにも着手している。

このように輸送力改善に必要と判断される手段はすべて研究し、自動車もそうした施策の中にあったのである。

国産軍用車の第一号

購入したノームトラックは軍の試験関係者による「フォードのトラックほどの価値もない粗雑な代物」であったという。

それでも「自動車が軍用に適するか?」を研究する上では役に立ったらしい。同時に、青森までの走行試験では、日本の道路の多くが自動車走行に適さない悪路であることも明らかになった。

このノームトラックの試験結果を受けて、日本陸軍の「軍用自動車が具備すべき要件」がまとめられる。その中身は、

- ガソリン自動車であること
- 全備重量：四トン以内
- 積載量：一トン以上
- 馬力：二〇馬力以上
- 最高速度：時速二〇キロメートル
- 燃料搭載量：二五〇キロ以上の運行に耐える

などである。ガソリン自動車と明記してあるのは、当時はまだ蒸気自動車や電気自動車など、複数の動力が混在していたためだ。

積載量一トン以上とは、今日の基準では過少に思えなくもない。

だが、当時の輜重車の積載量が馬匹の能力の問題もあり、約一八七キロ（五〇貫）であったことを考えるなら、自動車一台で、輜重車五、六台分の働きができたことになる。

この「要件」がまとめられると、一九〇九年一月に陸軍次官から技術審査部長に「軍用自動車の審査は、まず野戦軍の後方において使用すべき輜重用積載および輓曳（ばんえい）用自動車を制定する目的を以て進捗せしむること」との依命（いめい）通牒が発せられた。

つまり、とりあえず輜重機材として自動車を研究するが、将来的には適用分野を拡大するという含みである。特に砲兵科は強い関心をもっていたが、これについては後述する。

こうして陸軍の要求仕様が固まると、一九〇九年

1909（明治42）年、フランスから輸入、陸軍工兵学校で性能評価試験が行なわれたシュナイダー社のトラック。積載量1.5トン、最大時速30キロ程度ながら、当時としては大型の部類に入る貨物自動車だった。

1910（明治43）年、ドイツから購入したガッチナウ社のトラック（写真左）と、国産初の軍用自動車として完成した甲号自働貨車（写真右）。甲号自働貨車はスピードよりも搭載量を重視した設計だった。研究・評価のため輸入された複数の車種中、シュナイダー社とガッチナウ社のトラックが評価が高く、甲号自働貨車試作の範となった。

決められていた。

このため「製作に関する要領書」がフランス駐在中の田島応親砲兵中佐に送られ、購入が指示された。そうして選ばれたのが、この二台である。

先のノームトラックと合わせ、四台のトラックによる試験を重ねた結果、先の「軍用自動車が具備すべき要件」を若干修正した上で、自動車の製造が砲兵工廠で可能と陸軍大臣に上申された。

一九一〇年にはドイツのガッチナウ社とイギリスのソニークロフト社からもトラックが購入される。このときガッチナウ社のトラックについては、ライトや電線、メーターなどの付属部品五八点が購入され、これらはのちに国産化されることになる。

一二月にはフランスのシュナイダー社（当時はスニーデル・カネー社）より二台のトラックが購入される。

このトラック購入は、日本がトラックを生産するためのモデルとなるべき車種であることが最初から

この部品の国産化は、修理体制の強化とともに、自動車国産化への布石である。

　事実、同年にヨーロッパに自動車製造技術の研究のために派遣された北川正太郎砲兵大尉は、東京砲兵工廠に「自動車製造に関する報告」を行なっている。

積載量約2.5トン（２トン車）の甲号自働貨車に改修を加えながら、乙（２トン車）、丙（４トン車）、丁（３トン車）号の試作車が製作され、各種の性能評価試験が行なわれた。写真は丙号自働貨車。

　こうした準備ののちに、一九一〇年五月、陸軍大臣は大阪砲兵工廠に対して自動車製作を命じ、一九一一年五月には一号車が、七月には二号車が完成する。製作費は九〇〇〇円であり、当然ながら輸入車より高額だった。

　ちなみに当時の日本の軍馬の価格がおおむね八五円前後であり、自動車一台が馬匹一〇〇頭ほどに相当したことになる。

　この国産初の軍用車は甲号自動貨車（当時は自働貨車。自働車が自動車と表記されるのは、一九一二年一一月に警視庁が改めてから）と呼ばれ、自重二トン半、積載量一トン半、エンジン馬力は三〇馬力で、最高時速は二四キロだった。

　この二台は大阪から東京に試験も兼ねて自走することになる。台風の影響もあり東海道より中仙道が安全と判断されたものの、当時の日本は街道でも、自動車の通行は困難を極めた。

　木曽川では橋を通過できず、舟で渡河を余儀なくされるなど、大阪・東京の移動に一五日を要したという。ただこれは道路事情の問題であり、自動車そのものは、輸入車よりも高性能であったといわれる。

　このように日本の技術で自動車の製造が可能であることは証明できた。

　しかし、これを具体的に部隊運用するためには、自動車そのものの試験・研究のみならず、部隊の編制や運転手の養成、さらには民間自動車産業の奨励などに関しても調査研究が必要だった。

　そこで一九一二年六月四日に陸軍省軍務局長田中義一少将（当時）を委員長とする軍用自動車調査委員会が設置される。

　この委員会は歩兵・騎兵・砲兵・工兵・輜重兵（歩兵からの転科）と陸軍の各方面が参加した。

　注目すべきは、委員長をのぞく一六名の委員の半数、八名が砲兵科であることだった。当面は輜重機材として研究が進められている自動車であったが、砲兵科としては、火砲の機動力に強い関心を示していた。国産の甲号自動貨車にしても、積載量は野砲なら一門、山砲なら二門積載できるところに力点が置かれたという。

　このため陸軍としては、自動貨車には砲兵段列（だんれつ）に使用できるだけでなく、最終的には火砲の牽引能力も期待していたらしい。このことはのちの軍用自動車補助法にも影響することになる。

輸入から国産化へ

自動車メーカーの誕生

　国産軍用車が製造されていた頃、日本の自動車産業は、発明家が手工業的に生産する段階から、企業が量産化を模索する段階に移行しつつあった。

　日本の工業は国策もあって急激に発展していたものの、その半数が紡績業関連であった。このため一八九〇年代の金属、機械、化学が工業に占める割合は、順に年平均三・三%、一・〇%、六・四%にすぎなかった。

　しかし、一九一〇年代に入ると、依然として紡績は四〇%を超えるものの、金属、機械、化学も年平均五・二%、七・九%、一一・二%と拡大し、特に機械工業の発達は大きかった。

ただそれらも紡績工業関連の機械が中心で、自動車産業を支えられるだけの技術水準とは言い難かった。

1914（大正３）年、快進社が製造した「脱兎号（DAT・CAR）」はエンジン、車体とも国産車の第一号であった。DATの商標は同社の共同経営者だった田健次郎、青山禄郎、竹内明太郎の３人の頭文字に由来する。

こうした背景から、当時の自動車メーカーは大きく三つに分けられる。一つは、自動車会社として起業されたもの、二つ目は造船業など既存の企業が自動車生産に着手するもの、そして三つ目が、輸入車の販売店が修理から生産に乗り出す場合である。

この中で後述する軍用自動車補助法に関して重要なのは前二者である。

自動車会社の起業として代表的なのは、一九一一年に、のちの日産自動車となる快進社自動車工場が橋本増二郎によって設立されたことだろう。

快進社の目的は国産車の生産にあったが、彼らはまず輸入車の組立や修理によって経営基盤を安定させるという堅実な戦略で臨んだ。事実、同社の経営は自動車修理により成り立っていた。

一九一二年には早くも第一号車「脱兎（ダット）号」の製造にかかるが、部品入手の問題から失敗。

一九一四年に二号車の試作に成功し、「脱兎号」と命名される。それでも快進社が一九一九年までに製造した自動車は六～七台にとどまった。

生産台数不振の主たる理由は、国産の自動車用部品の入手困難にあった。鋳造部品の質はもちろん、電気コードがやっと国産化された状況では、自動車製造は容易ではなかった。電流計なども、特注する必要があり、しかもそうした製品は逓信省の検査が必要で、電流計一つひとつに、検査料がかかった。

一方で、輸入自動車部品は付属品扱いで、安価かつ無検査で販売されていた。こうした点で国産車は性能・価格ともに輸入車には伍するのは難しい現実があった。快進社の業績は世界恐慌の影響もあって、業績不振が続き、彼らは軍用自動車補助法に望みを託すことになる。

こうした起業による自動車製造以外には、既存の鉄工所や電気工業などでも自動車の試作を行なうところが出てきた。

ただ試作はしたものの、それで終わった企業も多く、軍用自動車補助法の適用を受けた軍用トラック生産に参入したのは、既存企業の中では、東京石川島造船所と東京瓦斯電気工業の二社であった。

東京石川島造船所が自動車製造に着手できたのは、企業規模および造船が総合工業であったことが大きい。造船業は部品の内製化などで相対的に他業種より有利だったのである。たとえば試作で終わったが、三菱神戸造船所でも一九一七年に一〇台ほど自動車が生産されている。

日本の造船界は造船奨励法（一八九六年公布）の影響もあって、三菱長崎造船所・川崎造船所・大阪鉄工所の三強が総トン数で国内九九％を占める寡占状態にあった。

その中で第一次世界大戦による造船・海運ブームにより、東京石川島造船所は三強には及ばないながらも、資本金を五倍にするほどの活況を呈した。

この時、余剰金の使い道として、同社は将来性を見越して自動車製造に進出することになる。

一九一八年にウーズレー社と契約を結び、東洋における製造権と独占販売権を獲得した。しかし、試作第一号の完成は契約から四年を経過した一九二二年であり、製造原価は一万数千円（ウーズレーの輸入車は六〜七〇〇〇円）になり、しかも材料の問題から品質で劣っていた。同社もまた、軍用自動車補助法の助けが必要だった。

一方の東京瓦斯電気工業はどうだったか？

同社は一九一〇年八月にガス機器の生産・販売を目的に東京瓦斯工業として設立された。だが第一次世界大戦の勃発で、信管などの軍需生産により、同社は急成長を遂げる。同社の信管は信頼性が高く、陸軍からも高く評価されたことから、同社は機関銃など軍需生産を拡大していく。一九一七年に大森工場を新設したことで、大阪砲兵工廠と軍需を介した結びつきが強まっていった。そして大阪砲兵工廠より四トントラックの試作を依頼されることになる。

実は陸軍は同年に四トントラックについて、東京瓦斯電気工業を含む八社に試作を打診し、六社（東京瓦斯電気工業・発動機製造（ダイハツ工業の前身）・三菱神戸造船所・川崎造船所・奥村電気商会・東京自動車製作所）が応じていた。

これは大阪砲兵工廠が用意した図面に従い製作するというもので、部品に関しても同工廠の支援が受けられた。ただほとんどの企業が他の軍需生産に追われるなど、軍用トラックについては、試作のみに終わっている。

東京瓦斯電気工業は、軍の依頼を受けるにあたって、自動車技術の専門家がいないために、他社からの勧誘を試みた。

そうして招かれたのが大倉財閥系の日本自動車で技師長だった星子勇（ほしこいさむ）であった。彼は欧米で専門教育を受けただけでなく、『ガソリン発動機自動車』という著書もある、当時、日本でも屈指の自動車技術者であった。

彼を中心に五台の四トントラックが製造され、その性能も満足がいくものだったという。軍用自動車補助法が制定されると、真っ先に製造認可を申請したのが同社であった。

国家による自動車産業の育成

陸軍の試算と思惑

ここまで何度か名前が挙がった軍用自動車補助法とは、いかなる背景から作られた法律だろうか？

前述の軍用自動車調査委員会は第一次世界大戦直前の一九一四年六月から、軍用自動車奨励法の検討に着手していた。自動車が軍用に役立つことはわかったものの、有事になれば大量の自動車が必要になることも明らかだからだ。

忘れてはならないのは、この時期の日本は自動車産業も誕生したばかりであり、国内の自動車総数にしても、輸入車・国産車を合わせて、やっと一〇〇〇台を超えた程度ということだ。

有事に一〇〇〇台、二〇〇〇台の自動車が必要でも、それを実現するのは一大事業だったのである。さらに当時の自動車は高価な機械であり、それを一〇〇〇台購入しようとすれば、国家予算の一％近くになった。

このように平時から陸軍が大量の自動車を保有するのは経済的負担が大きすぎた。そのため一定数を民間に保有させ、有事にはそれを徴用することが考えられた。先の法案も自動車産業の奨励とともに、民間での自動車保有数を増やす方策が検討されていたわけである。

第一次世界大戦が勃発すると、鉄道や馬匹に比べて、自動車の存在感は薄かったものの、それでも重要な役割を果たすようになっていた。

有名なところでは、一九一四年のマルヌの戦いでは、パリのタクシー六〇〇台で兵員を輸送したほか、一九一六年のヴェルダン要塞の攻防戦では連合軍が三五〇〇台の自動車を動員して補給線を維持することに成功していた。

こうしたことから委員会は各国の軍用車の状況を調査すべく武官を派遣していた。たとえば一九一六年から一七年には川瀬亨輜重兵中佐がイギリス・フランス・イタリア・ロシアに派遣され、軍用車の使

軍用自動車補助法による補助金　　「日本自動車工業史」より

種類	対象の車両	製造補助金	増加補助金	購買補助金	維持補助金(年額)
甲	積載量1～1.5トン自動貨車	1,500	500	1,000	300
乙	積載量1.5トン以上自動貨車	2,000	500	1,000	300
丙	甲の応用車	1,500	375	750	200
丁	乙の応用車	2000	375	750	200

(表1-2)　　単位：円

用状況のみならず、必要な要員の教育・整備状況、戦場での軍用車の用途などを調査していた。

このようなヨーロッパの諸制度を参考に、一九一七年六月には軍用自動車補助法が具体化していく。

法案は一九一八年の国会で審議の後、施行されたが、その過程で陸相は、法案の説明として以下の点を挙げた。

- 多年の試験の結果、保護自動車としては三トン車（一トン積み）と四トン車（一・五トン積み）が軍用車としての要件を満たしている。
- 広く民間に自動車を使用させて、戦時にそれを用いるのが経済的であり、また自動車技術の発展にともない、新型車を用いることができる。
- 自動車の製造を奨励し、民間の使用車数を増やす。

具体的な補助金は表1・2のとおりだが、製造事業者には二〇〇〇円、使用者には二五〇〇円までの補助金が出た。

1924（大正13）年に石川島造船所自動車工場がイギリスから製造・販売権を取得、製作したウーズレーCP型トラック。軍用保護自動車に認定された最初の車種で、積載量1.5トンのCP型と積載量１トンのCG型が３年間で580台生産された。

この補助金の根拠だが、大阪砲兵工廠などが試作した四トントラックの製造コストが七〇〇〇円で、同じクラスのアメリカ車の価格が五〇〇〇円であったので、この差を補塡する意味があった。この補助金で製造された自動車は保護自動車と呼ばれた。

使用者が二五〇〇円というのは、購入補助金が一〇〇〇円、それに年間三〇〇円を維持費として五年間補助する、その総額である。

この時期の陸軍の想定としては、戦時には陸軍全体で四〇〇〇台の自動車が必要であり、その中の一七〇〇台を国内から調達するというものであった。この一七〇〇台に対して補助金を支給するのである。

一九一八年ごろの日本陸軍の師団数は二一個であるから、四〇〇〇台を単純に割れば、一個師団あたり一九〇台の自動車となる。

馬匹による輜重車の積載量が約一八七キロであったから、四トントラックなら八倍の積載量となる。単純計算で、馬匹に換算すれば一九〇台の四トントラックで輓馬一五〇〇頭ほどに相当する計算だ。戦時における一個師団の馬匹の必要数が約八〇〇〇頭であるから、この数字は決して小さなものではない。

ちなみに、第一次世界大戦にともなう好景気もあって、日本国内の自動車数も、法案を検討していた一九一四年の約一〇〇〇台から、法案が採択される一九一八年には四五〇〇台に増加していた。とはいえ軍の要求仕様を満たすトラックは国内には数十台にすぎなかった。

ただこの補助金は、基準を満たしたすべての軍用車に支給されるわけではない。毎年の予算の枠内で行なわれるので、補助金を受ける自動車台数には上限があり、毎年の予算では三〇〇台に満たなかった。

この予算の問題から衆議院では、議員の一部から、問題の一七〇〇台分を民間が輸入車で購入すれば補助金は不要という意見が出た。これに対して陸軍は、国内産業保護・育成のためと返答している。

裏を返せば、陸軍としては必要な自動車数を確保することこそ重要で、すべてを国産で賄うことにはこだわっていない。数さえ揃うなら輸入車でも構わなかったわけだ。

ただ、この保護自動車の生産実績は一九一八年に〇台（予算上は四台）、翌年も一二台（予算上は三三台）と決して芳しいものではなく、予算の達成率も四割未満にすぎない時期が続く。

製造メーカーも前述の快進社、石川造船所、東京瓦斯電気工業の三社が細々と製造を続けているのが現実だった。三社合計で保護自動車の年産が一〇〇台を超えるのは、ようやく一九二六年で、二三八台を生産した一九三〇年を加えても、保護自動車の生産台数は一一一六台にとどまった。

保護自動車の生産が陸軍の思惑どおりに進まなかった理由はいろいろあるが、いちばんの理由は、日本の自動車需要をまったく考慮していなかった点にある。

陸軍としては軍用車は火砲の輸送も可能な四トントラックの能力が望ましかった。

だが輸入トラックの走行試験を行なう中で、国内の未整備な道路事情に泣かされたのは、数年前のことである。

当時の日本には三トントラックや四トントラックの需要は乏しかった。実際、国会審議の中で、「民間では三トンでも大きすぎる。二トン以下も含めるべきではないか」との意見もあったが、陸軍は「軍の要求性能を満たさない」とこれを一蹴している。

これに関連して、陸軍側のコスト計算の甘さもあった。なるほど砲兵工廠では七〇〇〇円で四トントラックは製造できたかもしれない。

しかし、それは工作機械も整い、人件費の計上も不要な砲兵工廠だから可能だった。設備投資が必要で、人件費もコストに含めなければならない民間企業では、七〇〇〇円での自動車製造は容易ではなかったのである。

保護自動車を試作した企業は先の三社以外にあったものの、継続的に生産を続けたのは、これら三社だけだった。

ただ快進社（一九二五年にダット自動車商会に組織改編され、二六年には実用自動車と合併）のように、保護自動車によって経営を安定化できた会社もあり、軍用自動車補助法は、自動車の数の確保では成功しなかったとしても、産業振興にはそれなりの成果を上げたといえるかもしれない。

アメリカ自動車産業の進出

欧米の自動車産業発達の背景

自動車を称するのに「馬なし馬車」という言葉がある。これは欧米での自動車産業黎明期を的確に表現していた。

自動車の起源は一七六九年フランスの蒸気自動車まで遡るが、真に実用的な機械となるには内燃機関の発明を待つ必要があった。

ガソリンを燃料とする内燃機関の発明は、ドイツのダイムラーとベンツが（この二人の家は一〇〇キロしか離れていなかった）ほぼ同時期に独自に発明した。

一八八五年にダイムラーが第一号車を、一八八六年にはベンツも独自の自動車を完成させている。同年にはフランスのプジョーが、蒸気自動車を試作している。プジョーはのちにダイムラーから特許を得て、ガソリン車を試作する。一八九〇年代になると、ガソリンエンジンは実用段階を迎える。それと同時に欧米ではいくつもの自動車メーカーが誕生した。

アメリカを例にとると、一八九九年までに三〇社が自動車生産に着手し、一九〇八年までには四八五社が参入していたという。ただし、うち二六二社が撤退している。

欧米で、かくも短期間に多数の企業が自動車生産に参入できたのは、その前史として、馬車産業と自転車産業の発達があった。

こうした産業が先行して存在していたため、工作機械や関連部品、素材（鉄板など）などの周辺産業の蓄積がすでにできていた。

これは日本の自動車発明家や起業家が、自動車製作を試みても、常に部品の入手で苦労したのとは対照的だった。

日本の場合、近代化により馬車も自転車も自動車もほとんど並行して産業がスタートしたために、先行する産業の蓄積がなく、相互に頼るべき周辺産業を欠いていた。結果として、日本の自動車産業は部品を内製するために、大規模な設備投資をするか、海外から部品を購入するよりなかった。輸入部品は高価だったが、国産よりは低コストである反面、輸入依存を続ければ、周辺産業が育たないというジレンマがあった。

その点で欧米の自動車産業は有利な状況にあったといえる。

当時の自動車メーカーを見てもそれはわかる。たとえばイギリスのホープ社は、当時最大の自転車メーカーであった。スチュードベイカー社もアメリカ最大の馬車メーカーだった。この他にもプジョー、ローバー、オペル、モリスなどの自動車メーカーも、自転車産業からの参入組だった。このほか重機械・軍需メーカーからの自動車参入もあり、日本が輸入したシュナイダー社もそうした参入組の一つであった。

欧米で一九世紀末に自動車工業ブームとでもいうべき現象が起きたのも、周辺産業の発達から、自動車メーカーは部品の内製率が低くても、必要な部品を専門メーカーから安価で入手できた。これが自動車産業への参入障壁を低くしていたのである。

世界をリードしたアメリカ

こうした中で、アメリカの自動車産業がヨーロッパを生産量で圧倒したのには、いくつかの要因がある。

まず世界の工業生産高で、アメリカの著しい成長が挙げられる（表1-3）。一九〇〇年を例にとれば、世界の工業生産高に占める割合で、ドイツ一六%、イギリス一八%、フランス七%に対して、ア

欧米における自動車生産台数の推移 『日本自動車工業史』より

年次	フランス	イギリス	ドイツ	イタリア	ヨーロッパ全体	アメリカ
1898	1500					
1899	2400					
1900	4800					4192
1901	7600		884	125		7000
1902	11000			185		9000
1903	14100	2000	1450	225	17775	11325
1904	16900	4000		375		22830
1905	20500	7000		850		25000
1906	24400	10000	5218	2000	41618	34000
1907	25200	12000	5151	2500	44851	44000
1908	25000	10500	5547	2300	43347	65000
1909	34000	11000	9444	3500	57944	130000
1910	38000	14000	13113	4000	69113	187000
1911	40000	19000	16939	5280	81219	210000
1912	41000	23200	22773	6670	93643	378000
1913	45000	34000	20388	6760	106148	485000

（表1-3） 単位：台

メリカ一国で三一％であった。

これに関連して、アメリカでは自動車産業での技術の標準化が急激に進められていた。

ガソリンエンジンも四気筒がスタンダードとなり、トランスミッションなどの改良が進む中で、自動車のドミナントデザインが二〇世紀初頭には確立していった。さらに特許自動車製造業者協会（ALAM）などの働きかけで、自動車の部品や素材の標準化も進められた。たとえば一九一〇年には八〇〇種類あったロックワッシャーも、こうした活動により数年後には一六種類に集約されたという。

また鉄鋼業界に「物理的な性質ではなく化学組成を基準とした規格の設定」を要求し、大手鉄鋼メーカーから一五種類の均一な特殊鋼を調達することに成功している。

アメリカでのこうした互換性部品の発達は、次の段階としてフォードシステム（アメリカンシステム）として知られるコンベアラインによる大量生産技術に結実する。

　ただコンベアラインによる生産方法そのものは、フォードの発明ではない。フォード自身は、シカゴの精肉工場から着想を得たという逸話があるが、すでに自転車工業やミシンなどでも採用されていた。

　しかし、これらの製品はそれ以前のジョブショップ制での製造よりも高コストになることが多かったという。

T型フォードはマスプロダクション手法により大量生産された史上初の大衆車である。1908（明治41）年に発売され、以後およそ20年で1500万台以上が生産された。日本でも明治末から大正前期に輸入されたアメリカ乗用車のほとんどがT型フォードだった。

　これはなぜかといえば、フォードシステムは、コンベアラインによる単純な流れ作業の導入ではなく、作業速度の統制など、生産の極大化とコストの極小化による利潤追求を意識した、マネジメント技術にこそ、その真価があったためだ。

　また工作機械の技術的進歩と量産により、汎用的な工作機械ではなく、専用機の使用がコスト的に有利となり、大量生産用工作機械が生産ラインに次々と投入され、自動車の価格を押し下げた。

　一九〇八年にT型フォードの発売価格は八二五ドルだったが、一九一六年には半分以下の三六〇ドルとなり、生産台数も年間六〇〇〇台から五八・五万台と百倍近い効率化を実現していたのである。

　アメリカ車が他国を凌ぐ生産台数を可能としたのは、フォードシステム導入のおかげではあったが、その前に国内市場が存在しなければ、自動車の量産は成り立たない。この点でもアメリカはヨーロッパに先んじていた。一九一四年のデータでは、国民一人あたりの所得は、ドイツが一四六ドル、フランスが一八五ドル、イギリスが二四三ドルに対してアメリカは三三五ドルであった。この購買力の差が、アメリカの自動車産業拡大のもう一つの原動力となった。

アメリカでは、この時期に労働者の年収がT型フォードなどのファミリーカーの価格を超えているのに対して、ヨーロッパがそうなるのは一九三〇年代まで待たねばならなかったのである。

こうして二〇世紀初頭には二万台程度だったアメリカの自動車は、一九一九年には一九三万台を数えていた。

一方、乗合馬車は九三・七万台だったものが二四・五万台に急落、荷馬車も六四・四万台から四一・五万台に減少した。ただ乗合馬車に比べて荷馬車の落ち込みが少ないのは、アメリカでのトラック需要が比較的少ないためである。自動車全体に占めるトラックの割合は二〇世紀初頭には、二%未満だったが、一九二〇年になっても一四%程度にすぎなかった。

こうした状況の中で一九一〇年代にはアメリカ国内の自動車メーカーも淘汰・統合され、大規模化・集約化が起こる。

世界恐慌前までにアメリカでは一八一社が自動車生産に参画していたが、一三七社が消滅していた。そして残る四四社のうち、フォードやGMなどの上位八社が生産台数の八〇%を占め、残り三六社が二〇%のシェアを分け合うかたちになっていた。

そして自動車技術がある程度まで完成すると、競争の中心は製造から販売に移行していく。大手各社は販売網の整備に着手し、二〇年代にはディーラー制による、大量生産・大量販売の一貫したシステムが完成する。

では、ヨーロッパの自動車産業はどうであったか。ここでもアメリカの影響は無視できなかった。

フォードは一九一一年にイギリスに、一三年にはフランスに組立工場を設立する。このためヨーロッパの自動車産業は、アメリカ車との競争にどう立ち向かうかが課題となった。

これに対しては関税などの制度とは別に自動車税が大きく影響した。ヨーロッパでは、自動車税が馬力に比例していたのである。アメリカ車は大型化・高級化を指向していったため、税金が高い。この税金は購入価格相応なので、高額なアメリカ車は不利なのである。一方、ヨーロッパ車はこうした税制に対応するため、一〇馬力以下の小型車が中心となっていく。

こうしたアメリカ一強の時代に、日本にもフォードやGM（ゼネラル・モーターズ）が進出してくるのである。

アメリカメーカーの日本進出

自動車輸入の拡大

日本国内の自動車保有台数は第一次世界大戦後から増え始めていたが、一九二〇年代からは、その傾向はさらに顕著になった。

特に急増したのは一九二三年以降、関東大震災からである（表1・4）。この震災により首都圏は甚大な被害を被り、旅客・貨物輸送を担っていた鉄道、市電などは壊滅的打撃を受けた。

さらに当時一万五〇〇〇台ほどあった自動車も、その二割が震災の影響で損壊・消失していた。

当局としては、緊急に首都圏三七

1920年代の日本の自動車保有台数の推移　『日本自動車工業史』より

年度	乗用車			トラック			合計		
	自家用	営業用	合計	自家用	営業用	合計	自家用	営業用	合計
1920	3347	5232	8579	828	591	1419	4175	5823	9998
1921	3486	6561	10047	1197	873	2070	4683	7434	12117
1922	3809	7939	11748	1798	1340	3138	5607	9279	14886
1923	3179	9600	12779	1629	2048	3677	4808	11648	16456
1924	3972	14979	18951	3169	5113	8282	7141	20092	27233
1925	3961	18495	22456	2658	6767	9425	6619	25262	31881
1926	4517	23456	27973	3087	9010	12097	7604	32466	40070
1927	6328	29447	35775	3558	12429	15987	9886	41876	51762
1928	6657	38003	44660	4268	17451	21719	10925	55454	66379
1929	7095	45734	52829	4760	22781	27541	11855	68515	80370
1930	7718	50109	57827	4724	26157	30881	12442	76266	88708

注：乗用車（営業用）には乗合自動車を含む

（表1-4）

四万人の物資と人員の輸送力の確保を行なうことを強いられた。さらに震災後の復興事業にも輸送力は必要だった。

東京市は震災後の九月四日には、後藤新平東京市長の即断即決により、市内の運輸会社の自動車の徴用に着手していた。料金は一日一台五〇円であったというが、これは相場の三倍以上であった。

この時に活躍したのがトラックであり、この時の働きにより広く自動車の価値が認められることになる。この時期、芝浦のガード下では、毎日のべにして数千台のトラックの通行が見られたという。

鉄道インフラの復旧には時間がかかるため、東京市議会は路面電車の代替としてバス運行を行なう目的で、アメリカのフォード車にT型フォードのトラックシャーシ一〇〇〇台分を発注する。一九二四年一月にはシャーシは架装され、バスとして運行した。これが東京市営バスの起源である。

自動車のシャーシなどを大量に輸入したのは、東京市議会だけでなく、復興にともなう輸送需要の増大と、自動車の絶対的な不足から、民間でも同様の自動車やシャーシの輸入ラッシュが続く。

同時に第一次世界大戦後の不況に苦しんでいた大倉財閥系の日本自動車をはじめとする国内販売業者も、これにより業績を大幅に改善することができた。

ところで、どうして東京市議会はバスやトラックではなく、シャーシをフォードから輸入したのか?

これは直接は緊急勅令（勅令第四一七号）のためで、その背景は自動車の輸入税のためである。日本の自動車の輸入税は三五％であったが、エンジンや自動車部品の関税はそれより安く、さらにシャーシは部品として扱われていた。

一九一一年の関税法の改正で、部品の輸入税は二五％と完成品との差は一〇％もあった。このため輸入業者はボディーとシャーシをバラバラに輸入することで、輸入税を一〇％節約できたのである。高額商品のため、この一〇％の差は小さくない。この輸入税の節約術は、輸入業者に対して、分解された自動車を組み立てる架装技術の蓄積という副産物ももたらすことになる。

一九一九年以降では、自動車部品の輸入額は、一貫して完成車の輸入額を上回っていた。

そして緊急勅令により「一九二四年三月三一日まで、貨物自動車以外の自動車ならびにその部品、および原動機の輸入税を半減する」ことが行なわれた。これにより大量の自動車が輸入され、緊急に必要な自動車の確保がなされたのである。輸入業者はヨーロッパ車より三割から四割安いアメリカ車を競って輸入した。結果として、日本の自動車市場はアメリカが制覇したかたちとなる。

これに限らず、日本の自動車産業の発達は、軍の奨励や思惑よりも、国内需要と税制に大きく左右されたのであった。

フォード、ＧＭ日本上陸

この東京市議会をはじめとするアメリカへの自動車大量発注は、フォード車の日本進出を決定づけ、一九二四年一二月に日本フォード社が設立される。

そしてフォードの日本進出に刺激され、ライバルのＧＭもまた一九二五年一二月に日本ゼネラル・モーターズ株式会社を設立する（ただし、登記は一九二七年）。関東大震災後の日本は大量の自動車を必要としていたが、フォードやＧＭもまた日本市場を必要としていた。

世界大戦後の不況は、アメリカの自動車産業の停滞を招いていた。彼らはそこで大量生産によるコスト削減で、この苦境を脱しようとした。実際、関東大震災の年、一九二三年にはアメリカの自動車生産は二〇九万台と二〇〇万台を突破する。しかし、自動車需要も一巡し、需要の停滞期に入ったアメリカ自動車産業界にとって、自動車市場が急拡大している日本は無視できない存在だったのだ。

フォードの組立工場は横浜に、ＧＭの組立工場は大阪に設立された。組立工場ということからもわかるように、当初は自動車部品は輸入により賄われた。これはすでに述べたように部品の輸入税が安いことと、部品であれば運送費の節約が可能であったためだ。

これら工場の創設にあたっては、横浜や大阪の積極的な誘致運動があったといわれる。自動車工業を中心とした周辺地域への波及効果を期待したためだ。

ここで注目すべきは、軍用自動車補助法を提出した日本陸軍も、フォードやGMの工場進出に反対していなかったという事実である。日本陸軍も自軍の装備品は国産が望ましいと考えていたにせよ、より重要なのは高性能な軍用車を必要な数だけ確保する点にあった。つまり当時の日本陸軍は、有事の必要数さえ確保できるなら、それが国産車であるか輸入車であるかについて、特別なこだわりはなかったのである。

そして数の確保では、フォードとGMの工場進出は、陸軍の期待に応えていた。国産車が年産四〇〇台前後だった一九二八年、これら工場の生産数は両社合わせて二万台を超えていた。力の差は圧倒的だった。

これだけの生産がなされたのは、それだけ売れたということでもある。この理由は自動車価格が大幅に下がったからだが、それは工場技術というより販売技術の問題だった。この価格の低下にはフォードとGMのメーカーの進出により、販売業者のマージンが劇的に低下したことが大きく作用していた。その証拠に、工場の操業前後で自動車の製造原価はさほど変化していないのだ。また日本の国内市場で販売台数を顕著に増やしたのは数ある外国車の中で低価格のフォード車とGMのシボレーだけだった。

ここで日本市場と欧米市場の大きな違いは、両者の購買力の違いから、欧米は自家用車の購入が中心だったのに対して、日本ではトラック、バス、タクシーなどの営業用自動車が中心であったことだ。結果として、日本国内の個人向け乗用車を製造していた企業は一九二〇年代末には姿を消し、国内自動車メーカーは軍用自動車の生産メーカーだけが残っているのが実情であった。

フォードとGMが販売力を強化できたのは、マージンの問題ともかかわるが、ディーラーシステムの導入があった。フォードはすでにアメリカにおいて一九二〇年代から排他的な専属関係を持ったディーラーシステムを完成させていた。このディーラーシステムにより、フォードやライバルのGMはアメリカにおいて販売数を拡大し続けてきた。

両社は日本においてもそのディーラーシステムを持ち込んだのである。ただディーラーシステムの方法はフォードとGMではやや異なり、フォードでは一か月の販売数が四〇台をめどに一店舗を設けるのを基本とした。対するGMは車種ごとの一県一店舗主義で臨んだ。こうして一九三〇年代後半にはフォードで七〇店、GMで四六店のディーラーがあったという。

これらディーラーは修理設備もサービスの一環として保有しており、そのため修理業者は淘汰されたところも多かった。

このディーラーシステムと表裏一体をなし、販売拡大に寄与したのが、統一価格の形成と月賦販売制度の普及であった。どちらも今日の我々には当たり前すぎる制度で、その斬新さは実感しがたいが、当時の日本市場でははは画期的なものであった。

フォードとGMが進出する前は、自動車価格は、同一車種でも販売者によって値段が違っているのが当たり前だった。前述のマージンの問題もこれに関係する。こうした価格の問題を解決するのが統一価格の形成で、これにより取引コストの節減も実現したという。月賦販売はフォードとGMの発明ではなく、すでに日本でも試みられてはいた。しかし、債務の焦げつきも多く、成功には至らなかった。

それがこの二社で成功したのは、彼ら自身が自動車金融に乗り出したことが大きい。そして販売数の拡大は、金融面での安定にもつながることになる。

たとえば一九二七年ごろのフォード車の価格は乗用車で一五〇〇円ほどだったが、顧客は頭金の五〇〇円を支払えば自動車を購入できた。そして日本の自動車は営業車が中心であったので、残りの債務の償還も比較的容易であった。タクシーなどが急増したのも、こうした月賦制度に負うところが大きかった。

このようにして日本国内には自動車が急激に普及した。しかし、自動車産業への波及効果は思ったほどではなかった。確かに自動車の普及にともない、修理用部品の需要が増え、従来型の販売店の小規模な部品生産は淘汰され、専門メーカーが誕生し始める。

だがこれらの部品は価格で輸入品より二割ほど安かったものの、品質で劣るため、組立工場用の供給部品としては、限定的な活用しかされなかった。そうした点で、フォードとGMの日本市場進出は、自動車の急激な普及を促した一方で、国内自動車産業への波及効果は限定的だった。

一九二九年の調査によると、日本フォードが国内に発注した材料費・部品代は、乗用車で七七円二九銭、トラックで一〇三円〇二銭で、卸売価格で比較すると、それぞれ五・二％と六・七％にすぎなかった。そしてこの傾向はGMでも変わらなかった。こうした日本自動車産業の現状に危機感を抱き、対策を講じようとした国家機関があった。それは日本陸軍ではなく、商工省であった。

商工省標準型式自動車とその周辺

軍用車は輸入か国産か?

自動車部品の低率関税とアメリカに比較して組立工の人件費が四〇％も安いこともあって、フォードやGMの日本工場は大きな利益を上げていた。

一方で日本の国際収支を見ると、自動車関連は輸入超過が続いていた。関東大震災前の一九二二年には七〇〇〇万円だったものが、一九二八年には早くも三〇〇〇万円を超え、一億円を突破するのも時間の問題と思われた。

もっとも日本の貿易全体で見れば、自動車関連の輸入比率は微々たるものだった。三〇〇〇万円を超えた一九二八年ですら、全体の一・四七％にすぎなかった。だが急激な輸入超過の拡大傾向は、政府としても看過するわけにはいかなかった。

さらに一九三〇年度では世界恐慌の影響もあり、輸出総額は三四％減少し、さらに正貨残高も二九年度より三億八三五四万円減少の九億五九六八万円となり、外貨準備も危機的な状況を迎えていた。事態の収拾策として一九三二年七月に輸入関税の改定が行なわれた。

この改定により自動車の税率は三五％のままだったが、部品の税率は二五％から三五％に引き上げられ、さらにエンジンが部品から分けられ、新たな枠が新設され、やはり三五％の輸入税率が課せられた。ただこの関税改定は、自動車産業の保護も理由として挙げられてはいるものの、鉄鋼業など他の工業分野も視野に入れたものであった。

実際問題として、自動車関連の国際収支改善が税率改定で実現するかは不透明であった。なぜならば日本国内にフォード、GMに匹敵する自動車メーカーが存在しないからである。だから税率を上げたところで、日本の自動車需要を満たすことができるのがフォード、GMの二社しかないうちは、問題は解決するはずもなかった。

軍用自動車補助法にしても、軍縮時代には予算の確保も容易ではなく、陸軍内部にさえ「軍用車は安いアメリカ車で充当すべき」と保護自動車への予算支出に反対意見が出る始末だった。

これが商工省標準型式自動車（以下、標準車と表記）が誕生する背景である。重要なのは、標準車は国際収支改善策として策定されたことで、国粋主義的な動機とはまったく無縁であったことだ。だから「国際貸借の悪化が止まり、ドルが潤沢にあれば、国産自動車産業育成の声はさほど強くなかっただろう」という分析さえあるのである。

一方、日本の軍用車との関係の中で標準車は語られることが多い。これも当然で、軍が求める自動車の性能が仕様の中に折り込まれたのが、いわゆる標準車であった。だが当時の国産車は標準車しかなかったわけではない。

一九二〇年代後半から一九三〇年代前半にかけて、普通車より安価な三輪自動車の生産拡大と普及、さらにその基盤の上に小型四輪自動車の生産拡大という事実があった。日華事変前までは、国産車の生産は標準車などの普通車は約一万台なのに対して、三輪車・小型車のそれは約二万五〇〇〇台を数えた。

数でいえば、三輪車・小型車が国産車の中心であった。だが積載量、速度、走破性、耐久性でそれは陸軍の要求を満たす水準にはなかった（そもそも使用目的が異なる）ため、軍は無関心であった。確かに、三輪車・小型車で火砲の輸送や牽引は無理だろうし、分隊の移動も容易ではない。

しかし、部隊の所在地や活動内容によっては、そうした三輪車・小型車も軍により購入され、重宝される場面も少なくなかった。これは軍の役務の多様性が、標準車以外の自動車需要を生んだのだとも解釈できるだろう。

一九三八年頃から、三輪車・小型車の生産は激減するが、これは車両の性能の問題ではなく、統制経済化による鉄材などの資材割り当ての激減が理由である。なお三輪車・小型車の発達の詳細については後述する。

標準車の誕生

国産振興委員会の答申

一九二九年九月、商工省は国産振興委員会に対して「自動車工業確立のための具体的方策」を諮問し、その内容を説明した。

「自動車需要の急増により、一九二八年の自動車輸入額は三二〇〇万円であり、今後年二割で需要が増加すれば一〇年後の輸入額は二億円に達する」との予測を示し、「自動車産業の振興は国際貸借の改善と主要産業の振興のための緊急課題」というのが商工省の認識であった。

国産振興委員会はこれを受けて、一九三〇年五月に答申を提出する。その内容は、「適正なる助成を行なえば日本の自動車工業の確立は不可能ではない」というものだった。より具体的な中身はいくつかあるが、特に重要なのは以下の三点だ。

(1) 貨物自動車とバスを目標とする
(2) 製造規模は年産五〇〇〇台を目標
(3) 製造は部品工場などと分業にし、部品規格を定め、自動車会社と周辺企業の系列化を整備し、それらを一体のものとして統制する

などの内容である。

(1) は日本の自動車保有が欧米のような個人所有ではなく、営業車であるという現実から、最大需要をそこに定めたのである。(2) は量産化により、コスト削減を目指し、外国車に対する価格競争力を確保する。(3) が最も重要で、いわゆる標準車が、単なる自動車の規格にとどまるものではなく、自動車産業の再編・効率化まで含んでいたことだ。議論の出発点が「国際収支改善のための国内自動車産業振興」にあったことを思い出せば、これは当然のことであろう。つまり標準車は、自動車産業振興のための「手段」であって、「目的」ではなかったことになる。「目的」は自動車産業の振興にこそあったのだ。さらに産業の再編が、従来のような民間の自主性に期待するものではなく、「国による統制」が答申に含まれていることも見逃せない。そして一九三一年四月、有事を意識した重要産業の企業連合化を促進する重要産業統制法が公布される。さらに同年五月に先の答申を具体化するための自動車工業確立調査委員会が設立される。自動車産業の統制色が強まるのは避けられなかった(この四か月後に満洲事変が勃発することになる)。

ところで、国産振興委員会の答申を受けて最初に動いたのは鉄道省だった。一九三〇年一二月二〇日、初の鉄道省バスが岡崎―多治見間で開業する。これは鉄道路線の代行として計画された路線で、使用される一五台のバスは鉄道省規格により国内メーカー三社(ダット自動車製造・石川島自動車製作

所・東京瓦斯電気工業）に発注され、三社の試作車を検討した結果、石川島が「スミダ」、東京瓦斯電が「ちよだ」の国産車をベースに製造した車両が鉄道省に納入された。

1932（昭和７）年に、鉄道省、軍用車メーカー３社の分担で、商工省標準形式自動車として定められた仕様に基づき製作されたＴＸ35型。型式名称のＴはトラック、Ｘは X 型エンジン、35はホイールベース3500mmを示す。この商工省標準車はメーカーにより「スミダ」「ちよだ」「ダット」と名称が異なっていたため、車名が懸賞公募され、伊勢神宮に流れる五十鈴川に由来する「いすゞ」に決定された。

さて自動車工業確立調査委員会のメンバーは、商工省、資源局、大蔵省、内務省、陸軍省、鉄道省、東大教授、軍用車メーカー三社（ダット自動車製造・石川島自動車製作所、東京瓦斯電気工業）で構成されていた。

委員会は三つの特別委員会を設けて、三二年三月までに審議を行ない、「国産自動車の標準形式に関する件」「国産自動車の保護奨励に関する件」「国産自動車の生産販売に関する件」の三つの報告書を商工大臣に提出し、解散した。

前述の三二年の輸入関税率の自動車関連の改定も、この報告書の中に要望として挙げられていた。

標準車の仕様についてまとめられたのは当然として、報告書ではほかにも重要な内容がいくつかある。主なものは以下のとおりだ。

●（軍のみならず）官庁用自動車に標準形式自動車を使用励行すること。公共団体や一般需用者に対して標準形式自動車の使用励行を勧誘するための処置をとること。

商工省標準車の仕様 『日本自動車工業史』より

モデル名 用途	ＴＸ３５ 地方一般用貨物車	ＴＸ４０ 都市近郊用貨物車	ＢＸ３５ 地方一般用乗合車	ＢＸ４０ 都市近郊用乗合車	ＢＸ４５ 大都市舗装区間用乗合車
積載量／定員	1.5トン積み	2.0トン積み	16人乗り	21人乗り	25人乗り
車台重量 (t)	1.80	2.05	1.85	2.10	2.20
全 長 (cm)	510	560	515	590	635
全 幅 (cm)	180	195	180	195	195
軸 距 (cm)	350	400	350	400	450
最低地上高 (cm)	21.50	21.50	21.50	21.50	21.50
回転半径 (m)	6.35	7.16	6.35	7.15	7.80

注：モデル名ではTは貨物車、Bは乗合車、Xは1qエンジン名、数字は軸距（ホイールベース）を示す
注：エンジンは６気筒、排気量4390cc、標準馬力（1500rpmで）45馬力、時速40km

(表1-5)

●標準形式自動車に対し保護奨励金を公布すること。
●自動車税の統一改善を図り、なるべく課税を軽減すること。
●国産自動車の生産は主管官庁が資格ありと認めた者に、各々の標準形式自動車を製造させ、将来的には統制の途を講ずる可能性を残す。
●部品や付属品にも標準規格を制定して、その製造業者を統制し、優良品の量産により、コスト削減と供給量の安定を図るなどである。

自動車普及の鍵が価格にあり、それは需要の創出と、それによる量産効果による低減に期待していることがわかる。同時に、大衆車よりも大型である標準車は、当時圧倒的な存在感を示すフォード、GMなどの大衆車との国内市場での直接競争は避けていた。そうして国内自動車産業の振興を期待したわけである。

先の鉄道省バス導入の経緯もあって、標準車の具体的設計は先の民間三社と鉄道省によって行なわれた。それぞれが標準車の各部（石川島がエンジン、フレーム・ステアリングは鉄道省、車軸は東京瓦斯電、トランスミッションはダットなど）を担当し、設計を始めたのである。そうして標準車の車種が定められた（表1・5）。これらの車種はエンジンは共通で、車体やホイールベースの長さで積載量や乗員数を調整した。量産性や部品の標準化を考えてのことである。

積載量が一・五トンから二トンというのは、これ

以下ではフォード、シボレーに対して価格競争力に欠け、二トン以上の車両は日本の道路事情が許さないためと説明されていた。

余談ながら、当時の日本の道路事情は具体的にどうであったのか？　一九三五年のデータによると、

- 自動車通行に適合しない道路（幅員三・七メートル以下のもの）八二万一二九一キロ（七九・一％）
- 辛うじて走行可能な道路（幅員三・七メートルから五・五メートルまでのもの）一八万〇八四五キロ（一七・四％）
- 自動車走行が可能な道路（幅員五・五メートルから九・〇メートルまでのもの）二万九四六一キロ（二・八％）
- 幅員九・〇メートル以上の道路　七〇六四キロ（〇・七％）

となっていた。かろうじて通行可能を含めても、日本には全道路の二割程度しか自動車が使用できる道路はなかった。

国内自動車産業の振興を意図し、量産化を進めるには、この事実を無視した積載量は現実的ではなかった。ただアメリカなどの趨勢や日本のトラックの実情から、このクラスに最大のトラック需要があるとの意見もあった。このように関係者の中にも、国内の最大需要に関しては大衆車クラスにするか、標準車のような中型クラスにするかの意見の相違が存在したといわれる。

標準車量産の不振と課題

そして標準車の量産問題は、規格統一だけにはとどまらなかった。量産効果を高め、無駄な競争を排除するために、設計にかかわった三社を一社に統合することも、論理的帰結として含まれていたのである。「将来的な統制」とは、そういうことである。のちに産業統制はより強化されるが、官・軍の産業統制は、すべてで実現できたわけではなかったものの、一業種一社主義を目指していた。

ただ、三社のうち石川島以外は経営に問題を抱え、早期の合併は難しかった。そこで一九三二年七

月に国産車自動車組合が組織され、製作命令や補助金の交付についての事務などを行ない、ここを統制機関として標準車の量産に着手することとなった。

こうして商工省の予算は組まれたものの、三社は前年の満洲事変で急増した軍用自動車（装甲車や牽引車など）の生産に忙殺され、標準車生産に着手する余裕がなかった。

商工省標準車は、バス用としては馬力不足などが指摘されていたため、鉄道省はより大型で馬力のある乗合自動車を求め、1932（昭和７）年、三菱造船神戸造船所内燃機部にこの開発を発注した。外国の大排気量車を研究して、完成したのがＢ46型乗合自動車である。このバスは社内募集で、中国の古語で日本を指す「扶桑」に由来する「三菱ふそう」と命名された。この名称は現在も三菱自動車のトラック、バスのブランドとして継承されている。

標準車の生産に着手できたのは、一九三三年に入ってからの一五〇台で、完成は翌三四年四月末だった。標準車は計画として五年間で五〇〇〇台、年産一〇〇〇台を目指して予算が組まれていた。しかし、現実には一九三二年から三年を経過しても、完成車は四五〇台、部品が三〇〇台分にとどまり、標準車の生産は低迷することとなる。

たとえば鉄道省の省営バスはいずれも国産で、一九三五年末の時点で二六七台であった。しかし、この国産バスの中にあってさえ、標準車は一一八台に過ぎず、残り一四九台は他の国産車であった。

これは標準車の最大六五馬力では、バスとして非力であるとか、強度が不足している点が指摘され、より馬力のある国産車が購入されたためである。さらに民間を含めたバス全体で見れば、七三％がフォード、シボレーであり、標準車の存在感は極めて乏しかった。

標準車は大衆車と大型車の両方の需要を取り込もうと仕様を決定したものの、結果的に日本国内の自動車需要からすれば中途半端であり、虻蜂取らずの結果に終わってしまったことになる。ただ標準車の生産は不振であったものの、標準車設計にかかわった三社を含め、国内の自動車製造会社は生産を拡大していた。国産車の生産数は、小型車を除いて一九三二年に八四〇台だったものが、三三年には倍の一六一二台、三四年には二七〇一台、三五年にはその倍近い五三五〇台に達した。

標準車が不振にもかかわらず、生産量が増大している理由は、軍需の拡大にあった。一九三三年には熱河作戦での自動車の大量使用があり、翌三四年には日本初の機械化部隊である独立混成第一旅団が誕生している。

陸軍の自動車購入は民間よりも利益率が高く、メーカーも民間向けの標準車よりも軍需を優先したのである。経営基盤に不安を抱えるメーカーにとっては、特に軍需は重要であった。また軍需をきっかけに自動車生産に参入する企業や、日産（ダット）のように大衆車生産に着手するところも現れていた。

ここで、軍需に応じて標準車の生産量も増えるのではないかと、疑問が生じるかもしれないが、標準車生産が増加しなかった理由は、この時期における日本陸軍が求める軍用車の変化にあった。それは前述の軍用自動車補助法でわかる。

一九一八年に公布された軍用自動車補助法は、国内外の自動車事情の変化から何度も改正がなされてきた。こうした改正の大きな理由の一つとしては、主要な軍用自動車メーカー三社の経営を支えるという役割があったのも事実である。

陸軍の求める軍用車

一九二一年の改正では保護自動車は、日本の道路事情から四分の三トン積みのトラックも加えるなど、保護対象が拡大された。だがフォード、ＧＭが国内シェアを席巻する中で、一九三〇年の改正では、保護自動車に六輪車が加えられ、陸軍の軍用車は四輪から六輪車へシフトしていく。事実、製造補助金も四輪車よりも六輪車では一〇〇〇円増額されていた。つまり陸軍が求める軍用車のかたちは、少なくとも第一線で運用するものについては、標準車の仕様とは、ずれを生じていたことになる。

陸軍が六輪車を指向したのは、陸軍の機械化のためだった。すでに陸軍は戦車、装甲車、牽引車などの導入を進め、部隊編制にも着手していた。このような全装軌車・半装軌車が整備されるにともない、これらの車両に準じる路上性能を持った安価な軍用車が必要になり、それが六輪車だった。

初期の６輪トラックのひとつ、石川島自動車製作所が1927（昭和２）年に開発した積載量２トンのP型トラック（スミダ六輪自動貨車）。後部２軸４輪の６輪トラックは、大きな積載量が確保できること、不整地でも良好な走行性能が発揮できることから、軍用トラックに求められる要件を実現するものであった。

六輪車であれば、後部の四輪に履帯を装着することで、装軌車的な路上性能が期待できた。履帯がなくても、一定の走破性も確保できた。こうした技術的な条件のほかに、経済面では四輪車も六輪車も製造費は同等であるのに対して、六輪車は荷台が広いため、積載量や乗車数の増加の面で経済的と判断されたのだ。

日本陸軍の六輪車といえば次章で説明する九四式自動貨車が有名だが、これが制式化される前から、石川島や東京瓦斯電などが六輪車を製造し、陸軍に納入していたのである。

もちろん有事に国内の自動車を徴発するという点では、標準車の存在を陸軍も無視していたわけではなかったが、陸軍にとってより重要なのは、有事に必要な自動車の「数」であり、その生産国ではなかった。その点では陸軍は国産にこだわってはいなかった。後方で用いる自動車の確保を民間からの徴発で行なうとした場合、すでに日本はフォード、GMなど外国メーカーのトラックにより、その必要台数は賄えた。だからこそ陸軍はより実用的な六輪車を要求したわけである。

このような背景から一九三一年の改正では、陸軍省整備局は四分の三トン積みは保護自動車から外す決定を行ない、軍用車両の大型化指向は明らかになっていく。そして一九三六年の改正により、一トン積も保護自動車の対象から外され、一トン半以上だけが保護対象になるのである。

ただ軍需を中心に国産車の生産が伸びたといっても、フォードやGMなどの外国企業の生産数は一九三五年で三万台を超えており、彼我の差は依然として大きかった。

ところで国産車の生産拡大により、部品産業はどうなっていただろうか？　実は国内の自動車数の増加にともない、部品製造も急増している。一九三〇年には日本の自動車部品・用品の工場数は一四三であったのに対して、三二年には二三七、三五年には三五一にまで増えている。それまでは自動車数が増えたなら、輸入部品だけが増えていた。それがこの時期、国産部品が増えた理由は何か？

その理由は残念ながら標準車によるものではなかった。最大の要因は為替である。為替の暴落で輸入品価格が高騰し、どうしても割高だった国産品が価格競争力を持つようになったのである。おおむね国産品は四割から五割ほ安くなったといわれている。

このように日本の自動車産業は、為替や国際収支、価格競争力といった経済的要因に大きく左右され、それは陸軍も無視できなかったのである。

自動車製造事業法とその周辺

一九三〇年代の自動車の分類

さて自動車製造事業法について述べる前に、用語

軍用車の排気量と馬力

車種	排気量（cc）	エンジン（馬力／rpm）
九四式六輪自動貨車	4390	13／1500
九四式軽装甲車	2620	35／2500
九二式五トン牽引車	7700	64／1200
九五式小型自動車（くろがね四起）	1399	25／2400
キューベルワーゲン	985	24／3000
ウィリスMB 1/4トン・トラック（ジープ）	2200	54／4000
参考（現代の自動車）		
軽自動車トラック	660	53／7200
2トントラック	3980	110／3500
高機動車	3900	150／3400

（表1-6）

について整理しておきたい。自動車の分類として、小型車、普通車、大衆車、中型車、大型車という用語が本書では頻出することになるが、それらの意味は、自動車が珍しくない現代日本で生活する我々の感覚とはずいぶんと異なる。

その最大の理由は自動車技術の進歩にある（表1-6）。たとえば陸上自衛隊の高機動車は排気量三九〇〇CCで一五〇馬力だが、当時の同排気量のエンジンでは、馬力はその三分の一程度であった。それどころか戦前は一〇馬力以下の自動車もさほど珍しい存在ではなかった。逆に今日では一〇〇馬力を超える乗用車もそれほど珍しい存在ではないが、その馬力はかつての戦車に匹敵していたのである。

もちろんエンジン性能は単純に馬力だけで比較できるものではなく、目的に応じて回転数やトルクなど重視される点は異なる。同じ一〇〇馬力でも戦車と乗用車では求めるところが違うのだ。それでも今日とは大きな性能上の差があったことはご理解いただけよう。

そこで自動車の分類だが、若干混乱を招きかねないのは、法令による分類と便宜上設けられた一般的な分類が混在していることだ。

まず小型車は一九三三年の自動車取締法により定められたもので、ひと言でいえばエンジン排気量七五〇CC以下の三輪車・四輪車を指す。七五〇CC以上の自動車が普通車であり、小型車と異なり運転免許が必要となる。

この普通車カテゴリーの中での一般的な区分が、大衆車・中型車・大型車になる。この大衆車というのはフォード、シボレーの主力モデルと同等の排気量三五〇〇CCクラスのものを指す。

ちなみにここでいう「大衆」とは、アメリカ市民のことである。このクラスが真に大衆車と呼べたのはアメリカだけで、日本はもちろんヨーロッパでも、これらは個人所有の大衆車とは言いがたいものであった。この大衆車よりもひと回り大きなものが中型車と呼ばれる。したがって商工省標準車は中型車に相当する。

大型車はさらに便宜的な呼び方で、六輪自動貨車のようなより大きな自動車のことである。だから大衆車といっても、その実態は現在の普通乗用車よりも、中型車に近いものだった。

満洲事変での自動車運用実績

陸軍の機械化が進められるに従い、軍用自動車は積載量や牽引力のある大型化・重量化を指向し、それが六輪車の優遇につながったことはすでに述べた。だがある出来事が、こうした認識に見直しを迫らせた。一九三三年の熱河作戦である。

その前段階である一九三一年の満洲事変で、陸軍は従来の保護自動車はもちろん、国内のフォードやシボレーのトラックも多数徴用し、満洲に送り込んだ。期せずしてそれは、日本車とアメリカ車の性能試験となった。熱河作戦は兵站線が千キロに及ぶ戦場であったが、自動車があればこそ、その兵站線は維持することができたという。投入された自動車の中心は、国産の「ダット」(快進社)、「ちよだ」(東京瓦斯電)、「スミダ」(石川島)であったが、徴用されたフォード、シボレーもそれぞれ自動車隊としてまとめられた。

そして兵站線は、砂地、岩場、泥濘地などの悪路が続いたが、アメリカ車が軽快に進むのに対して、国産車は時に荷物を降ろし、自動車だけ前進させるなど、時速数キロしか前進できないことも珍しくなかった。アメリカ車との走破性の差は明らかだった。さらに問題だったのは、故障や破損が頻発し、部品の不足や故障車の修理負担が増大したことだ。部品不足と修理負担は、ロジスティクスに関わる陸軍組織の問題としても、故障や破損の頻発は自動車工業技術の問題である。

1933（昭和８）年２月から開始された熱河作戦では、第８師団の川原挺進隊が速成の自動車化部隊として、満洲南西の熱河省を急進した。この編成、行動と成果が日本陸軍初の機械化部隊の誕生につながっていく。写真は岩場の悪路で前進を阻まれるウーズレーＣＰ型トラック。

こうした現実を前に、陸軍の自動車は重量級ではなく、フォードやシボレーのような大衆車クラスを中心に整備すべきという方針転換の意見が陸軍を動かしていく。

この問題のキーマンとして多くの文献で名前の挙がるのは伊藤久雄輜重兵大尉である。彼は陸軍自動車学校を経て、一九三二年から三九年まで陸軍省整備局動員課に勤務していた。ここで注目すべきは、彼が歩兵科でも砲兵科でもなく、輜重兵科であったことだろう。陸軍の自動車化に関して、輜重兵科の果たした役割は大きなものがあるが、伊藤大尉は兵站と自動車の両方に精通していた人材であった。

かつての軍用自動車調査委員会でメンバーの半数以上が砲兵科であり、軍用車の性能要求に砲兵科の影響が大きかった。そうしたことを考えるなら、陸軍の自動車政策が、より輜重兵科に沿ったかたちで軌道修正されるのは理解されよう。

彼の起草した文書には「満洲事変の実験によっ

て、フォード、シボレー級の自動車は兵站輸送用としておおむね適当であることを認めたので、最も需要の多いこの種の自動車の大量生産によって国内産業を確立し、併せて戦時の補給を円滑にする」という意見が記されている。また彼が一九三四年に起草した、陸軍の大衆車政策ともいえる「内地自動車工業確立方策」の中では、彼の大衆車重視の根拠を述べている。

満洲事変の経験や蒙古などの視察から「シベリアの大平原はフォード、シボレーで立派に働けるとの見通しを立てた」と、大衆車重視の根拠を述べた。さらに重要なのは、「シベリアの大平原」と言及していることからもわかるように、彼の主張は対ソ戦を強く意識したものであった。

日本軍がソ連の機械化部隊と対峙するには、満洲事変の数倍の自動車が必要である。自動車なしには対ソ戦は考えられず、大量生産された大衆車を消耗品として大量投入する必要があるというのが、彼の認識だった。

一九三四年前後といえば、日露戦争から三〇年、日本の軍馬について品種改良が大きく前進した頃である。しかし、伊藤大尉は「馬匹は有事の際には大量増産は不可能である」と指摘し、自動車産業の育成を主張するのである。

彼の主張は、最終的に自動車製造事業法に結実するのであるが、陸軍内部には反対意見も強かった。代表的な反対意見は、「満洲国建国後も交通インフラの整備に着手しているが、道路網の整備は完成にはほど遠い状況であり、満洲で利用する自動車に大衆車は不向きである」というものだった。

こうした重量級派ともいうべき反対意見に対して、大衆車派は、「満洲国内の道路網の整備と相まって、大衆車は急増するのは明らかである」との認識を示した。この重量級派と大衆車派は、一見すると深刻な対立のように見えるが、実際はそうではない。

日本陸軍の総意としては、「国内の自動車産業を発展させ、安定した自動車供給を実現する」との点

自動車関連法令と国内自動車生産台数

年次	米自動車会社による生産			日本企業による生産（三輪車・小型車除く）	関連法令事項
	日本フォード	日本GM	合計		
1918				不明	軍用自動車補助法施行
1919				12	
1920				49	
1921				28	軍用自動車補助法改正（1）
1922				不明	
1923				5	
1924				135	
1925	3437		3437	127	
1926	8677		8677	245	
1927	7033	5635	12668	302	
1928	8850	15491	24341	433	
1929	10674	15745	26419	376	軍用自動車補助法改正（2）
1930	10620	8049	18669	371	軍用自動車補助法改正（3）
1931	11505	7478	18983	434	軍用自動車補助法改正（4）・商工省標準自動車
1932	7448	5893	13341	696	
1933	8156	5942	14098	1055	
1934	17244	12322	29566	1077	
1935	14865	12492	27357	1181	
1936			33175	1142	軍用自動車補助法改正（5）・自動車製造事業法
1937			33939	5103	
1938			1100	15802	
1939			500	30691	
1940			0	36881	
1941			0	40668	

注：1936年以降の国産車は許可会社による生産台数
国産車の数値は主として『わが国自動車工業の史的展開』（国立国会図書館調査立法考査局）による
注：初期の国産自動車生産数については資料により数値の異なるものがある
注：1936年以降のアメリカ車は組立・輸入台数

（表1-7）

では両者の意見は一致していた。両者の意見の違いは、「何を中心とすべきか」という路線の違いに過ぎなかった。このため陸軍の自動車に対する姿勢は、前線部隊の機械化は保護自動車などの重量級軍用車をもって行ない、後方の兵站線などの輸送作業の機械化は大衆車で行なうという、一種の棲み分けで整備することに落ち着いた。

前者の法的根拠が軍用自動車補助法であり、後者の法的根拠が自動車製造事業法となるのである（表1・7）。そしてこれを実現する自動車メーカーは国策会社（＝許可会社）として保護育成するというのが陸軍の構想であった。ただこれはあくまでも陸軍の構想であり、法案の実現には商工省など関係省庁の理解と協力が必要だった。

一九三三年一二月に国産自動車型式決

定委員会（陸軍省、陸軍技術本部、陸軍自動車学校、陸軍兵器本廠、商工省などで構成）が設置された。委員会はフォード、シボレー級で、かつそれらと部品の共通性も考慮した六気筒と四気筒の車両を軍用一トン車と仮称し、協同国産自動車と川崎車輌に試作を依頼した。

試作車は一九三五年一月に完成し、性能はほぼ満足できるものだったという。だが委員会はこの大衆車（軍用一トン車）については、商工省標準自動車のような型式決定ができなかった。

「おおむね本回試作したる仕様書の自動車をもって適当と認む」という報告にとどまったのである。

これは同時期の国内自動車産業に大きな動きがあったため、あえて制式化せずに状況の変化に即応する意図によるものだ。その状況の変化とは、国内企業の変動と外国メーカーの動向にあった。国内企業の変動とは、既存企業と新興企業の問題である。

まず先の軍用自動車メーカー三社は統合準備を進め、一九三三年三月にダット自動車製造と石川島自動車製作所が合併し、自動車工業になったばかりであった。さらに自動車工業は自動車製造（東京瓦斯電気工業）と合併準備（協同国産自動車はその合併の前段階であった）にかかっており、いずれも大衆車製造は辞退していた（表1-8）。また試作を依頼された、川崎車輌をはじめ、三井造船や三菱重工業も航空機製造に業務を集中するなど種々の理由から辞退していた。

日産と豊田の登場

陸軍は、こうした状況から一時は大衆車製造の国策会社創設まで考えたといわれる。ここで大衆車製造の存在感を示したのが、新興の日産自動車と豊田自動織機製作所自動車部（のちのトヨタ自動車）である。

鮎川義介率いる日産コンツェルンは、かねてより自動車業界への進出に関心を抱いていた。このため自動車用の鋳造部品を製造していた戸畑鋳物を傘下に収めるほか、ダット自動車製造にも資本参加して

国産自動車メーカーの沿革（1910〜1940年代）　『わが国自動車工業の史的展開』を参考に著者作製

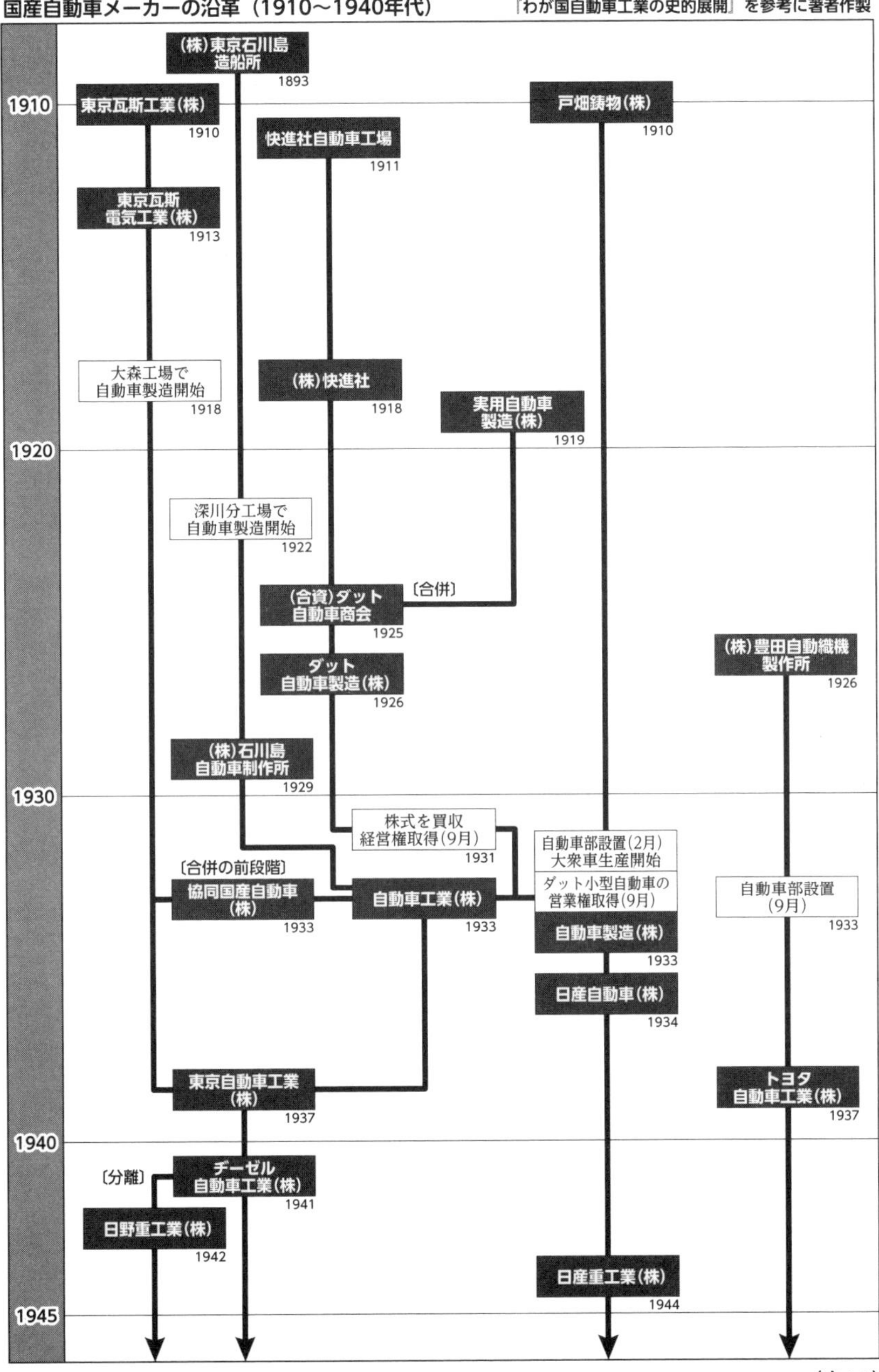

（表1-8）

いた。ダット自動車製造をも傘下に置いた頃というのは、陸軍や商工省の働きかけで、軍用自動車三社の統合合併が進められていた頃だった。

ダット自動車製造と石川島自動車製作所による合併で自動車工業が設立されたとき、石川島がダットの製造権を所有することとなった。ただ石川島が欲しかったのは、ダットの持つ軍用保護自動車の製造権だけで、ダットサンなどの小型車の工場などは不要だった（なお小型自動車の製造権を巡り石川島は激しく抵抗したが、日産に押し切られたという資料もある）。

このためダット自動車製造の持つ小型車工場などは、そのまま日産コンツェルンに残り、戸畑鋳物の傘下になり、自動車製造株式会社が生まれ、一九三四年に日産自動車と改称する。なお日本において、初めてアメリカ式の流れ作業による自動車生産を実現した会社こそ、この日産自動車だった。こうした日産自動車の動きに刺激され、乗用車市場に多数の企業が参入した。そうした企業の一つが豊田自動織機製作所であった。

豊田喜一郎が豊田自動織機に自動車部を設けたの一九三三年九月であった。それまで商工省型標準車などが、フォード、シボレーと競合しない自動車を目指している中で、豊田喜一郎は「それらと競合し

豊田自動織機製作所自動車部が1935（昭和10）年８月に完成させたＧ１型トラック。翌年１月から生産に入り、同年９月にはボディーをプレス鋼板に変更して量産性を図ったＧＡ型に移行した。これとともにＧ１型では「トヨダ」であった商標が濁音がない「トヨタ」に改められた。

て勝つ以外に自動車産業を確立する道はない」との考えを抱いていた。このように豊田喜一郎の自動車生産の本命は、大衆車の量産にあった。しかし、実際に自動車を試作してみると、その量産のためには多くの問題があることがわかった。

たとえば海外の技術を積極的に導入しようとした日産と異なり、豊田喜一郎は当初は、すべてを国産技術で賄うことを考えていた。だが日本の工作機械では、大量生産に適合したものがなく、アメリカからそうした機械を輸入することを余儀なくされた。

そこで将来的な乗用車生産を視野に入れつつ、保護政策があるトラック生産を先行させるべく方針転換を行なった。一九三四年七月には、同社は生産すべきトラックの型式を各種検討したが、最終的にフォードとシボレーの折衷型（フレームはフォード式、エンジンはシボレー式）に落ち着いた。これは最も売れている型式を選択したことや、特許の制約を受けないこと、さらに市場に流通している部品が豊富という利点があった。この方針により、一九三五年八月には、最初のトラックが試作される。

余談ながら、自動車製造事業法に関する当時の議論を見ると、意見の対立の根本には当時の日本の自動技術をどう評価するか、その認識の隔たりがあったと思われる。

日米の自動車技術の隔たりがいまだ大きいと理解し、フォード、GMの国内生産を重視するグループと、日米の自動車技術はほぼ互角で、アメリカ車に匹敵する国産車は製造可能というグループの対立である。後者が優位になることで、自動車製造事業法は成立するわけだが、その後の現実を見ると、その認識はいささか甘すぎたといわざるを得ないだろう。戦時の前線や後方で、国産車の故障に泣かされたという証言は珍しくない。

ただ部隊でのこうした国産車の信頼性の問題や故障は、単純に国産自動車の技術水準だけが原因とするのは間違いである。そこには部隊数の急増や技術と経験を持った人材育成が常に後手に回ったという構造的な問題があったのである（第三章で詳述する）。

国産車量産に向けた法整備

自動車製造事業法の目的

国産大衆車量産を意図した自動車製造事業法は一九三五年九月には商工省により大枠がまとめられていたが、その後の追加修正により二五条の全文ができたのが一二月。翌三六年一月には、大蔵省、外務省、陸軍省などに回覧され、同意を得たので、本来ならば第六八回帝国議会に法案として提出されるはずだった。しかし、同年に起こった二・二六事件により延期となり、提出は五月の第六九回帝国議会であった。

議会での審議の後、一九三六年五月二九日に自動車製造事業法は公布され、七月一一日に施行された。ただ日産自動車は法案公布前の三六年三月に、豊田自動織機はそれより遅れ、七月にそれぞれ商工省に対して許可会社申請を行ない、両社ともに九月に許可会社として認められていた。では、自動車製造事業法の具体的な内容はどのようなものだったか?

同法の第一条には法の目的として「本法は国防の整備及び産業の発達を期するため帝国における自動車製造事業の確立を図ることを目的とす」とあった。そして他の条文は、そのための諸施策を定めていた。

まず自動車製造事業を政府の許可事業とし、その認可を受けるためには、許可会社は一定の生産数量に達していること、さらに許可会社の国籍は日本国籍であることが要求された(第三、四条)。また政府は許可会社に事業計画・会計・販売・設備などの変更を命じることが可能である(第一三条・一五条・一六条)ほか、軍事上から必要と判断されれば軍用自動車の製造を命じることが可能(第一七条)だった。さらに既得権者に対しては一九三五年八月九日以前の範囲で事業を認めることが附則に明記された。これは主としてフォード、GMを意識したものである。

ただこうして定められた自動車製造事業法には、いくつか曖昧な部分があった。たとえば許可会社の条件である「一定の生産数量」が具体的に何台なのかは、七月に公布された事業法施行令・施行細則で別に定めることになっていた。この理由は、すでに豊田と日産を許可予定会社としていたにもかかわらず、両者の事業計画が定まらなかったためである。

たとえば豊田の場合、トラックを市場に出したのが一九三五年であり、日産ではそれが一九三六年になると見込まれていた。両者ともに、当初、商工省が想定していた年間五〇〇〇から六〇〇〇台の生産数は不可能であった。こうした点から施行令では三〇〇〇台以上という、法案に従い許可会社が生産するというより、許可会社の生産計画に法律が数字を合わせた結果になった。

さて、大衆車を照準において国産車製造はこのような状況であったが、ここで一つ大きな問題があった。日本の自動車生産の大半を占めるフォード、GMとの関係である。自動車製造事業法については、外資系のフォード、GMの自動車生産を認めず、国内の自動車需要をすべて国産車で賄う法律と理解されている資料も少なくない。しかしながら、こうした理解は間違いである。

一九三六年の時点で、フォード、GMの国内生産および輸入台数は三万三一七五台、同クラスの国産車生産は一一四二台にすぎない。単純な外資の排斥だとすると、日本は法律の公布と同時に深刻な自動車不足に見舞われることになる。

事実、三八年より激減するとはいえ、フォード、GMは三九年まで自動車生産を続けていたのだ。

この疑問を解く鍵は、前述の附則の「一九三五年八月九日以前の範囲で事業を認める」の一文である。つまり商工省や陸軍により、フォード、GMは国内工場の拡張こそ認められなかったものの、両社合わせて年産二万一八三〇台（フォード一万二三六〇台・GM九四七〇台。これらは過去三年の販売実績の平均から算出された）までの生産は認められていたのである。

商工省などは、すでに日本国内の大衆車クラスの自動車需要の拡大を予測していた。その予測では、国内の大衆車需要は三六年の三万台から、四〇年には四万台に拡大し、その中で、国産車は三六年の三〇〇〇台から増加して四〇年には二万台に達し、この間に外国車は二万七〇〇〇台から二万台に減少するというものだった。

つまり自動車製造事業法は、既存の外資系自動車会社の生産拡張を認めない代わりに、従来の生産量は認め、拡大した国内自動車需要に対して、国産車で対応することが、一つの前提だったのだ。だからこそ、年産五〇〇〇から六〇〇〇台の許可会社を一社から二社と想定していたのである。こうすることで、国内の自動車需要は満たせるとともに、日本の自動車産業の育成も果たせるというわけである。

経済、産業の戦時体制への移行

それでは一九三八年以降、外資系の自動車会社の生産量が急減するのはなぜか？　その理由は自動車製造事業法とは別の理由による。

一九三七年九月の「臨時資金調整法」や「輸出入品特別措置法」などにより、日本の産業統制が本格化したためだ。国内産業は「軍需に直接関係ある産業およびそれと密接な関係にある基礎産業」にのみ優先的な資源配分や資金提供が行なわれるようになったのである。

自動車産業は、重要産業と認められたものの、鉄鋼やゴムなどは統制品となり、乗用車生産は事実上禁止され、これらはフォード、GMの自動車生産にとっては大きな打撃となった。さらに一九四〇年八月以降は、外資系企業は本国への利益の送金も不可能となったため、これら企業は日本市場からの撤退を余儀なくされた。つまり自動車製造事業法には、確かに国産自動車振興の意図はあり、外資の拡大を阻止する目的があった。しかし、それは外資の生産阻止を目的としたものではなかった。

これに関連して、かねてより同法について「フォードやGMの工場拡張を認め、有事にフォードやG

Mの工場を接収すればよかったのではないか?」という意見も生じるだろう。特に一九三四年のフォードの用地買収問題は、自動車部品をアメリカから輸入するのではなく、鋼材から部品生産を行なう、一貫生産工場であり、それを阻止した陸軍などの行動は、現在の我々から見れば不合理な判断ともいえる。またそうした意見は当時も存在していた。だが陸軍や商工省にも、それを正当化する理屈があった。

まず前述のように、自動車製造事業法は「日本の自動車市場をアメリカ車が席巻している」という事実と「国内の自動車需要は拡大する」という予測から、「アメリカ車に匹敵する経済性の高い自動車産業を育成する」という目的があった。

したがってフォードの部品からの一貫製造工場を認めてしまえば、国産自動車産業は価格面で太刀打ちできない(何しろ生産量に二〇倍以上の差があるのだ)。このために工場の拡張は阻止された。ただ法案の意図としては、あくまでも阻止されたのは工場の拡張であり、既存の生産量は認められていたのである。

ちなみに日本国内での自動車製造を断念したフォードは、一九三九年二月から四〇年三月までに、日産からの委任製造として、満洲向けのバス・トラックを五〇〇〇台ほど生産したといわれる。また許可会社が日本国籍を有することとされたのは、有事のみならず平時においても、自動車産業に対して産業上・国防上の管理・監督する根拠を折り込むためだった。これは自動車産業という枠組みではなく、戦時体制の中で、日本国内の経済・産業の統制下が進められていくプロセスとして解釈すべき事項である。

このようにフォードやGMなどの外資の日本市場からの撤退の最大の理由は、国粋主義的な外資排斥というより、市場経済から統制経済への移行の結果だったのである。

戦時体制下の自動車生産

自動車の需要供給の統制

日華事変が解決できないまま太平洋戦争に至り、さらに敗戦を迎えるまで、日本の自動車産業はどうなっていたのだろうか。この間の自動車産業の特徴を二点挙げるなら、戦時統制の影響がさらに大きくなったことと、航空機産業との競争であろう。

前述のように自動車産業の統制は、一九三一年の重要産業統制法を根拠とした一連の施策によるものだが、一九三六年五月の改正で強化され、一九四一年八月の需要産業団体令に至る。一方で、日華事変以降、軍事拡大を呼び水に、日本の工業基盤の拡充を促すという政策により、軍事費は急激に膨張していくが、これが産業統制の大きな武器となった（表1-9）。

自動車の戦時統制は、まず販売価格・販売ルートの統制から始まった。当初は完成車に限られていた

戦争期の軍事総支出と国家総歳出の関係　「戦前の日米自動車摩擦」より

年次	軍事総支出（単位：千円）	同指数	国家総歳出（単位：千円）	同指数	軍事総支出の比率(%)
1930	444,258	97	1,557,864	105	28.5
1931	461,298	100	1,476,875	100	31.2
1932	701,539	152	1,950,141	132	35.9
1933	853,863	185	2,254,662	153	37.9
1934	951,895	206	2,163,004	146	44.0
1935	1,042,621	226	2,206,478	149	46.1
1936	1,088,888	236	2,282,176	155	47.7
1937	3,277,937	710	4,742,320	321	69.0
1938	5,962,749	1293	7,766,259	526	76.8
1939	6,468,077	1402	8,802,943	596	73.5
1940	7,947,196	1723	10,982,755	743	72.4
1941	12,503,424	2710	16,542,832	1120	75.7
1942	18,836,742	4083	24,406,382	1653	77.2
1943	30,688,540	6655	38,001,015	2573	80.8
1944	75,464,845	16360	86,159,861	5834	87.6
1945	17,087,683	3704	37,961,250	2570	45.0

（表1-9）

が、一九四一年五月からは修理用部品も統制の対象となった。そして太平洋戦争中の一九四二年六月からは、自動車と自動車部品の配給（販売）を統一的に管理する配給会社が商工省機械局によって設置される。これは中央に日本自動車配給株式会社（日配）が置かれ、県ごとに地方配給株式会社（地配）を置くというものである。

これらの会社はトヨタ、日産、ヂーゼル自動車工業（ディーゼル自動車製造のための許可会社として東京自動車工業が改称）の三社と輸入商・部品販売会社などにより、出資・運営された。

具体的に一般需要者がトラックを購入するためには、次のような煩雑な流れになった。

①地方庁に自動車購入を申請し、申請理由とともに受理される。
②地方庁からの許可証を提示して販売店（指定商）に購入を申し込む。
③販売店は許可会社（自動車メーカー）に生産注文を出す。
④許可会社は四半期ごとの需要先別配給予定数量の枠内に余裕があれば、販売申請承認書を商工省に提出する。
⑤商工大臣が製造を許可する。

1934（昭和９）年から商工省標準形式自動車として生産されたＴＸ40型トラック。積載量２トンでＴＸ35型よりもホイールベースが4000mmに大型化している。1937（昭和12）年からは戦時体制下の自動車メーカーの統廃合で発足した東京自動車工業でいすゞ標準車として生産が続けられた。その後、いすゞ車は当初の商工省標準車ではなく、結果的には独自の設計となり、ＴＸ40型トラックは1946（昭和21）年まで長期にわたり生産された。

戦時期のトラック生産計画と実績 「戦前の日米自動車摩擦」より

年次	2トン車			4トン車		
	計画（A）	実績（B）	B／A（%）	計画（C）	実績（D）	D／C（%）
1940	36800	30687	83	3960	2531	64
1941	44800	39297	88	3960	2825	71
1942	43000	33129	77	3240	2257	70
1943	34850	21987	63	3000	2013	67
1944	32750	19546	60	2100	900	43
1945	15300	1695	11	800	63	8

（表1-10）

⑥許可会社が自動車を製造する。
⑦許可会社が製造したトラックを日本自動車配給株式会社に納入する。
⑧日本自動車配給株式会社から地方配給株式会社に配給が行なわれる。
⑨地方配給株式会社から販売店に配給される。
⑩一般需要者に納車される。

このようにして一般需要者がトラックを入手するのは煩雑かつ面倒になっていた。そして自動車生産に占める軍需比率は、ますます大きくなっていく。

中心となるトラックの場合、一九四一年には軍需が五七・五%だったものが、四三年、四四年にはなんと八三%台に達するようになる。ただ、このことで陸軍部隊の自動車充足率が高まったかといえば、そうではない。なぜなら自動車生産数の全体は減少

トヨタ自動車工業設立の翌年の1938（昭和13）年11月に落成した挙母（ころも）工場（愛知県西加茂郡）の出荷ヤードに並ぶGB型トラック。同社は中国の天津、上海にも工場を設置しGB型などを生産した。

していたためだ（表1-10）。したがってトラックの軍需比率が高まっていても、生産数が減少していたため、陸軍の供給される自動車数はさほど変化していないのだ。

たとえば四一年の二トン車の生産数三万六八七台の五七％は一万七四九一台だが、四三年の生産数二一九八七台の八三％は一万八二四九台で、比率の大きさに比べ、絶対数の違いは少ない。これが何を意味しているかといえば、数少ない自動車生産の中で、軍が必要数を確保した余りが民需に配給されたということだ。

戦争長期化の影響

自動車の生産数が四一年をピークに下降した理由は、鉄鋼やゴムなどの資源不足により、自動車生産に対する資材の配給が減少したことが大きい。また欧米との貿易がほぼ不可能な状況で、工作機械などの摩耗や老朽化にも十分対処できなかったことも無視できない。さらに自動車の配給で民需が圧迫されたことは、物流などにも影響を与え、それが経済力や工業生産を減少させる方向に働いた。結果として、自動車生産にも悪影響を及ぼした。

これは自動車に限った話ではない。生産額ベースで比較すると、開戦時の日本の自動車・船舶などの民間輸送部門割合は二一・三％（自動車一三・五％、船舶七・八％）であり、それが戦時下ではピーク時でも一二・二％（自動車一・七％、船舶一〇・五％）と急落する。民間部門の貧弱な輸送力は、戦争が長期化するのにともない、日本経済に深刻な影響を与えたのである。

このように戦時下の統制経済は、軍需・民需の合理的なバランスで資源配分が行なわれたのではなく、近視眼的に軍需優先の配給を続けたために、民需を圧迫し、長期的に国力の基盤となる経済力・生産力を衰退させることになった。

戦時下自動車産業に影響した、二つ目の要因である航空機産業優先も、統制経済体制によってもたらされた現象といえる。

日本陸軍種類別兵器の生産割合と推移

	1941	1942	1943	1944	1945
地上兵器 (%)	86	79	74	60	57
航空機兵器 (%)	8	14	17	30	35
対航空機兵器 (%)	6	7	9	10	8
合　計 (%)	100	100	100	100	100

（表1-11）

たとえば一九四五年の時点で、年間事業総額一〇〇万円以上の日本企業は二八三八社あった。この中で機械機器工業は、全体の半分弱の一三五四社であった。最も多いのは航空機関連作業の二〇〇社でこれが約一五％、その次が工作機械の一六八社、次いで船舶の一五九社であり、自動車関連は上から七番目の六五社、全体の約五％であった。

航空機生産の増強にともない、地上兵器の生産は減少している。この傾向は日本軍が攻勢から守勢に転じる頃から顕著になる。日本軍が優勢であった一九四二年までは、戦車を含む戦闘車両の優先順位は比較的高かった（表1-11）。

だが戦局が守勢に転じた一九四三年、四四年には、一転して優先順位は低下し、航空機生産の優先順位が上がる。戦闘用車両の優先順位が下げ止まるのは、本土決戦が計画されていた一九四五年のことである。

九七式中戦車（新砲塔チハ）の製造ライン。戦車をはじめとする戦闘車両の生産拠点で最大規模だったのは、現在の東京都大田区にあった三菱重工業丸子工場で、ここでは戦時中に作られた全戦闘車両の約35％が生産された。写真は1944（昭和19）年頃公表された同工場の様子とされ、検閲による修正で装甲板の厚さが見える部分や転輪の懸架装置などが消されている。

航空主兵が自動車生産を抑制する結果になったのは、限られた資源と生産力が航空機生産に取られたからだ。しかし、どうして資源と生産力に限界があったのか？　という問題は残る。そもそも太平洋戦争における日本の南進政策は、資源確保のためではなかったか？　そこには民間部門における輸送力の問題があったのである。それは産業統制だけで解決する問題ではなく、国家戦略の問題にほかならない。

さて、ここで単純な計算をしてみたい。太平洋戦争において、アメリカ軍の外征部隊のトラックと兵員の割合は、兵士一二人にトラック一台の割合だった。一方、同時期に日本軍が海外に展開しているトラックの数はおおむね七万三〇〇〇台前後で、戦域による格差は大きいものの、平均すると兵士四九人にトラック一台の割合だった。

ところで日華事変前の一九三六年時点での日本陸軍の兵員は、常設師団一七個の二四万人であった。二四万人をアメリカ軍のトラック一台あたりの兵員数である一二で割ると、二万になる。この数字は太平洋戦争前の国産トラック台数よりも小さい。もしも日本が日華事変を短期間に終了させ、師団数の膨張がなかったなら、日本陸軍は全師団の自動車化を成功させることは理屈では十分可能だったことになる。

もちろん自動車政策の背景などを考えると、いささか無理な想定による計算かも知れないが、少なくとも自動車生産能力は、それを可能とするだけのポテンシャルは有していたのだ。

第二章　日本軍の軍用車両

ディーゼル車とガソリン車

戦時下のメーカー統廃合

第一章で述べたように、戦時下日本の自動車メーカーは二つに分けられる。一つは軍用自動車生産メーカー三社が統合したヂーゼル自動車工業（東京自動車工業が一九四一年四月に改称）、もう一つが自動車製造事業法の直接的な恩恵を受けたトヨタ自動車工業と日産自動車の二社である。これ以外にも自動車を生産した企業はいくつかあるが、生産数で他を圧倒したのがこの二つのグループだ。

これは自動車の車種ごとに自動車会社を絞り、独占的に生産させることで量産効果を期待し、価格を下げ、生産数を拡大するという商工省や陸軍の意図による。

このため東京瓦斯電の「ちよだ」、石川島の「スミダ」などのトラックも、これ以降は「いすゞ」の名称に統一されることになる。だからヂーゼル自動車工業はフォード、シボレーなどの「大衆車」より大型の軍用車両を、トヨタ、日産は「大衆車」クラスのトラックを、それぞれ製造した。一方で、「大衆車」より小型の自動車に対しては、陸軍は一部の車種を除き「軍用に耐えず」として、ほとんど関心を示していない。

東京自動車工業がヂーゼル自動車工業となる背景には、同社が軍用車メーカーであることが大きかった。第一章では、あまり触れなかったが、東京自動車工業が製造していたのはトラックだけではない。

それ以外にも装甲車や火砲の牽引車なども製造していた。それは統合前の東京瓦斯電気工業時代や石川島自動車製作所時代からのことであった。

そうした中で、陸軍はかねてから、そうした各種軍用車両のディーゼル化を研究していた。これは世界的な軍用車の動向はもちろん、燃料としてガソリンよりも重油の方が石油精製の時に歩留まりがよいという、経済的側面があった。また初期に輸入したガソリンエンジンの戦車が、発火事故を起こすなどの事例も影響していた。

一九三七年に陸軍自動車学校は、すでにディーゼルエンジンの製造経験のある国内六社に対して、軍用六輪トラック用のディーゼルエンジンの開発を委託する。

そうして完成した各種ディーゼルエンジンの購入と試験をしつつ、陸軍は一九四〇年、東京自動車工業が開発した予燃焼室式のDA四〇型（五・一リットル）と大型のDA六〇型（八・五リットル）を統制型エンジンとして指定することになる。

一方で商工省は自動車製造事業法の実現を受けて、「日本のディーゼルエンジンの製造も一社単独で行ない、大量生産の体制を整えるべき」との見解を示していた。そのために統制型ディーゼルエンジンを量産するため、商工省は「ディーゼル自動車工業確立案」を策定し、東京自動車工業で統制型エンジンを独占的に量産するために、三菱重工、日立製作所、池貝自動車、川崎車輛から設備と人材を供出させた。

これが一九四〇年四月のヂーゼル自動車工業というかたちで結実する。これにより三菱重工などディーゼル自動車の製造を計画していた会社は、事実上、ディーゼル自動車から撤退を余儀なくされ、三菱の場合は戦車の増産に力を傾注させられることになる。この後、一九四一年九月にヂーゼル自動車工業は東京・日野町に大規模な工場を完成させる。

装軌式車両の製造能力強化を計画していた陸軍の働きかけで、この日野工場を主体として一九四二年

自動車製造事業法公布以降の自動車生産台数　「わが国自動車工業の史的展開」より（一部修正）

年次	日産		トヨタ			ヂーゼル	合計
	トラック・バス	乗用車	トラック	バス	乗用車		
1936			910	132	100		1142
1937	1348	490	2844	592	577	600	6451
1938	8249	1243	3538	538	539	1695	15802
1939	13786	744	10497	1377	107	4180	30691
1940	13991	1037	13080	4139	268	7066	39581
1941	17194	1066	14202	201	208	7797	40668
1942	15974	583	11261	0	41	5265	33124
1943	9958	333	9774	0	53	5365	25483
1944	7074	0	12701	0	19	3846	23640

注：1937年創立の東京自動車工業は1941年4月にヂーゼル自動車工業と改称

（表2-1）

五月、日野重工業がヂーゼル自動車工業より分離、設立される。日野重工は戦争中はトラック生産はしなかったが、一九四三年には戦車生産で三菱重工を抜くまでになる。

　このように太平洋戦争中に製造された軍用トラックは、主として前線で用いる統制型ディーゼルエンジン搭載の車両と、主として後方で用いるガソリンエンジン搭載型の大衆車型のトラックに二分されることとなった。ただ前者と後者では、生産数には大きな開きがあり、トラック生産の中心はトヨタ、日産の車両であった（表2-1）。これらトヨタ、日産のトラックは、部品の共有化などを進めてはいたものの、それにも限界があった。このため満洲から中国方面では地区を分けてトヨタ車と日産車を使い分けていたという。

　しかしながら拡大した戦域の中で、日本の自動車生産は、陸海軍の需要を満たすことはできなかった。占領地での鹵獲自動車や廃車寸前の「ちよだ」「スミダ」などのトラックが使われ続けたという証言は少なくない。

　自動車隊の車両なども、前線と後方でのトラックの棲み分けをする余裕もなく、稼働する車両を使わざるを得ないのが実情であった。一つの自動車隊で、トヨタのＫＢ型、日産の一八〇型、ヂーゼル自動車工業の九四式六輪自動車が混在するようなことも、けっして珍しいことではなかったのだ。

自動貨車

ちよだ、スミダ六輪自動貨車

本章では主として大戦中に使用された軍用車を概観するのであるが、最初に旧式に属するであろう、ちよだ六輪自動貨車やスミダ六輪自動貨車を取り上げる理由から述べる。それは太平洋戦争になっても、これらの自動車が九四式六輪自動貨車などとは別に、使われ続けたからにほかならない。

戦線の拡大にともなう師団数の膨張から、前線でも後方でも、自動車は常に不足していた。このため稼働するかぎりは、廃車寸前の自動車でも用いられたのである。これは後述するフォードやシボレーのトラックも同様だった。

さて、陸軍は一九二七年七月から八月にかけて満洲で、各種自動車の試験を行なっていた。これは戦時に陸軍が最も使用すると思われる車種の自動車についての、その運用面の評価・研究を意図していた。

この試験で用いられたのは、国産車ではなく、アメリカ、フランス、イギリスの各種自動車（六輪車、半装軌車など）であった。

この試験の結果、六輪車や半装軌車の走行性能が高く評価される一方で、主として経済性から六輪車を必要に応じて（履帯を装着するなどして）装軌化するのが望ましいとの結論が得られた。これにより保護自動車の対象車にも、そうした機能を付与するよう働きかけることも確認された。

こうした背景から、一九三〇年の軍用自動車補助法の改正で、六輪車についての項目が追加されたほか、四輪車よりも手厚い保護がなされるようになった。

同時期に陸軍自動車学校は、軍用トラックを製造してきた石川島自動車製作所と東京瓦斯電気工業に六輪トラック開発を要請していた。

石川島は当初はイギリスのウーズレー社と提携して技術を蓄積していたが、一九二六年頃から提携を解消する。一九二八年には新しい車名を「スミダ」

に決定し、バスや軍用車の受注も増え始めた。

一九三三年さらにウーズレーＣＰ型四輪トラックに後二輪を追加し、チェーン駆動するＡＳＷ六輪トラックが試作するが、これが国産初の六輪トラックである。これをさらに改良したＢＳＷ六輪トラックは陸軍からも二〇台の発注があった。

石川島自動車製作所が1929（昭和４）年に開発したＰ型トラック（スミダ六輪自動貨車）。搭載したＡ６型エンジンは直列６気筒、排気量4070cc、60馬力で同時期の他社の同クラス車と比べ、出力と燃料消費率で優れていた。また、４気筒のＡ４型エンジンは排気量2720cc、40馬力で、これらを搭載した積載量２～2.5トンおよび１～1.5トンのトラックは軍用自動車補助法適用車になった。

東京瓦斯電は一九一八年にアメリカのリパブリックトラックを参考に、自動車開発を行なった。これにより製作されたＴＧＥ型トラックは軍用自動車補助法資格試験合格第一号となった。

東京瓦斯電にとっては、軍用自動車補助法に合格することは、経営を安定化させるためにもクリアしなければならないハードルだった。東京瓦斯電は一九二〇年代には世界恐慌の影響を受け、経営不振に陥っていた。さらに軍縮で、軍に納入する自動車の数も減っていた。このため当時、自動車部の従業員は三二人であり、この人員で細々と軍用車の生産開発を行なわねばならなかった。

このような状況で、ＴＧＥ型トラックはその後も改良が続けられ、一九二八年発表のL型は軍のみならず一般からも好評であった。これは一九三〇年には宮内庁御用達にも選ばれていることからもわかる。それでも生産数は月産一〇台前後であったが、当時の国産トラックとしては、これでも売れた方だった。宮内庁御用達から東京瓦斯電は商標を「ちよだ」に改称した。そして次のN型から六輪トラックが誕生したのであった。

これらの「スミダ」「ちよだ」の軍用トラックは、別々の経緯で開発され、それぞれに長所と短所があった。さらに両者には部品の互換性もなかった。これは数を確保したい陸軍としては、看過できない事実である。こうした背景から誕生したのが、九四式六輪自動貨車であった。

九四式六輪自動貨車

陸軍は六輪トラックを「第一線部隊用車として、弾薬・人員また機材等の運搬に使用される」（陸軍省整備局の文書より）と認識していた。問題は有事には大量に必要となるこうした自動車の数をいかにして揃えるか？であった。

そのためには多数の自動車会社が少数を製作するのではなく、企業統合により一社か二社の企業が、標準化された自動車を量産するのが望ましい。それが商工省や陸軍の結論であった。

一九三三年、軍用自動車メーカー三社のうち、ダット自動車製造と石川島自動車製作所が合併し自動車工業が発足する。これに経営問題で合併が遅れた残り一社の東京瓦斯電気工業が合同するのが一九三七年。ここに軍用車の専門メーカーとして東京自動車工業が誕生する。なおこれにともない同社は一九四一年三月に自動車製造事業法の許可会社と認められる。

こうした流れの中で、量産モデルとなる六輪トラックの開発も進められた。陸軍からそうした六輪トラック実現の働きかけが具体化したのは、一九三三年であった。陸軍自動車学校の研究部主事前野四郎中佐が、東京瓦斯電と自動車工業に対して、両社共同設計の六輪トラックの製造を委託したのである。

前野中佐は、この九四式六輪自動貨車の開発のため各方面に働きかけ、その存在感は決して小さくなかったという。このため九四式六輪自動貨車は別名「前野六輪」とも呼ばれていたほどだ。のちに前野中佐はこの九四式六輪自動貨車開発の功績によって

1930年代に入って陸軍の要請で東京瓦斯電気工業と自動車工業（旧石川島自動車製作所）が共同開発した軍用6輪トラック。それぞれの社内名称はちよだＪＭ型、スミダＵＨ型と呼んでいた。スミダはガソリン車のＵＨ型と、ディーゼル車のＵＨＡ型があった。

勲三等旭日中綬章を授与されている。

　設計方針としては、可能な限り商工省標準車の部品を活用することが求められた。これは民間トラックなどと部品の互換性を確保する目的のほかに、自動車産業育成の意図もあった。つまり軍用車メーカー三社の統合は、単にこの三社にとどまらず、それを支える部品メーカーの統廃合と系列化も意図されていたためだ。

　一九三二年に東京瓦斯電の「ちよだＪＭ」の試作が、翌年には石川島の「スミダＵ」の試作が完成する。これらの試作トラックは、ほぼ同型車種であるが、両社が合併し東京自動車工業になってから、社内名称は「いすゞ」に統一され、この六輪トラックは「いすゞＴＵ１０型」となる。これが九四式六輪自動貨車であり、石川島自動車製作所の工場であった鶴見製作所で量産された。軍用自動車メーカーの合併による自動車生産は、日華事変が追い風となったこともあり、確かに量産効果を実現していた。

　東京自動車工業（ヂーゼル自動車工業）の生産数は一九三七年には六〇〇台程度だったが、三八年には一七〇〇台弱になり、さらに翌三九年には倍以上、四〇〇〇台を突破する。四〇年にはついに年産七〇〇〇台を突破し、四一年には七八〇〇台弱を記録し、これは終戦までの最大の年産数である。これらの数字は必ずしもすべてが九四式六輪自動貨車だけのものではないが、中心となっていたのはこの車種である。

九四式六輪自動貨車については、それを鹵獲しテストした米軍側の評価が残っている。

米軍から見れば、九四式六輪自動貨車は出力重量比の低さが問題視されている（米軍の同クラスの軍用トラックは七〇～九〇馬力前後）ものの、信頼性は高いと評価されていた。事実、日本陸軍が長い兵站線を戦ったノモンハン事変でも、自動車隊の中心は九四式六輪自動貨車であった。

ただ、おおむね輸入車並みの信頼性はあるといわれたものの、その量産はコンベアシステムによるものではなかった。陸軍が軍用車に求めた質の確保のため、航空機のような個別生産（ジョブ・ショップ制）が実態であったという。

この点では後述するトヨタ、日産のトラックとは量産に対する姿勢は異なっていた。実は九四式六輪自動貨車は東京自動車工業だけが生産していたわけではなかった。生産数は少ないが川崎車輛も同一規格のものを同社の社内名称である六甲の名称を用い、六甲ST40として生産していた。

川崎車輛は川崎造船が不況期に経営多角化のために設立した自動車会社だが、本業が好調になったため、自動車生産は停滞していた。だが一九三一年頃から、同社の生産設備に目をつけた軍の要望もあり

1934（昭和９）年に制式化された日本陸軍の代表的な軍用トラックである九四式六輪自動貨車。本車を利用し、さまざまな機材や装備を搭載・架装した派生型も多く、一例では無線機搭載車、患者車、炊事車などがあった。九四式六輪自動貨車（甲型）主要諸元＝車両重量（自重）：3.4t／全長×全幅×全高：5.40×1.90×2.25m／エンジン：直立６気筒水冷ガソリンエンジン／標準馬力・最大馬力：40・68hp／最大時速：約60km／標準積載量：2.5t

自動車生産を拡大し、一九三五年からバスやトラックの量産を開始する。

一九三九年には自社開発のディーゼルエンジンを載せたトラックの生産にも着手し、ディーゼルエンジントラック開発の先鞭をつけた。川崎車輛のDW型ディーゼルエンジンを搭載した九四式六輪自動貨車も生産されている。

だが前述のようにヂーゼル自動車工業の設置にあたり、川崎車輛のディーゼルエンジン部門は同社に吸収され、川崎車輛のディーゼル自動車部門は消滅した。また一九四二年には、陸軍大臣により自動車工場を航空機生産に転換するよう命じられ、川崎車輛の自動車生産は終了し、川崎航空機工業となった。川崎車輛時代の三七年から四二年までの間に同社が製造した軍用制式自動貨車は三六七〇台といわれる。

このように九四式六輪自動貨車が開発され、量産される間に、軍用車のエンジンもガソリンエンジンからディーゼルエンジンへと転換の時期を迎えていた。このため九四式六輪自動貨車には、ガソリンエンジン搭載型とディーゼルエンジン搭載型の二つの型式が存在する。前者は甲型、後者は乙型と称された。

九四式六輪自動貨車について、注目すべき点は、この自動車が応用自動車として多くの派生型を生んだことである。多数の派生型自動車が存在したことは、歩兵、砲兵、輜重兵だけが自動車化の恩恵に浴することなく、日本陸軍全体の自動車化に寄与したということである。この点でも、九四式六輪自動貨車が果たした役割は小さくないだろう。

ところで軍用車の調達はどのように行なわれていたのだろうか？　これは民間に比べると単純な流れである。

陸軍側では、まず予算を決定し、自動車会社にはそれが内示され、そこから生産台数が決まる。東京自動車工業なりトヨタ、日産なりで生産された自動車は、まず陸軍兵器本部に受領される。そして東京陸軍兵器補給廠の管理となる。国内であれば、そこから各師団なり連隊に自動車が配備されることになる。

外地の部隊への配備はさらに手順があり、東京陸軍兵器補給廠の自動車は、広島陸軍兵器補給廠に送付、受領される。そこから船積みされ、目的地に運ばれ、たとえばそれが満洲だったなら、南満洲陸軍兵器補給廠が広島陸軍兵器補給廠より受領する。そして現地の補給廠から、当該部隊に送付し、受領という手続きを経た。

九七式四輪自動貨車

ひと言でいえば九七式四輪自動貨車は商工省標準車の「いすゞTX40」に若干の改造を加えて軍用車としたものだ。

九四式六輪自動貨車も標準車の部品を最大限に活用する方針であるため、当然のことながら、本車との部品の互換性は高かった。

すでに陸軍は戦場においては六輪車を、後方では四輪車を用いる方針を立てており、このことから九七式四輪自動貨車は、主に後方での輸送任務のための車両だったことは理解いただけよう。

ただ、ここで疑問に思われるかもしれないが、第一章で述べたように、自動車製造事業法は、後方で使用するトラックとして、フォード、GMの大衆車クラスの四輪トラックと直接競合する国産車量産を

1937（昭和12）年に制式化された九七式四輪自動貨車。同年の日華事変勃発で制式化とともに中国大陸の第一線に投入された。九七式四輪自動貨車主要諸元＝車両重量（自重）：3.0t／全長×全幅×全高：5.86×2.17×2.25m／エンジン：直立６気筒水冷ガソリンエンジン／標準馬力・最大馬力：45・52hp／最大時速：約60km／標準積載量：1.5t

目的とした法律である。

ところが九七式とは一九三七年に制式化されたことを意味（日本陸軍は昭和二年から皇紀年号の下二桁を制式名とすることが定めた。西暦一九三七年は皇紀二五九七年であるので、この年に制式化されると九七式になる）しているが、自動車製造事業法が公布されたのは前年なのだ。そして九七式四輪自動貨車のベースとなった標準車とは、フォード、ＧＭが圧倒的な競争力を持つ大衆車クラスとの競争を避けた規格であった。

この矛盾するような事実関係の謎を解くのは日華事変である。これにより、陸軍は大量の自動車を必要とした。しかし、トヨタ、日産の生産力はまだ十分ではなく（この時点で両社合せて五〇〇〇台ほど）、標準車を軍用化して戦場に送る必要があったのだ。このため本車の生産台数はそれほど多くはなかったと思われる。

一式四輪・六輪自動貨車

日本の軍用トラック開発で無視できないのは標準車の存在であった。それは自動車そのものだけでなく、その背景にある日本の自動車政策の点からも重要な意味があった。

第一章で述べたように、標準車は、その積載量を考えたときに、国内で圧倒的な強さを持つフォード、ＧＭとの競争を避けるため、大衆車より大型とすることが決められた。また同時に積載量を二トン以下としたのは、日本の道路事情を考慮したためだった。ただ、標準車が一・五トン以上、二トン以下とされたのは、単純なフォード、ＧＭとの競争回避だけではなかった。

まず日本の大衆車需要の内訳を見ると、最初は一トン積みのトラック中心だったものが、だんだんと一・五トン積みが中心となる傾向があった。つまり積載量が増加しつつあったのだ。実際、過積載は日常的なようで、大衆車の一・五トンにしても、実際は二トン程度まで積まれているという予想があった。このため一・五トン以上、二トン以下に最大需要があるとの意見もあったのだ。この意味で、標準車は、トラックに関して大衆車と競合する規格であったとも解釈できよう。

　こうした積載量増大の要求は、民間用だけでなく、軍用車でも同様だった。九四式六輪自動貨車は優秀な軍用トラックであったが、就役から年数が経過すると部隊からは積載量の増大が要求されるようになった。一方で、民間や後方で使用される標準型トラックについても積載量の増大が望まれるようになっていた。

　こうした要求に応えるために、新型トラックが開発されるのだが、それは時期的に東京自動車工業がヂーゼル自動車工業へと転換し、国内のディーゼルエンジンを独占的に量産する体制が整った時期でもあった。

　まず一九四〇年ごろから標準車であるＴＸ４０のホイールベースを拡大するなどして、積載量の拡充が行なわれる。これはＧＡ５０型ガソリンエンジンを搭載したものがＴＸ８０、ＤＡ４２ディーゼルエンジンを搭載したものがＴＸ６０となった。

　これらの四輪トラックは、民間で最初に活用された。その後、陸軍により一式四輪自動貨車として制式化される。ガソリンエンジン搭載が一式四輪自動貨車甲、ディーゼルエンジン搭載が一式四輪自動貨車乙と区別された。

上：1941（昭和16）年に制式化された一式四輪自動貨車（TX80型）。下：一式四輪自動貨車（甲型）

六輪自動貨車も同様にホイールベースの延長や車軸の強化が施され、積載量を増大している。

ただこれは九四式六輪自動貨車の直接の改良ではなく、原型である民間用のTU10型の改造であった。いくつかの改造を経て、ガソリンエンジン搭載型のTU80とディーゼルエンジン搭載型のTU60が完成し、一式六輪自動貨車として採用される。

一式四輪自動貨車と同様、ガソリンエンジン搭載型を一式六輪自動貨車甲、ディーゼルエンジン搭載型を一式六輪自動貨車乙と称した。またTU80とTU60のエンジンをそれぞれ強化した型は、改良型と呼ばれたという。

第一線の軍用車のディーゼル化を進めてきた陸軍が、どうして甲乙二種類のエンジンを使用しなければならなかったのか？　補給や整備の面でも、このようなやり方は問題があるように思える。

その理由は、ディーゼル車だけでは、部隊の要求を満たせなかったという点にある。戦時下で生産された自動車に占めるディーゼル車の比率は低かったのと、ガソリン車を含めても、その生産台数は計画に到達しなかった。このことは生産車の軍民割り当てが、著しく軍需偏重になっていることからもわかる。甲型・乙型の存在は、部隊の慢性的な自動車不足を表わしていたといえよう。

日産80型・180型トラック

第一章で述べたとおり、日産、トヨタのトラックは、日本軍の後方輸送を担う目的で量産されたトラックであり、生産台数では、ディーゼルエンジン搭載の軍用トラックの四、五倍に達していた。この数字には民間用も含まれているが、戦時下では軍用が生産の中心であり、日本陸海軍のトラックの中心は日産、トヨタ製だったのである。

さて、一九三三年設立の「自動車製造」が日産自動車の始まりである。同社は自動車の製造だけでなく、部品製造も行なっていた。そして将来的には大衆車製造を計画していた。そのためGMの工場への部品供給割合を拡大し、最終的には大衆車を製造する。このためＧＭとの提携交渉も行なわれていたが、これは陸軍の介入により頓挫する。

一方で、検討が進んでいる自動車製造事業法の許可会社になるためには、従来の小型車ではなく、大衆車を量産する必要があった。そこで同社は大恐慌の影響で経営不振のグラハムペイジ社から構造設備とライセンスを購入することで、この問題を解決しようとした。この時にアメリカから運ばれてきた工場施設には、技術指導のためのアメリカ人技術者も多数同行していたという。

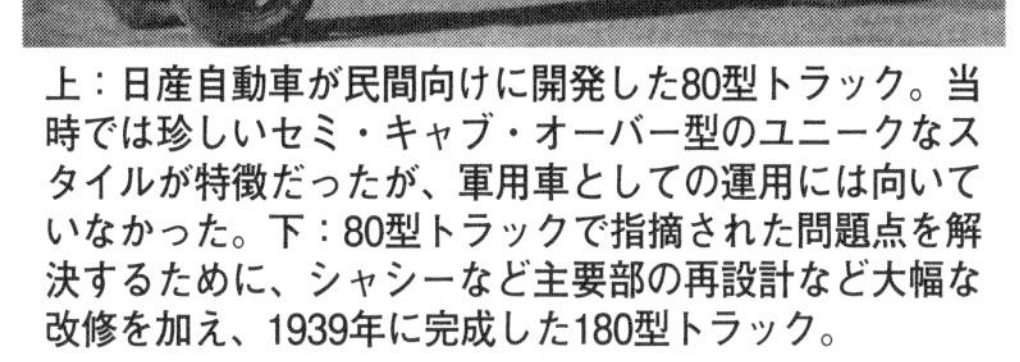
上：日産自動車が民間向けに開発した80型トラック。当時では珍しいセミ・キャブ・オーバー型のユニークなスタイルが特徴だったが、軍用車としての運用には向いていなかった。下：80型トラックで指摘された問題点を解決するために、シャシーなど主要部の再設計など大幅な改修を加え、1939年に完成した180型トラック。

製造されたトラックは日本の狭い道路事情を考慮し、前方視界確保のため運転席を高くできるセミ・キャブ・オーバー型が採用された。これが日産の80型トラックである。

日産がこのデザインを選んだのには、小型車の経験しかない日産の事情もあった。大衆車の量産は否応なくフォード、ＧＭとの市場での競合が避けられない。アメリカ車と比較して、自社の技術的な立ち後れという事実を前に、日産が考えたセールスポイントはより多くの積載量だった。

セミ・キャブ・オーバー型にすると、後ろの荷台面積がより広く確保できることが期待でき、それを売りにしようとしたのである。これにはホイールベースが一〇四インチ（二六四一ミリ）のものと一二八インチ（三二五一ミリ）の二種類があり、前者が四一五〇円、後者が四四六〇円であった。

一九三七年三月に完成した二台を皮切りに、一九三八年八月にはついに生産総数も一〇〇〇台を超え、さらに量産が進められた。

日本の道路事情を考慮したデザインであることからもわかるように、80型トラックは、当初は民間需要を意識していた。しかし、日華事変の影響で、同車はほとんどが軍が買い上げ、民間に流れた数はそれほど多くはなかった。より正確にいえば民間でもあまり歓迎されず、販売不振だったという。大衆車はフォード、GMが国内市場を席巻していた。このため運転手の大半がフォード、GM以外の車両の運転・操作には慣れていない。このため80型のような高い運転席は敬遠された。さらにフォード、GMの大衆車との部品の互換性がないことも、不評の大きな理由となった。

それでも日華事変の勃発と拡大による軍の自動車需要は急激で、陸軍は満洲鉄道を介して大規模な自動車と運転手の手配を依頼したほどだ。80型トラックも多数が大陸に送られた。だがせっかく送られたトラックだったにもかかわらず、現場部隊からは、80型トラックへの苦情が殺到した。

原因は日本の道路事情を考慮し、前方視界確保を意図したセミ・キャブ・オーバー型のデザインにあった。まず重量物が車体前方に偏っているため、泥濘地にはまるとすぐに身動きがとれなくなった。このことは製造側もある程度は、理解しており、それを緩和するために前輪の間隔が広げられていた。

原設計のグラハムペイジのキャブオーバー型トラックは、アメリカの都市間輸送のために開発され、舗装道路での移動を想定していた。それでも日本国内の都市部での運用であれば、これも大きな問題とはならなかった。だが日本よりも道路事情の悪い中国大陸で、しかも過酷な運用を強いられる軍用トラックとしては、これは大きな問題だった。

80型トラックは主に後方の自動車隊などで利用されるわけだが、縦隊で移動する場合、車幅が広いために、細道などで一台が故障しただけで、後続車が前進できないという問題が生じた。また車幅のためにほかの自動車は通過できるのに、８０型トラックのみ通過できないようなことも起こり、時にはそれによる車両の渋滞で、自動車隊が襲撃される事態さえ起きていたという。さらに車体前部の開口部が狭いことや、クラッチやトランスミッションの故障でも、エンジン部を引き出さねばならないことなど、整備性の悪さも指摘されていた。

現在の日本ではセミ・キャブ・オーバー型デザインのトラックが主流になり、小型から大型まで各種が活躍している。ただ当時の技術的経験では、実用性を高めるために必要なさまざまな問題を解決できなかったということだろう。

トラックの品質に問題を抱えていたのは日産だけでなくトヨタも同様だった。そこで一九三九年九月に商工省を中心とし、陸軍、内務省なども参加した「自動車技術委員会」が発足し、日産には８０型トラックの改善を要請した。関係機関の８０型トラックに対する改善要求はキャブ・オーバー型構造の改修を含めて、全三六項目にも及んだ。

こうした改善要求の中には日産の設計で対処できるものもあったが、特殊鋼の品質や多数の下請け工場の品質管理能力にかかわる部分も多かった。これは日産の問題というよりも、日本の工業技術や系列構造の問題であった。

これに関連して、同委員会は同年一二月に自動車の標準規定を定め、これにより日産とトヨタのトラック部品、約五〇点で互換性が確保されるようになった。

このトラックの性能の問題は、日産に限らず、トヨタでも指摘されていた。ある資料によれば、一九四一年に大陸で臨時編成した二つの自動車隊を比較したところ、程度良好であるトヨタ、日産の徴用車による自動車隊では三か月の故障発生率が二七六％だったのに対して、国内で徴用したフォード、シボレーで編成した自動車隊は一一五％であったという。国産車の品質には改善すべき点は確かに多かったのである。

このように陸軍はメーカーに性能改善を督促した

が、一方で、前線の将兵には、性能の問題を運用で補わせるようなことを強いてもいた。そのため使いやすさなどの面では、エンドユーザーたる兵士の改善要求の声は、生産現場には届かなかった。

さて、日産の浮沈をかけた新型トラックの開発は、部分改良の81型を過渡的に生産するなどして、一九四〇年一二月には、指摘された三六項目のうち、二七項目の改善を済ませた新型車として登場する。これがボンネットタイプの180型トラックである。

180型の量産は一九四一年はじめから開始され、最盛期で月産三〇〇〇台に達した。しかし、生産量からいえばこれがピークであった。量産は続けられ、トヨタとならび日本の軍用トラックとして中核をなしていたが、陸軍からの要求生産台数を一度も達成せずに終戦を迎えることになる。

これは生産に必要な鉄材などの供給が戦局の悪化にともない困難になっていたことと、自動車よりも航空機生産が優先されたためである。

ちなみに180型トラックの中には、荷台を縮小した分、後部座席を増設し、三列席にしたものも存在していた。自動車中隊などの指揮車として使われたものと思われるが、生産数も含め、詳細は不明である。

トヨタGBトラック・KBトラック

日産と並ぶ大衆車量産の雄がトヨタ自動車工業で、一九三三年九月に豊田自動織機製作所に自動車部が設立されたのが、自動車製造の第一歩であった。

この段階では、GMからオーバー・ヘッド・バルブ六気筒のシボレーを購入し、それを分解、その部品から図面を起こし、試作品を作るところから技術習得が始まった。一九三四年には三四年型フォードのシャーシを手本としたトラックを開発し、翌年八月に完成した。

ただ技術的には未完成で、リーフスプリングが折れる、ドライブシャフトがねじ切れるなど、材料技術の問題や、エンジン・トランスミッション系のトラブルが頻発した。それでもこのトラックはＧ１型として市販され、価格三二〇〇円は、手本となったフォードのトラックより安かった。

こうしたトヨタの開発方針は、商工省による、「性能よりも価格を重視する大衆車の国産化と大量生産」という方針と軌を一にするものであった。

トヨダＧ1型トラックの不具合箇所を改修して1936（昭和11）年に完成したＧＡ型トラック。同時期に開発されたトヨタ初の量産乗用車ＡＡ型とエンジンやその他の構成品の共通化が図られていた。

事実、豊田喜一郎社長の商工省への説明として「単に性能向上だけならば、我が国工業の現在実力を以てして、その解決はさほど困難ではありますまいが、値段を極力廉くすることを大衆車の根本条件としてきました関係上、性能問題は第二次的なものとして取り扱わなくてはならなかったのであります」「我々の設計は、当初、エンジン部分はシボレー型を、駆動部分はフォード型を採ったもので、結局、外国大衆車を模造したに過ぎないもの」などと答えている。

ただ日本国内の市場では、日産車よりもトヨタ車が受け入れられたのも事実であった。その理由はフォード、ＧＭを原型としているため、すでにフォード、ＧＭの自動車に慣れているユーザーには扱いやすかったこと、さらに部品もフォード、ＧＭのそれと互換性があったため、国内各所にある修理工場での修理が可能であったことも強みとなった。

その後、一九三六年七月に自動車製造事業法の許可会社として認定され、一九三七年八月に自動車部は分離され、トヨタ自動車工業として独立した。

一九三八年には改良されたB型エンジン・七五馬力を搭載したGB型トラックが開発される。同年一〇月から生産が開始され、一二月だけで三三七八台が生産された。

こうした状況の中で商工省も「（自動車製造事業法の制定から三年で）外国に頼らず国産の自動車を以て国内需要を賄いうる」と認識するに至った。ただこれはあくまでも生産数量の話である。量産により需要が満たせるめどが立ったとき、次に問題となるのは品質・性能の向上であった。

すでに日華事変により戦域は拡大しており、量産された大衆車の多くは軍用車として活用されることが明らかであり、質・性能の向上は緊急課題でもあった。

このため前述したように「自動車技術委員会」から、トヨタに対しても三三項目の改善意見が出された。

豊田喜一郎社長の認識としては、問題の原因は、

（1）技術者の経験不足

（2）特殊鋼の品質が必要条件を満たしていないこと

（3）外注部品メーカーの製造技術水準が低い

の三点にあった。そして、これらの問題は相互に深く関連していた。結果としてトヨタの方策は、生産システムの改善を意味した。もちろんこの品質向上策は大衆車としての「低価格」という条件を満たさねばならなかった。

自動車の生産原価は、直接工費・間接工費・材料費・外注などにより決まる。量産により直接工費・間接工費は低減が期待でき、材料費についても（統制経済体制では難しい面もあったが）大量購入で低減させることも期待できた。

問題は外注分で、これはトヨタ一社がいくら努力してもコスト面でも性能面でも改善には限界があった。たとえば一九三五年の日本における自動車部品・付属品工場は三五一であったが、一九三八年には七六九工場と倍以上の増加を示していた。さらに

日本の（航空機生産でもいえることだが）自動車部品メーカーの多くは中小の家内制的な町工場が大半であった。そうした町工場の加工技術と生産性をトヨタ一社の力で向上させるのは容易なことではなかった。

これを解決するために、トヨタは商工省の支持を得た上で、特殊鋼など重要部品の内製化を進めると同時に、外注部品メーカーを整備し、系列化を進めることになる。つまり外注工場に対して専門部品メーカに特化することを要求し、それらを系列下に置いて育成し、製品の品質向上とコスト低減の両方を狙ったのである。ただ戦争の拡大にともない、自動車産業は、資材・人材・下請け業者のすべての面で、航空機産業との競争にさらされた。

部品の加工賃一つとっても、航空機産業は平均して自動車産業の七倍以上も高かったという。このため自動車から航空機産業への部品メーカーの離脱は深刻化していった。航空機産業との競合により、機械設備の更新は思うに任せず、トヨタのこうした対策も十分な成功を収めるには至らなかった。

それでも一定水準の生産数を維持できたのは、人海戦術に負うところが大きい。その人員確保のため、トヨタにせよ日産にせよ、動員学徒や女工の比率が高まっていった。トヨタのあるラインでは、一九四三年に一万台のクランクシャフトを生産したが、作業員は動員学徒なども含めて七五人、戦後の五七年には同じラインが八万台の生産を行なったが、作業員は八人であった。戦時下における機械設備の水準と人海戦術の実態がうかがえよう。

こうした難しい問題を抱えながらも、トヨタは段階的に改善策を図り、GB型トラックの改善にあたり、GB型トラックの改良型を経て、KB型トラックが誕生することになったのである。

これは基本的にGB型トラックの信頼性向上を図ったものだが、それ以外にホイールベースを延長し、積載量を二トンから四トンに倍増させていた。

特筆すべきは、陸軍の要求もあって、トラックの生産台数を減らさないままに、GB型からKB型へ

積載量の増大の要求からGB型トラックをフルモデルチェンジしたKB型トラック。ホイールベースを400mm延長して4000mmとし、フレームなどの強化が図られていた。トヨタKB型トラック主要諸元=車両重量（自重）：2.7t／全長×全幅×全高：6.45×2.19×2.23m／エンジン：水冷直列6気筒ガソリンエンジン／標準馬力：78hp／標準積載量：4t

の車種の変更を行なったことである。おおむね一九四二年三月から五月の間に、GB型からKB型に生産が切り換えられたという。

ちなみに生産施設が系列も含めて名古屋周辺に集中していたため、トヨタのトラックは、完成するとと主として陸軍の名古屋兵器廠に納入されていたようである。

戦時規格型トラック—180N・KC型

一九三九（昭和一四）年六月に発足した自動車技術委員会が、トヨタ、日産のトラックの品質向上に数十項目の要請を行なったことはすでに述べた。

この委員会は、こうした問題を含め、以下のような審議を行なっていたという。

- 国産「大衆車」の品質改善
- 自動車および部品の規格制定
- 自動車部品の共有化
- 代用燃料とそれを用いた自動車
- 材料問題（供給、代用品開発、節約）

これら五つの審議内容は、「限られた資源で、高性能の国産車を量産する」ための諸施策であったこうした審議が行なわれた背景には日華事変の泥沼化があり、さらに太平洋戦争で状況は深刻化していく。

陸軍が、前線はディーゼル六輪トラック、後方は大衆車型の四輪トラックという、ある種の棲み分けを考えていたことは前述した。このため当初は部品の規格統一も大衆車クラスのトヨタ、日産の汎用部品が対象とされ、ヂーゼル自動車工業のトラックは含まれていない。

だが戦局の悪化とともに、ガソリンエンジン搭載のヂーゼル自動車工業製トラックに対しても、それらとの部品共有が求められるようになった。すべては資源問題から始まっている。

太平洋戦争中の一九四二年一一月には「臨時生産増強委員会」により、自動車産業はほかの船舶や航空機などと同様に、重点産業の一つに指定され、生産資源も優先的に配給されていた。ただ資源配分が優先されたとはいえ、量的には要求された需要を満たすには十分ではなかった。資材の統制配給が削減された一方で、部隊の自動車需要は増大するなら、少ない資源で自動車を生産する方策を考えねばならない。

そこで戦時規格型自動車の登場となる。こうした案自体は自動車技術委員会の発足の時点で考えられていたが、それがここで具体化したのである。一九四二年一〇月には、ヂーゼル自動車工業・トヨタ、日産の三社で資材節約型の検討が申し合わされた。

商工省は陸軍の要望も加味した上で、比較的実現が可能で容易な（つまり生産ラインに大きな影響を与えない）Ａ案と、設計変更を加え、徹底した節約を意図したＢ案の策定を三社に命じた。Ａ案は一九四三年二月、Ｂ案は三月に完成することが求められた。

委員会はまず、主に鉄材の節約を目的に提出された、比較的短期間に実現可能な第一次戦時規格型（Ａ案）を決定した。これにより運転台、荷台など鋼鉄製の部分を木材に置き換え、ラジエーターグリルを省略、フェンダーの短縮など、細かい変更により「いすゞ」を例にとれば八三キログラムの鉄材節約が可能となったという。

「自動車製造事業法」の許可会社である国内三社はすぐにこの決定に基づいた自動車生産を開始し、

これらは既存車（ＫＢ型トラック、１８０型トラックなど）の改修として行なわれた。

さて、戦時規格型自動車のＢ案がまとまった翌月の一九四三年四月には「一八年物資動員計画」より、航空機や船舶は重点産業のままであったのに対して、自動車産業は重点産業の指定から外されてしまう。これにより、自動車産業はＢ案に基づく戦時規格型自動車の生産を余儀なくされることとなる。

重点産業からの指定を外されたことの影響は大きかった。資材が配給されないため、自動車工場にも遊休設備が生まれ、それらは航空機の部品などほかの軍需品の製造に充てられたという。

こうした原料・資材供給状況の厳しい中で、軍需省より出された「戦時規格型貨物自動車緊急処置決定事項」にしたがい、第二次戦時規格型（Ｂ案）の生産が開始された。第二次戦時規格型は鉄材はもとより、ニッケル、石綿など輸入資材の節約も徹底し、大規模な構造の変更をともなうものであった。

運転席は板張りで、荷台も簡素化され、バンパー・ボンネット・フェンダーの単純化が図られた。ブレーキでさえ、後輪のみとされていた。これらは日産の１８０型トラックや、トヨタのＫＢ型トラックの改修というかたちで生産された。

それぞれ１８０Ｎ型トラック、ＫＣ型トラックと呼ばれていた。これらは前照灯さえ中央に一個だけ

戦局の悪化による資材不足から構造の簡略化、部材の節約を余儀なくされた戦時規格型トラックのひとつ、日産180Ｎ型。日産自動車は1944（昭和19）年１月に軍需会社に指定され、同年４月から本車を生産した。荷台やキャビンは鉄材から木製になり、後部タイヤのフェンダーや停止灯、尾灯、方向指示器、バックミラーなどもなしという仕様だった。

という徹底的な簡素化がされ、関係者は自嘲的に「一つ目小僧」と呼んでいたという。

ただこうした戦時規格型による簡素化の効果は確かにあり、鉄材の節約量は三〇〇キロ（一〇台で三トン）に達したという。ただここまでやっても、資材不足の影響は大きく、国内自動車生産のピークは一九四一年であり、以降は、生産台数は常に計画値を下回った。

これら生産された自動車は統制品であり、国家により軍官民に割り当てられたが、総生産数が縮小する中で、民間用のトラックの配給が圧縮された。それでも一九四〇年には五〇％は民間用に割り当てられていたものが、早くも一九四三年頃から八〇％が軍への納入となっていた。

結果として、日本国内の陸上輸送は深刻な影響を受けることとなる。すでに自動車製造事業法施行の時点で、自動車の貨物輸送量は鉄道に拮抗していた（自動車四八・六％に対して鉄道五一・四％）。特に一〇キロ以内の近距離輸送は、九〇％が自動車に委ねられていた。そうした状況の中で、戦争により自動車の徴用が進められ、民間用のトラック配給は抑制されたのだ。

さらに一九四二年の自動車運送業組合令公布など、いくつも法令により、全国のトラック運送業者の数は六分の一程度まで減少し、自動車運輸量も半減することになる。そして軍需生産の拡大要求の中、陸上輸送は鉄道に多大な負担増を招き、最終的に陸上輸送は麻痺状態に陥ることになる。

生産増を意図した、こうした軍需優先の統制により、かえって国内生産は低下するという悪循環が起こったのであった。ただこうして製造された戦時規格型トラックは意外に丈夫で、戦後も数年間はその姿を見ることがあったとの証言がある。

フォード、シボレーのトラック

一九三六年九月、日本のフォードとGMに対して、商工省工務局長による通達が発せられる。それは過去の製造実績から、フォードは年産一万二三六〇台、GMは九四七〇台を生産数の上限とするというものであった。これは自動車製造事業法を根拠とする通達であった。

日本国内の大衆車需要は拡大傾向にあり、外資による二万一八三〇台の自動車供給は確保しつつ、万単位の需要拡大分をトヨタ、日産などの国産車に充てることで、市場を確保し、自動車産業の育成を図る。これが商工省などが描いた自動車製造事業法のシナリオであり、決してフォード、GMを日本から追い出すことを意図したものではなかった。

そのフォード、GMが日本からの撤退を余儀なくされたのは、国際収支悪化を改善するためと産業保護を意図した自動車部品の輸入関税の引き上げと、さらには一九三七年の日華事変の影響が大きい。これにより資材の統制が強化されたことと、円相場の下落で資材の輸入価格が高騰し、ノックダウン生産を中心とする事業の継続が困難となったためであった。

こうして一九四〇年にはフォードもGMも日本から撤退を余儀なくされた。日本に進出してからおおむね一五年ほどの活動期間であった。

生産数が判明しているだけで、アメリカ系のメーカー（フォード、GM・共立）が一九二五年から完全撤退の一九四〇年までに国内で生産した自動車総数は二〇万八九六七台（フォード：一〇万八五〇九台、GM：八万九〇四七台、共立：一万一四一一

上：フォード６輪トラック。下：シボレー６輪トラック。満洲事変当時、日本陸軍のトラックの主力をなしていたのは、日本国内で生産されたこれらのアメリカ車だった。

台）に達するという。その足跡は決して小さなものではなかった。

ここまでは、主として日本の自動車産業や国産の軍用トラックについて述べてきた。しかし、視点を日本陸軍の自動車化の歴史へと転ずれば、そこにあるのはフォード、GMの存在感の大きさだ。

たとえば日本陸軍が大規模に自動車を活用したのは、満洲事変からで、その経験が日本初の機械化部隊として独立混成第一旅団の編成に結実する。

その満洲事変（から熱河作戦）で陸軍の兵員輸送や兵站補給を支えたのは、フォードやGMのシボレーなど、アメリカ車であった。満洲事変などでは、一九三一年型のフォードや一九二八年型のシボレーなどが多数戦場へと送られた。

事変当初、関東軍野戦自動車隊は「スミダ」を、関東軍第二野戦自動車隊は「ちよだ」を主要な装備として参戦した。だが事変の拡大により、自動車隊が次々と新編されると、現地もしくは日本から大量の自動車が徴用されたり、購入され、満洲に送られた。

一九三一年の満洲事変で、一九三一年製のフォードが用いられていたことは、陸軍による新車購入を意味し、一九二八年のシボレーの存在は、徴用・徴発が行なわれたことを示している。

自動車製造事業法の翌年に日華事変が起こり、自動車需要が急増したが、許可会社三社の量産体制はまだ整っておらず、やはりフォード、GMの自動車が存在感を示していた（ちなみにこれら国内生産のフォードとシボレーは日本向けの右ハンドルであった）。ただ前述したように、フォード、GMの国内生産は減少傾向にあった。その一方で一九三六年型から一九三九年型までのフォードとシボレーは陸軍に大量に購入され、戦地に送られ、各部隊で使用された。

そしてフォード、GMが日本での自動車生産から撤退すると、日本軍が入手可能な新車はすべて国産車となった。一九四一年三月末の日本軍の自動車総数は次のようであったという。まず前年度末の保有数（フォード、GM含む）が二万九〇〇〇台、日本国内での前年度生産分が一万六〇〇〇台、同徴用分が一万八〇〇〇台、この合計が六万三〇〇〇台で、これに年度内の損失数五〇〇〇台と合わせると六万二五〇〇台となる。

だが開戦により、この内訳も大きく変わってくる。年間生産台数は一万二五〇〇台、国内の徴用に至っては二〇〇〇台と激減する。対照的に占領地から捕獲した自動車が一万五〇〇〇台を数え、先の数字と合わせると、日本軍は九万二〇〇〇台の自動車を入手していた。ただし、通常使用や戦闘による損失が一万五〇〇〇台あった。それを差し引いても総計では七万七〇〇〇台と増えているが、それは損失分を鹵獲車両によって補った結果であった。

この傾向は終戦まで続き、日本軍にとって、国産車の生産台数が減少する中で、占領地などの鹵獲車両の存在は少なからぬ存在感を示していた。そしてこれらの中心を占めていたのは、やはりフォードやGMだったのである。

火砲の牽引車

黎明期の牽引車

日本陸軍の牽引車や戦車開発が、ほかの欧米諸国と異なる点は、それらの開発・製造を支えるはずの自動車産業が、そのスタート時点で、ほとんど育っていなかったという点である。

歩兵部隊の自動車化や砲兵の機械化、戦車の導入など、日本陸軍はそうした海外事情を知り、これらを積極的に導入しようとしていた。しかし、国の経済規模や工業基盤の層の薄さや、近代的な大工場を前近代的な家内生産の町工場が支える構造などが、そうした軍の近代化の制約となった。

陸軍が大阪砲兵工廠で初めて自動車を製造したのが一九一一年、軍用自動車補助法が一九一八年、フォード、GMの日本進出が一九二四年である。一九二三年には大阪砲兵工廠（一九二三年、陸軍造兵廠大坂工廠に改称）で国産初の牽引車の試作車が完成したが、同工廠で試製一号戦車が完成するのが三年後の一九二七年であった。

このように軍用車、牽引車、戦車などの各種軍用車両は、自動車産業の工業基盤を利用するというより、ほぼ並行的に進化していかざるを得ないのが現実だった。それでも日本陸軍は自動車導入に積極的だった。これはドイツ陸軍の影響を受けた「運動戦」指向が強まったことと無関係ではない。

この運動戦の考え方の中で、砲火力の機動力を確保するために、砲兵は自動車に強い関心を示していたのである。ただ日華事変から太平洋戦争にかけての実態は、師団数の急激な増大もあって、砲兵の多くは、機械化の恩恵を受けることなく、軍馬や時に人力で砲・弾薬を輸送することを余儀なくされていた。もっとも米軍を除けば、当時の各国陸軍は、程度の差こそあれ、砲兵は馬に頼らねばならなかったのであるが。

その日本軍が火砲を車両で移動させる場合、その手段は大きく三つあった。

一つはトラックの荷台に搭載して移動する方法。これは大隊砲や速射砲など、比較的小型軽量の火砲で用いられた。時に車載のまま射撃することもあったという。二つ目は、主に高射砲で用いられたトラックによる牽引。そして三つ目が主として重砲や野戦重砲を対象とした牽引車による移動である。このことは第一次世界大戦後の世界の動向から、日本陸軍砲兵が野戦重砲の拡充を意図したことによるものであった。

これら火砲の輸送手段については、おおむね部隊の編制に対応している。一般に歩兵師団には、師団砲兵として一個砲兵連隊が編成されている。この砲兵連隊の装備は、目的によって二つに分けられ、それは砲兵連隊を構成する個々の砲兵大隊の任務の違いとなる。

一つは師団全般の火力支援を行なう全般支援砲兵大隊であり、日本陸軍では主として一〇センチ榴弾砲が用いられた。もう一つは各歩兵連隊の火力支援を担任する直接支援砲兵大隊である。日本陸軍では

1917（大正６）年、日本陸軍はアメリカのフォー・ホイール・ドライブ社のトラックを購入、重砲の牽引車の研究と実用試験を行なった。写真は三八式15センチ榴弾砲と弾薬を積載する接続砲車を牽引している。

この任務のために山砲や野砲が用いられるのが通例だった。

ちなみに山砲とは、山岳部隊が用いる火砲という意味ではない。山地などでも分解して輸送できるような構造を持つ火砲をいう。日本陸軍の場合、自動車の不足と主戦場が交通インフラの未整備な中国大陸ということもあり、諸外国と比べ野砲より山砲が多用される傾向があった。

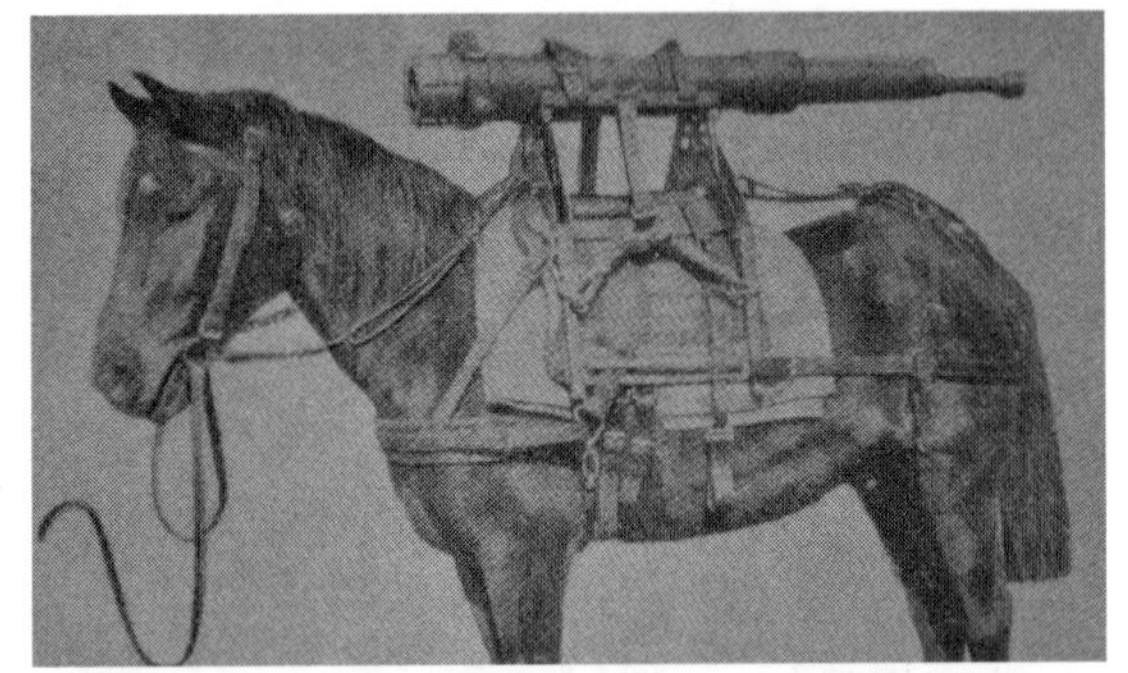

軍馬に積載した四一式山砲の砲身。1908（明治41）年に制式化された四一式山砲（口径75mm）は重量約540kg、馬匹２頭による牽引のほか、砲身、砲身托架・閉鎖機、揺架、車輪・車軸、前・後砲架、防楯などの各パーツに分解、馬匹６頭で運搬できた。馬での行動が困難な状況では人力での運搬も可能だった。

野砲の場合、六頭の輓馬が必要とされたが、山砲では分解し、五ないし六頭による駄馬輸送が可能だったためだ。ただ六頭ほどで輸送できるのは山砲だけで、弾薬輸送にはさらに馬匹が必要となる。

このほかに歩兵連隊の歩兵砲大隊が運用する歩兵砲（大隊砲）もまた、直接支援に用いられた。こうした師団が自前で運用する火砲は大隊砲から一〇センチ榴弾砲まで、トラックによる輸送が可能だった。

日本陸軍の場合、一〇センチ加農砲と一五センチ榴弾砲を野戦重砲、一五センチ加農砲や二〇センチ榴弾砲以上を重砲と区分した。明治の頃などは、重砲は要塞砲など固定式が一般的だったが、その後の技術の進歩により、重砲に区分されるものでも、分解、移動して野戦で用いることが可能となった。このため野戦重砲と重砲の区分は太平洋戦争の時点では曖昧になっていたともいう。

これら野戦重砲や重砲は独立した野戦重砲連隊（大隊）や重砲兵連隊（大隊）が運用し師団より上の軍・方面軍の直轄とされ、必要に応じて隷下の師団の火力支援に用いられた。したがって牽引車を用いる砲兵部隊は、師団ではなくそれより上位の司令部指揮下で運用されたことになる。

自動車という観点で見るならば、師団砲兵はトラックで火砲を輸送し、軍・方面軍司令部直轄の野戦重砲部隊は牽引車を用いていたともいえるだろう。しかしながら、トラックも牽引車もなければ、馬匹で運搬するより手段がなかったのが実情だった。

日本陸軍の牽引車の歴史を概観すると、砲兵の機械化は重砲のように固定式ではない野砲・山砲の機械化であり、それであれば自動車で対応可能という認識であった。

風向きが変わったのは、第一次世界大戦からだった。列強陸軍の火力重視の趨勢と従来の運動戦指向により、日本陸軍も野戦における火力強化のため

十四年式10センチ加農砲と三トン牽引車が整列した近衛師団野戦重砲兵第８連隊の隊容検閲。４個中隊すべてが当時の最新装備で機械化していることから1930（昭和５）年頃の撮影と推察できる。十四年式10センチ加農砲は1923（大正14）年制式化、日本最初の車両牽引による開脚式砲架の野戦砲だった。

に、自動車による重砲の牽引という課題に直面したのである。そこで一九一七、八年頃から陸軍はアメリカやフランスなどから重砲牽引用の自動車を輸入し、その研究に着手した。

そうして各種の比較検討の結果、一九一九年に一〇センチ加農砲用にアメリカのホルト社の五トン牽引車が輸入される。ホルトの五トン牽引車は、同時

1923（大正12）年に完成した三トン牽引車は日本で初めて設計、製作された装軌式車両であった。50馬力ガソリンエンジン搭載、設計上は時速14キロを想定したが、実用試験では時速18キロに達した。だが、製造・工作技術の未熟さゆえの故障が頻発し、特に履帯の破損が激しかったという。

期に研究用に輸入された牽引車の中では抜群の性能を誇っていた。

最高時速は八キロ程度だが、牽引する火砲も日露戦争時代の三八式一〇センチ加農砲であり、これ以上の高速は車輪を傷めたため、移動速度は時速六キロ前後であったという。ホルトの五トン牽引車は優れた性能を持っていたものの、基本的に農耕用のトラクターであり、軍用で用いるには隊列を維持するための操縦性や、悪路での履帯の信頼性に難があった。

そこで国産化の流れが生まれる。一九二三年になると、陸軍技術本部が設計し、陸軍造兵廠大阪工廠が製造した三トン牽引車が登場する。

これにはフランスから輸入したルノーFT軽戦車の構造を参考にしたという。性能面でも、ルノーFTが時速八キロ程度なのに対して、三トン牽引車は一四キロを出すことができた。このことは関係者に自信を与え、三年後の国産戦車の開発につながることとなる。ただ三トン牽引車は故障が非常に多いと

いう難点があった。このため生産数は少なく本格的に部隊配備されることはなかった。

実用的な国産牽引車は、次の九二式五トン牽引車の登場まで待たねばならない。

九二式五トン牽引車

九二式五トン牽引車の開発は、日本陸軍の野戦重砲の強化と連動したものであった。九二式五トン牽引車は、主として九二式一〇センチ加農砲の牽引のために開発された。ただしこれは必ずしも火砲と牽引車がセットで開発されたことを意味しない。

まず陸軍は第一次世界大戦後の世界の趨勢に合わせて、三八式一〇センチ加農砲より近代的で射程の長い一四年式一〇センチ加農砲を開発する。この火砲は開発途中の設計変更により、完成時には牽引車により運搬するようになっていたが、当初は馬匹牽引を前提として設計されていた。このため火砲の設計にも、重量制限が課せられ、結果として最大射程距離は一万三〇〇〇メートル（三八式は一万メートル程度だった）にとどまった。

この一四年式一〇センチ加農砲を牽引したのは、三トン牽引車やホルトの五トン牽引車などであった。陸軍としては、最初から自動車牽引を前提とした、より強力な火砲の開発と、三トン牽引車よりも実用的な牽引車の両方を開発する必要に迫られた。

火砲の開発は紆余曲折を経て九二式一〇センチ加農砲として結実する。ただ制式化されたのは一九三五年一〇月であった。この加農砲は放列砲車重量（火砲の全備重量のようなもの）三七三〇キログラム（うち砲身重量は一一七二キログラム）で、一四年式の三一一五キログラムと比較して、六一五キログラムも重かった。その反面、最大射程は一万八〇〇〇メートル以上に達した。

この火砲の牽引車として登場することになるのが九二式五トン牽引車である。三トン牽引車と本車の開発時期は五、六年しか離れていないが、黎明期の日本の自動車産業にとっては、その五、六年で蓄積した経験は決して小さなものではなかった。本車が試製された一九三一年には商工省標準車が制定され、国産車も絶対数は五〇〇台にも満たないとはいえ、一九二五年当時よりは四倍弱の生産台数に達していた。

九二式五トン牽引車は石川島自動車製作所で開発された。開発にあたっては保護自動車の部品も使用することで、コスト削減と整備面の利便性が試みられたという。単独での最高速度は時速一九キロ、火砲の牽引時には時速一六キロであった。牽引時の速度は改良され、いくらか向上するが、最高速度が時速一九キロにとどめられたのは、牽引時の火砲の破損防止を考慮したためだという。

３トン牽引車の後継として、九二式10センチ加農砲の牽引用に開発された九二式５トン牽引車。1931（昭和６）年に完成、ガソリンエンジン搭載の甲型、ディーゼルエンジン搭載の乙型（昭和12年制式化）があった。九二式５トン牽引車主要諸元＝車両重量（自重）：4.8t（甲型）5t（乙型）／全長×全幅×全高：3.55×1.80×2.40m／エンジン：スミダＤ６型水冷６気筒ガソリンエンジン（甲型）、いすゞDA4A型水冷６気筒ディーゼルエンジン（乙型）／標準馬力・最大馬力：64・98hp（甲型）65・90hp（乙型）／最大時速：約23km（甲・乙型単独時）約14km（甲・乙型牽引時）／被牽引車重量：4.5t（甲・乙型）

九二式５トン牽引車に連結された九二式10センチ加農砲。本車には前後２列に設けられた座席に操縦手を含めて６人が乗車できた。

そうして完成した本車は先の三トン牽引車に比べ信頼性・機能性・堅牢性で高く評価され、一九三三年頃から部隊配備され、日華事変でも活躍した。

牽引車を用いる野戦重砲連隊は原則的には平時・戦時ともに二個大隊からなり、各大隊は二個中隊からなる編制だった。各中隊は指揮小隊・戦砲隊・中隊段列で構成されていた。実際に火砲を運用するのは戦砲隊で、一個戦砲隊には九二式一〇センチ加農砲などの野戦重砲四門と牽引車四両が配備される。さらに弾薬車牽引用に同数の牽引車が含まれていた。

したがって各大隊には八門の火砲と一六両の牽引車が配備され、連隊全体では一六門の野戦重砲と三二両の牽引車が定数とされた。ただ大戦中は、すべての部隊がこの定数を満たすのは困難であった。

一九三五年に入ると軍用車のディーゼル化が陸軍より求められ、本車もいすゞのDA4A型ディーゼルを搭載したタイプが開発される。これは一九三七年一〇月に九二式五トン牽引車乙型として制式化される。

すでに軍用自動車メーカーの統合は進められており、開発担当は東京自動車工業となっていた。

九二式八トン牽引車

九二式八トン牽引車は主として八九式一五センチ加農砲用として開発された。また一五センチ加農砲以外の重砲の牽引でも、よくその役割を果たした。

まず一九二〇年に陸軍技術研究本部の方針で、装輪式の一五センチ加農砲が研究されることとなった。装輪式であることからもわかるように、野戦重砲ほどではないにせよ、そこには機動力重視の姿勢がうかがえる。ただ当時の日本には、一五センチ加農砲を牽引できる自動車はなかったため、分解して運搬できる火砲として開発が進められた。

新型一五センチ加農砲は、一九二七年には試作が行なわれ、一九二九年には八九式一五センチ加農砲として制式化される。ただ制式化後も大規模な改修は続いた。一九三三年の時点でも、分解して運搬し

八九式15センチ加農砲（分解された砲架および車輪部分）を連結した九二式８トン牽引車。1932（昭和７）年に完成、本車もガソリンエンジン搭載の甲型、ディーゼルエンジン搭載の乙型（昭和11年制式化）があった。九二式８トン牽引車主要諸元＝車両重量（自重）：7.5t（甲型）8.35t（乙型）／全長×全幅×全高：4.30×2.00×2.85m／エンジン：水冷６気筒ガソリンエンジン（甲型）、水冷６気筒ディーゼルエンジン（乙型）／標準馬力・最大馬力：80・130hp（甲型）105・150hp（乙型）／最大時速：約22km（甲・乙型単独時）約19km（甲・乙型牽引時）／被牽引車重量：7.5t（甲・乙型）

た火砲を組み立て、射撃態勢に至るまでに二時間が必要だったという。そこで砲車（砲身を載せる砲架と車輪からなる）をそのまま牽引できるように最後の改修が行なわれた。

こうして最大射程一万八一〇〇メートル、放列砲車重量一〇四二二キログラム（砲身三五五四キログラム）の重砲が完成した。砲車のまま牽引可能だったが、常速は時速八キロ、高速では時速一二キロが限界だった。

実は一九二九年の時点で、この一五センチ加農砲は予定重量を一・五トンも超過していた。この新型砲を牽引するために、新たに試製七五馬力牽引車が開発されたが、工作技術の問題などから故障が多かった。そこでこの改良型を開発することになり、九二式五トン牽引車を製作した石川島自動車製作所ではなく、東京瓦斯電気工業に開発・製造が発注された。

九二式八トン牽引車の基本的な構造は九二式五トン牽引車とほぼ同じであったが、車体、重量は大型化した。単独で最大時速二二キロ、牽引時の最大速度は時速一九キロであった。性能や信頼性は高く評価されたという。このため一五センチ加農砲のみならず、攻城重砲の牽引にも重宝された。同牽引車が配備された独立重砲兵大隊（二個中隊編制）では、各中隊の火砲と弾薬の牽引に八両、ほかに段列に一〇両の計二六両が定数であったという。

この九二式八トン牽引車も一九三六年頃からディーゼル化が試みられ、それが乙型である。まだディーゼルエンジンを生産する企業統合が行なわれる前なので、新潟鉄工所のディーゼルエンジンなどが使用された。のちの統制型ディーゼルエンジンは空冷式だが、これらのエンジンが水冷式なのは、そうした理由による。

九四式四トン牽引車

師団砲兵では野砲を六輪自動貨車に車載で運搬することを紹介したが、部隊によっては野砲の運搬手段として、専用の牽引車が用いられることもあった。それが九四式四トン牽引車である。

時期的には陸軍の代表的な自動貨車である九四式六輪自動貨車の開発も進められていた頃である。陸軍は当然、九四式六輪自動貨車の存在を承知していたわけだが、にもかかわらず本車が開発されたのは、その運用部隊と関係があった。

九四式四トン牽引車は日本陸軍初の機械化部隊である独立混成第一旅団に属する砲兵部隊のための機材であった。そして牽引する火砲は機動九〇式野砲である。

すでに陸軍は、第一次世界大戦後の火砲の威力向上のために九〇式野砲を採用していた。フランスの代表的兵器メーカーであるシュナイダー社の設計で、非常に優秀な野砲であった。ただ九〇式野砲は馬六頭で輓曳することを前提とした火砲であった。

この火砲を改修し、パンクレスタイヤを装備するなど車両牽引可能としたのが機動九〇式野砲であった。九〇式野砲の放列砲車重量は一四〇〇キログラムであったが、機動九〇式野砲は一六〇〇キログラムと重くなったが、牽引車を用いるため、この点はさほど問題とはならなかった。

このような背景で開発されたのが九四式四トン牽引車であった。開発着手は機動九〇式野砲と同時期の一九三三年からである。この牽引車は機材としての整備が急がれた事情もあって、既存の各種軍用車両からの部品の流用も多かったという。これは補給や整備面ではプラスになった。

一九三四年には東京自動車工業に製作が発注され、試作車四両は各種の試験を行ない、翌年には仮制式化にこぎ着けたという。

エンジンは日本陸軍の車両では初めての空冷V型八気筒のガソリンエンジンで、標準出力は七二馬力、最大で九一馬力を出すことができた。

牽引車として最高速度で時速四〇キロを実現した。一両で火砲一門か、連結した弾薬車二両を牽引可能であった。また砲班を指揮する分隊長や操作する砲手全員を乗車させ、必要な機材も搭載することができた。

独立混成第一旅団隷下の独立野砲第一中隊を例にとれば、機動九〇式野砲四門・弾薬車八両に対して九四式四トン牽引車が八両が定数であった。また、中隊にはほかにも各種自動車が配備され、機動的な運用が可能となっていた。

本牽引車はおおむね陸軍の要求を満たす性能を示したが、日華事変の実戦では、黄砂の問題や、酷使

三八式野砲（口径75ミリ）を連結した九四式４トン牽引車。機械化砲兵部隊（機動九〇式野砲装備）の高速牽引車として1934（昭和９）年に完成、昭和13年頃から独立混成第１旅団に配備された。九四式４トン牽引車主要諸元＝車両重量（自重）：3.55t／全長×全幅×全高：3.80×1.85×2.20m／エンジン：空冷８気筒ガソリンエンジン／最大時速：約40km（牽引時）

後方から見た九四式４トン牽引車。前後２列の座席には操縦手を含め６人が乗車できた。

に起因する転輪の板バネ破損やエンジンの故障など、耐久性に問題が指摘されることも多かったという。ただ九四式四トン牽引車に限った話ではないが、日本陸軍の車両故障の原因としては、自動車そのものの耐久性もさることながら、運用側の問題も指摘されていた。

自動車の運転免許自体が特殊技能視（戦前は修理能力も求められた）されていた時代である。自動車の運用に対する知識や理解は前線の将兵には必ずしも普及していなかった。そのことが本来は避けられた故障を増やした事例も少なくなかったのである。

九五式一三トン牽引車

九五式一三トン牽引車は主として七年式三〇センチ榴弾砲の運搬を目的として開発された。日露戦争では二八センチ榴弾砲が活躍したが、戦後の分析により、その軍艦砲撃の威力不足が指摘された。そこでかねてより研究されていた三〇センチ榴弾砲の開発が始まった。しかし、当時の日本の冶金技術では、こうした重砲を開発するのは容易ではなかった。国産化は難航し、開発から八年が経過した一九一七年に七年式三〇センチ榴弾砲として制式化される。ただし、この時点では、この砲は海岸要塞用として固定運用であり、運搬しての運用は考えられていなかった。

しかし、満洲事変以降、ソ満国境に三〇センチ榴弾砲を移動させ、展開することで、ソ連軍陣地を破壊するという構想が生まれた。この構想にしたがい、一九三三年頃から三〇センチ榴弾砲用の移動用砲床が開発される。これらにより、本砲は分解して運搬可能となった。運搬のためには装軌式のトレーラーである九四式特殊重砲運搬車を用いる。

七年式三〇センチ榴弾砲には長砲身と短砲身があり、前者は運搬車一〇両、後者は九両を用いたという。これらは八トン牽引車では馬力不足のため、輸入したトラクターが用いられたが、九五式一三トン牽引車の制式化とともに、本車と換装されていった。

九五式一三トン牽引車は、先に九二式八トン牽引車を開発した東京瓦斯電気工業に開発・製造が発注され、八トン牽引車と同様の機構のものが試作された。試作車は陸軍の厳しい試験が行なわれたが、特に不具合もなく、一九三五年に制式化される。

三〇センチ榴弾砲は重量があるため、組み立てにはクレーンが必要だった。これもあって本車には強力なウインチが装備され、これを用いて車体前後に分解装備されているクレーンを展開し、各種の作業を行なうことができた。もちろん九五式一三トン牽引車は、三〇センチ榴弾砲だけでなく、二四センチ榴弾砲などの重砲の牽引にも使われた。

九四式特殊重砲運搬車の砲身運搬車（写真後方）に積載された七年式30センチ榴弾砲と初期の輸入牽引車（トラクター）。七年式30センチ榴弾砲は全重量が約77トン、日本陸軍最大クラスの野砲で移動には砲身、揺架、砲架、回転盤、砲床に分解し、９～10両の運搬車を用いた。

九五式13トン牽引車は攻城重砲（榴弾砲は口径15センチ以上、加濃砲は20センチ以上のクラス）用として開発され、1935（昭和10）年制式化。ディーゼルエンジンに換装した乙型は1937（昭和12）年に制式化された。九五式13トン牽引車主要諸元=車両重量（自重）：13.0t（甲型）13.64t（乙型）／全長×全幅×全高：4.87（甲型）4.90（乙型）×2.30×2.80m／エンジン：水冷６気筒ガソリンエンジン（甲型）、水冷６気筒ディーゼルエンジン（乙型）／標準馬力・最大馬力：130・160hp（甲型）145・160hp（乙型）／最大時速：約20km（甲・乙型単独時）約14.12km（甲・乙型13t牽引時）／被牽引車重量：29t（甲・乙型）

三〇センチ榴弾砲を牽引時の最高時速は五キロ、二四センチ榴弾砲では最高時速一二キロであったが、単独では一七キロまで出せたという。ほかの牽引車と同様に、本車もガソリンエンジン搭載を甲型、ディーゼルエンジン搭載型を乙型と称した。乙型のディーゼルエンジンは開発した東京瓦斯電気工業製が搭載されたという。

九八式四トン牽引車

機動九〇式野砲を牽引するために九四式四トン牽引車が開発されたが、基本性能はともかく、実戦ではいくつもの不具合が指摘された。その問題解決すべく開発されたのが、九八式四トン牽引車であった。すでに軍用車メーカーは東京自動車工業に統一されており、開発・製造は同社で行なわれた。

九四式からの改修点は、エンジンの信頼性向上、駆動装置や懸架装置の改良であった。このため開発は新設計で進められ、実質的には九四式の改良というより、九八式六トン牽引車の縮小版に近かった。これもあって懸架装置は九八式軽戦車と同様の型式となり、履帯も九五式軽戦車との共通化が図られた。

本車は機動九〇式野砲の牽引のみならず、気球係留車としても用いられた。陸軍で射弾観測用の気球が採用されたのは昭和八年制式化の九三式気球が初

九四式４トン牽引車の実戦運用の結果をもとに開発、1938（昭和13）年制式化された九八式４トン牽引車。九八式４トン牽引車主要諸元＝車両重量（自重）：3.65t／全長×全幅×全高：3.70×1.90×2.17m／エンジン：空冷８気筒ガソリンエンジン／標準馬力・最大馬力：73・88hp／最大時速：約35km（火砲牽引時）／被牽引車重量：２t

めてだった。この気球は九四式六輪自動貨車をベースとした気球車によって運搬した。九八式四トン牽引車が制式化された一九三八年に、気球の運用が航空部隊から砲兵科に移管されたことにともない、気球係留車としても用いられるようになった。

九八式六トン牽引車

九八式六トン牽引車は主に九六式一五センチ榴弾砲の牽引用として開発された。

九六式一五センチ榴弾砲は、一九二〇年に四年式一五センチ榴弾砲の後継として開発が始まった。自動車牽引は当初から考えられていたものの、馬匹による移動も含まれるなど、開発方針はなかなか確定しなかった。一九三三年頃に馬匹による運搬は除外し、自動車牽引に絞る設計となり、一九三八年に九六式一五センチ榴弾砲として制式化されることとなる。

放列砲車重量は四・二トンで最初は九二式一〇センチ加農砲を牽引する九二式五トン牽引車が用いられていた。五トン牽引車でも九六式一五センチ榴弾砲は運用できたが、速力や登坂力などの面で制約もあり、より馬力のある牽引車が求められた。

そのため一九三七年頃から九八式六トン牽引車の開発が進められた。これは陸軍技術本部で計画され、東京自動車工業が細部設計と試作にあたった。軍用車メーカーの統合の結果、東京自動車工業にはすでに牽引車開発技術の豊富な蓄積があった。また他の牽引車や軍用車の部品の共通化も図られた。

さらに本車は統制型ディーゼルエンジンではないものの、最初からディーゼルエンジンが搭載されている。このため試作車の完成からすぐに各種の試験が行なわれたが、高い基本性能を示し、陸軍当局を満足させたという。一九三九年に制式化され、多数が量産された。その結果、本車は九六式一五センチ榴弾砲だけでなく、九二式一〇センチ加農砲の牽引にも用いられた。

重砲兵連隊は、二個大隊編制で、平時は一個大隊は二個中隊、戦時は三個中隊で編成された。このため重砲兵連隊の重砲の定数は、平時一六門、戦時二四門となった。牽引車の数は、戦時編制の中隊で一三両、連隊では、段列の保有分も含め七九両になったという。

本車は陸軍造兵廠や民間の工場で生産されたが、これに関しては当時の自動車産業を見るうえで興味深い事実がある。

後述するが、戦前の日本では軽便で安価な三輪自動車がめざましい普及を遂げていた。しかし、戦時統制により、そうした三輪自動車のメーカーは、ほかの軍需品製造への転換を強いられた。

たとえば戦前の三輪自動車大手であった発動機製

機械化砲兵部隊用として設計、開発された九八式６トン牽引車。エンジンを後部に配置、低い車体高の外観が特徴で、優れた走行性能、操縦性を備えていた。九八式６トン牽引車主要諸元＝車両重量（自重）：6.9t／全長×全幅×全高：4.30×2.05×1.91ｍ／エンジン：水冷６気筒ディーゼルエンジン／標準馬力・最大馬力：90・110hp／最大時速：約24km（火砲牽引時）／被牽引車重量：５t

機動九〇式野砲を連結した九八式６トン牽引車。砲は積雪地での運搬に用いる一式橇（そり）に載せられている。

十一式7.5センチ野戦高射砲を連結した丙号自動貨車。十一式7.5センチ野戦高射砲は1920（大正９）年に設計、開発された日本陸軍最初の本格的な高射砲であった。

造（のちのダイハツ工業）は、戦時期には資材の統制のために、三輪自動車の生産数は激減していた。そのため航空機部品や舟艇用エンジンなどエンジン関係の軍需生産にあたっていた。牽引車関連では、九二式五トン牽引車用の空冷ディーゼルエンジンを生産していた。そして一九四〇年に入ると、九八式六トン牽引車用の水冷ディーゼルエンジンのみならず、履帯などを支給され、車両の完成までを担うようになったのである。

三輪自動車に軍事的価値はないと考えていた陸軍だったが、総力戦において、その生産施設には十分な価値を認めていたのであった。

牽引自動貨車

日本陸軍が防空について認識するようになったのは、第一次世界大戦での飛行船などによる都市爆撃が実行されるようになってからだった。しかしながら、日本はこの大戦で国土が戦場になったわけでもなく、対空戦闘への関心は野戦砲兵分野に比較すると薄かった。

浜松に高射砲第一連隊が新編されたのが一九二五年、都市部における初の防空演習は一九二八年に大阪で実施された。

野砲の整備が優先される中、それでも高射砲の導入は進められていた。高射砲には陣地で固定運用するものと野戦で機動運用するものがあったが、高射砲については日本軍は一九一七年ごろから四トン自動貨車による牽引が行なわれていた。自動車技術の進歩にともない、走破性などの点から、高射砲牽引用の自動貨車は六輪に移行していく。

スミダ六輪自動貨車を改造し、高射砲の牽引を可能にしたものが九二式牽引自動貨車、さらに九四式六輪自動貨車を改造したものが九六式牽引自動貨車となる。九二式から九六式と、性能の向上は認められるとしても、ほぼ同様の牽引自動貨車の更新が短期間なのは、日本の自動車産業を取り巻く急激な環境変化があったことは無視できない。

軍用自動車の製造メーカーを統合するという動きの中で、九二式と九六式では部品の調達一つとっても実用化の難易度が違った。九四式六輪自動貨車を基本とする方が補給・整備面で有利だったのだ。だが日華事変が始まると、道路状況の悪い戦場からの報告により、野戦高射砲の機動力のさらなる向上が求められた。このため高射砲は九二式五トン牽引車や九八式六トン牽引車で牽引されることもあった。

また大戦中主力であった八八式七センチ高射砲の後継開発の構想にともない、より機動力と牽引能力の高い自動車の開発も求められた。これが九八式牽引自動貨車で、日本陸軍では珍しい半装軌式(いわゆるハーフトラック)であった。

もともと日本陸軍は、軍用車開発・運用の経験から、一九三〇年頃には装軌車や半装軌車の有用性は理解していた。ただ技術的な面とさらに経済的な問題から、当初からの装軌式・半装軌式ではなく、六輪車に必要に応じて履帯を装着して対応しようとしていた。それが九四式六輪自動貨車などが開発された背景である。

だがドイツ軍が各種の半装軌式車両を採用したことなども刺激になり、ディーゼルエンジンで知られる池貝自動車製造に試作が発注される。試作車の性能は申し分なく、九八式牽引自動貨車として制式化された。

本車については四式七・五センチ野戦高射砲の牽

引用に開発されたとの記述が複数の資料にある。ただ一九四四年に制式化される高射砲用の牽引車が一九三八年に制式化されるというのは不自然だ。これは四式七・五センチ野戦高射砲が、八八式七センチ高射砲の後継であることが原因と推測される。

要するに後継となる高射砲は、それに用いる牽引車とともに開発が始まったが、牽引車に対して、肝心の高射砲の開発が難航したことが、こうした矛盾を生んだと思われる。このような事実から九八式牽引自動貨車は、八八式七センチ高射砲の牽引に使われたことも多かったようである。

この九八式牽引自動貨車は高射砲師団や高射砲連

八八式7センチ野戦高射砲を連結、牽引する九六式6輪牽引自動貨車。本車は九四式6輪自動貨車のシャーシーを用い、高射砲の牽引に適合するようにボディーなどの強化を図り、1936（昭和11）年に制式化された。

道路上の高速走行性能と、不整地での走破性能の両立を実現したのが、半装軌（ハーフトラック）車両で、九八式牽引自動貨車は日本陸軍が採用した半装軌車のひとつである。九八式牽引自動貨車主要諸元=車両重量（自重）：5.7t／全長×全幅×全高：5.30×2.00×2.20m／エンジン：水冷6気筒ディーゼルエンジン／最大馬力：110hp／最大時速：／約45km（火砲牽引時）／被牽引車重量：5.85t

隊で用いられた。ただ野戦砲兵と比較しても高射砲部隊の編制は、その時期や場所で大きく異なる傾向があり、同じ高射砲連隊といっても、連隊によってこれを構成する中隊数が倍以上も異なる場合もあった。

一般的な高射砲連隊の編制の一例としては、四個程度の高射砲大隊に一個照空大隊、一個機関砲中隊、材料廠などからなっていた。おおむね一個高射砲中隊に高射砲四門、照空中隊に照空灯六基が定数であった。自動車については、一個高射砲中隊に、牽引車四両、自動貨車四両、照空中隊に自動貨車六両が定数であったようだ。

戦車および装軌車両、装甲車両

日本陸軍の機甲化構想

すでに見てきたように、日本陸軍の機械化指向は欧米諸国の陸軍と比較しても、さほど遅れてはいなかった。ただ日本社会の経済力・工業力は、陸軍が部隊の機械化を進める上で、十分に対応できるだけのポテンシャルを欠いていた。

たとえば日本陸軍が戦車の試作に成功した時、日本国内で生産された自動車数は三〇〇台程度であった。欧米には戦車生産を支える自動車産業が存在していたが、日本は軍用車の開発・製造のために、自動車産業も同時並行で発展させねばならなかった。簡単にいえば、日本陸軍の主力となる九七式中戦車の生産が始まった頃に、日本の自動車産業も量産化を開始したという状況だったのである。ただ産業基盤の後れはあったにせよ、日本陸軍が自動車などの機械化導入に対して、研究を始めたのは早かった。

この点では欧米と比較して、大きな遜色はない。

一九二〇年に第一次世界大戦後の陸軍の在り方として「陸軍技術本部兵器研究方針」が出された。これは諸兵科すべての分野で、日露戦争当時の装備品レベルから進化していない現状を、根本から見直すものだった。

この中で陸軍の機械化に関しては、

「兵器の選択には運動戦、陣地戦に必要なるすべてを含むも、野戦用兵器に重点を置く。また努めて東洋の地形に適合せしむることに留意す」

「軍用技術の趨勢に鑑み、兵器の操作運搬の原動力は人力および獣力によるのほか、ひろく機械的原動力を採用することに着手す」

との記述が認められる。

若干の補足説明をすれば、この研究方針が発表される前に日本ではイギリスやフランスから戦車が輸入されていた。これらの国では、砲火力を重視する陣地戦指向が強く、フランスの戦車開発の立役者であるエスチエンヌ大佐などは砲兵科出身であった。

当時の戦車は第一次世界大戦の塹壕戦で膠着した戦局を打開するために登場し、履帯を装備、装甲を有していたが、騎兵のような機動力は望むべくもなく、陣地戦の思想から開発された兵器との性格が強かった。対する日本陸軍の戦術思想はドイツ陸軍の影響を受け、運動戦に主軸を置いていた。しかし、日本陸軍の観戦武官は、戦車を陣地戦の兵器であることを理解しつつも、その運動戦への応用の可能性も見ていた。

戦車の初陣であるソンムの戦いではイギリスからフランスに送られた戦車が六〇両、それが故障などで脱落せずに前線にたどり着いたのが三二両、さらに実戦では故障などで次々と脱落し、敵陣に到達できたのは九両だったといわれている。当時の戦車の機動力とは（もちろんさらなる改善はなされるのだが）この程度のものであり、そこから運動戦の可能性を感得したというのは、慧眼（けいがん）といえよう。

言い換えれば、基本的に陣地戦の兵器と理解された戦車を、運動戦・陣地戦の両用に活用するとするのは、やはり運動戦重視の発想であった。そのことは日本陸軍が示した方針に「野戦用兵器に重点を置く」とあることからもわかる。

一方で無視できないのが「東洋の地形に適合」という表現だ。これは日本国内や満洲などの道路が未整備であることとの認識を意味している。そこで不整地での走破性の観点から、六輪車や装軌車が重視されることになる。「ひろく機械的原動力を採用」とは、そのまま自動車化と解釈してよい。実際に研究方針の細目では、各種車両については、次のように記載されていた。

●装甲自動車：主として騎兵と協同すべき軽快なる偵察用自動車を研究する。
●タンク（戦車）：まずフランス・ルノー型を小型タンクを研究せんとす。
●制式貨物自動車：シベリア出兵の実績などに基づき研究・修正。
●牽引自動車：軍用自動車調査委員にて購買中の各種牽引自動車の到着を待って実験の上、我が国軍、東洋の地形に適当なるものを研究決定せんとす。

これはあくまでも一九二〇年の時点での方針であり、以降、状況の変化にともない方針も変わってくる。この時点では、国産化についてさえ明確ではない。しかし、日本陸軍の戦車の整備は、まずこうした研究方針から始まることになる。

輸入戦車

日本に最初に戦車が輸入されたのは、一九一八年のことであった。当時は自動車に関しては輜重兵科の所掌とされており、この時も戦車購入にあたったのは、水谷吉蔵輜重兵中尉（のち大尉）であった。

この時輸入されたのはイギリスのマークⅣ戦車であり、操縦の指導のためイギリス軍人も同行していた。一九一九年にはイギリスよりホイペットA型中戦車が、一九二〇年にはフランスよりルノーＦＴ軽戦車が輸入された。

ホイペットは当時としては抜群の最高時速一三キロを誇る快速戦車であった。一方のルノーＦＴは、大戦中だけでも三一七七両が生産されたベストセラーで、大戦後にはイタリアやソ連など多数の国に輸出されている。このように「陸軍技術本部兵器研究方針」が発布される前に各種戦車が輸入されていたことになる。

これらの戦車は、まず輜重兵学校の自動車隊に送

1918（大正７）年にイギリスから輸入されたマークⅣ戦車（全長8.05m、自重27.43t、最大時速６km）。写真は東京の青山練兵場で、皇族や陸軍高官を招いて行なわれた走行試験の模様。

1920（大正９）年に３両が輸入されたホイペットA型中戦車（全長6.09m、自重14.23t、最大時速13km）。マークⅣ戦車が塹壕を超越し、敵陣の突破・制圧を目的としていたのに対し、ホイペットは機動性を重視した追撃・戦果拡張を目的とした戦車だった。車体上部に独立した砲塔を設けた最初の戦車で、7.7mm機関銃４挺を搭載した。

1921（大正10）年にフランスから10両が輸入されたルノーFT軽戦車（全長5.00m、自重6.60t、最大時速８km）。ルノーFTは第１次世界大戦中に開発された戦車の中では最も優れた性能を有していた。旋回砲塔を初めて採用し、小型軽量で高い機動力を発揮したが、日本が輸入した時期には英仏では時速30km台の戦車も出現しつつあり、日本陸軍にとっては、運用研究、訓練用としての価値しかなかったのが実情であった。

られた。造兵工廠が自動車を試作してまだ一〇年も経過していない時代であり、輜重兵以外に自動車を扱える部門がなかったためだ。その輜重兵学校自動車隊にしても、人手不足で歩兵部隊から人を借りねばならないのが実情だった。このため戦車を輸入しても、当初は戦車戦術を検討するどころではなく、操縦法をマスターするところから始めなければならなかった。研究方針の「フランス・ルノー型を小型タンクを研究せんとす」とは、つまりそういうことだったのである。

ちなみに「戦車をどう活用するか?」という問題に対して、議論が続いていたのは日本だけではなかった。戦車先進国のフランスでも戦車について、機動的運用か歩兵直協かという議論が起きていた。結果としてフランスでは、戦車は歩兵直協という意見が主流だった。

一九二二年、フランスでは「大部隊戦術的用法教令草案」が発布される。そこには「戦車は装甲された一種の歩兵である」と戦車は歩兵の派生兵種であると示され、歩兵直協の戦車運用思想がはっきりと打ち出されていた。また戦車についても、軽戦車は歩兵と行動をともにし、重戦車は装甲と強力な火力で歩兵と軽戦車の進路を切り開く、と明確な役割分担が示された。

日本陸軍の戦車運用もこの時点では、フランス式の戦車運用の影響を受けることになる。一九二四年に「軍用自動車調査委員会」は戦車について「堅固な野戦陣地の攻撃に使用するのを目的とし、歩兵に分属するのが適当」との答申を提出する。

その後、歩兵学校に教導戦車隊が新設されたり、久留米に第一戦車隊が新編されるなどの動きが起こる。それらの部隊で使用された戦車はルノーFTを中心とした輸入戦車であった。ただこれらの戦車は多くが戦後の余剰品であり、日本軍が希望した性能を必ずしも満たしてはいなかった。

一九二七年には、イギリスのヴィッカース社より一両のみだが、C型が購入される。日本としてはヴィッカースA型戦車の購入を希望していたが、それ

1927（昭和２）年にイギリスから輸入されたヴィッカースＣ型戦車。同時期に輸入されたカーデンロイド・マークⅣ軽装甲車とともに、初の国産戦車である八九式中戦車の設計・開発構想に多大な影響を与えたといわれる。

はイギリス陸軍の採用となり、外国軍には提供できないと拒否されていた。その代わりに別案として試作され、採用されなかったのがC型である。この試作戦車は日本側の要望によりエンジン配置を前部から後部に移動するほか、エンジン馬力の増強、主砲をイギリスの三ポンド（四七ミリ）砲から五七ミリ砲へ換装するなどの改修がなされた。

この戦車はそれまでのルノーFTなどの輸入戦車と比較すると、格段に高い性能であり、のちの八九式中戦車の開発において、技術的にいろいろと参考になる点があった。またホイペット戦車でも起きたことだが、ガソリンエンジンの発火事故もあり、陸軍関係者にエンジンのディーゼル化を促すきっかけにもなったという。

日本はこの後、八九式中戦車の制式化と量産が始まる。陸軍としてはすでに旧式のルノーFTをより高性能の八九式中戦車に更新しようと計画していたが、肝心の八九式中戦車の生産数は年間で一〇台、二〇台程度の水準にとどまっていた。このため戦車隊に配備する戦車の不足を補うために、戦車を輸入する必要に迫られていた。

そこで輸入されたのが、ルノーNCである。

最初フランスは余剰品であるルノーFTを売却したがったが、それは日本側が拒否。そこで新型戦車として開発されたルノーNCが提示され、一〇両が購入された。すでにルノーFTが輸入されていたため、本車はルノー乙と称し、ルノーFTは甲型と称された。ただ新型とはいうものの、ルノーNCは足回りを中心に故障が多く、種々の改修が必要だった。

上海事変では、国産の八九式中戦車とルノーNCが実戦に投入されたが、後者は次々と故障に見舞われ、信頼性で八九式中戦車のほうが勝っていることは関係者に強い印象を残した。

八九式中戦車

八九式中戦車について述べるには、まずその前の試製第一号戦車を忘れるわけにはいかないだろう。

一九二五年の宇垣軍縮（大正一四年の軍備縮小施策は当時の宇垣一成陸軍大臣のもとで行なわれたので、こう呼ばれる）には、陸軍の機械化・近代化の意図があった。陸軍における戦車の導入も、この機械化の一環であった。ただここで生じた問題は、部隊に配備する戦車を国産化するのか、そのまま輸入で賄うのかという問題である。

この年の日本国内の自動車保有台数が三万台程度であり、しかもほとんどが輸入車で、同年の国産車生産は小型車などを除くと一二〇台前後というありさまだった。こうした現実を前にすれば、いま陸軍の早急な機械化を進めるための、輸入戦車導入という選択肢は然るべき説得力があった。さらに「国産か輸入か？」の議論より前に、まず戦車を「国産化できるのか？」という疑問があった。

この問題に対して決定を下すのは陸軍省軍事局軍事課であった。軍事課では各方面の意見を聞き、国産化について明確な決定は下さず、「国産化が可能かどうかをまず検討する」という方針を定めた。国産の牽引車が開発された頃であり、当時の日本の技術を考えれば、妥当な判断といえるだろう。

一九二六年四月一七日には技術本部がまとめた『戦車設計要領書』が陸軍大臣に提出され、翌月それが認められ、これに沿った戦車試作の予算が計上された。

要領書に記された「国産戦車の構想諸元」の概略は、

- 全重量：約一二トン
- 最高速度：時速二五キロメートル
- 超越し得る豪幅：約二・五メートル
- 全長：約六メートル
- 幅高：内地鉄道の輸送に支障がないこと
- 装甲：五～六〇〇メートルからの三七ミリ砲の斜射に抗堪し得る
- 武装：五七ミリ砲×一、重機関銃×一

と、以上のようなものだった。

予算は認められ、試作は開始されたが、関係者の苦労は並大抵ではなかったという。まず主務者である陸軍技術本部車両班の陣容はというと、班長以下、将校と技師が四人、製図手は一二人にすぎなかった。この人数で製作図面だけで一万点以上の図面を描き上げねばならなかったのである。

実際に試作を担当した陸軍造兵廠大阪工廠の苦労も並大抵ではなかった。自動車産業も未発達で、工作機械メーカーも揺籃期の時代である。戦車製造に必要な大型工作機械が工廠にはないため、造船所や機関車工場など、多くの民間企業の協力を仰ぐことになったという。

試製第一号戦車は1927（昭和２）年２月に完成し、同年６月に野外試験が実施された。開発に携わった関係者たちは、まずは動くかどうかと心配したが、走行、登坂、超壕など各種試験で予想以上の好成績を収め、本格的な戦車国産化への道筋をつけた。（詳細な諸元は不明）武装：57mm砲×１、重機関銃×１／装甲：車体正面16mm、車体側面8～10mm

だからこの試製第一号戦車は、文字どおり、日本の技術の粋を結集して製造された機械であった。戦車試作費を年度内に消化してしまわなければならないため、完成期日は動かせない。それでも設計着手から一年九か月で、試作戦車は完成した。

この試作戦車は、それまでのルノーFTなどと比較すると機動力や信頼性で、それを凌駕するほどの優秀な性能を示した。国内自動車産業も未発達のこの時期に、国産戦車が、戦車先進国フランスよりも優れた戦車を完成させたことは、関係者を喜ばせた。

ただ一方で、試作戦車には大きな問題があった。要求重量一二トンに対して、武装の強化や各部の補強や改修により、最終的に全重量が一八トンを超えてしまったのだ。これにより最高速力も時速二五キロから二〇キロに低下したが、問題はそれだけにとどまらなかった。

日本国内や陸軍が想定している満洲などの戦場では、道路インフラはまだまだ未整備であり、一八トンの車両が通行できる道路は限られていた。この交通インフラの問題は、単に道路だけの問題ではなく、鉄道や海運でも同様であった。

技術本部が国産戦車に求めた要件の中に「内地鉄道輸送に支障がないこと」とあったが、まずこの点で一八トンは問題であった。戦車を輸送できる無蓋(むがい)貨車では、一九一四年から一五トン積み無蓋貨車(トム1形式)が登場していた。だが当時の日本では、こうした無蓋貨車の生産数はまだ少なかった。むろん二〇トン以上の積載能力のある無蓋貨車も存在したが、それらは特殊機材であった。一九二八年の国鉄の例では、一般の無蓋貨車の二万三二二両に対して、二〇トン以上の大物車はわずか一五両である。つまり当初の一二トンなら比較的自由に鉄道輸送が可能であったが、一八トンとなると著しく鉄道輸送が困難になったのだ。

また周囲を海に囲まれた日本列島では、満洲などに戦車を輸送する場合、船舶しか手段がないわけだが、この点でも一八トンの重量は問題となった。

当時の船舶の一般的なデリックブームは三トンから一〇トンのものが普通であった。材質も木製で、それがようやく鋼製に置き換えられつつあった時期だったのだ。より重量物を輸送できるデッキクレーンが最初に日本船で搭載されたのが一九三六年であるから、船舶輸送の観点でも一八トンは重すぎたのである。

このため一九二七年一二月に戦車の研究方針が改正される。試作期間を延長して、試製一号戦車を基礎とし、一一トン以内の軽戦車を開発することとなった。こうした改正を受けて、一九二八年四月に一〇トン級の軽戦車の研究・開発が行なわれることになる。これがのちの八九式中戦車となるものだ。

陸軍技術本部が出した軽戦車の設計要目は以下のとおりだった。

- 重量：一一トン以内
- 最大速度：時速約二五キロメートル
- 超越壕幅：二メートル
- 全長：約四・三メートル
- 幅高：そのままで内地鉄道輸送に支障がないこと
- 装甲：五～六〇〇メートルからの三七ミリ砲の斜射に抗堪し得る
- 武装：五七ミリ砲×一、重機関銃×一以上
- 携帯弾数：砲弾一〇〇発・銃弾一銃一五〇〇～三〇〇〇発
- 機関：ダイムラー式一〇〇馬力航空機用を修正して使用

試製第一号戦車の経験もあり、一九二九年四月には試製軽戦車は完成し、その重量は九・八トンであった。

重要なのは、試製第一号戦車は、何よりも国産技術で戦車が製造可能かどうかの検証に主眼があったことだ。そのため装甲なども本格的な熱処理は行なわれていなかった。だが今回の試製軽戦車は部隊に配備する実用兵器としての開発である。そのため試製第一号戦車とは異なり、実用量産兵器として解決すべき問題があった。

最も重要なのは、装甲の問題である。試製第一号戦車は軟鋼板を用いていたが、試製軽戦車では装甲板を用いる必要があった。だが工業基盤の脆弱な日

本では、これは容易なことではなかった。それまでは野砲用防盾などの経験があったものの、五ミリ程度の防弾鋼板では話にならない。

海軍の装甲板技術はあったものの、それは戦車には厚すぎて使えない。最終的に日本製鋼所室蘭製作所のニッケルクロム鋼が装甲に適していることから、これが装甲板として用いられる。同製作所はすでに海軍艦艇用の装甲板などの製造経験があり、それが戦車の装甲板開発でも活かされたことになる。

この鋼板はニセコ鋼と名付けられたが、その由来はニホンセイコウショの略であるという。ただニセコ鋼の生産も簡単ではなかった。圧延処理が必要なのだが、室蘭製作所には適切な設備がなく、鋼塊を九州の東海製鋼所まで運び、そこで圧延した上で返送し、室蘭製作所で熱処理をするという手間が必要だった。

このような手間はのちに解決されるが、日本の戦車用装甲鋼板の生産は数年間にわたり室蘭製作所の独占状態であった。

陸軍造兵廠大阪工廠で試作された軽戦車は、テストの結果、陸軍の兵器行政に影響力のある教育総監部から意見が出された。概要を記せば以下のとおり。

- 速度を若干犠牲にしても装甲を完全にし、堅牢性を重視
- 防御を犠牲としない範囲で展望視野を確保する
- 予想作戦地区を考慮し、泥濘における履帯幅を増加する

あくまでも歩兵直協戦車であるため、装甲の厚さ、つまり防御力が重視されている。

ノモンハン事変や太平洋戦争の戦例から一般に日本の戦車は防御力や火力に劣るというイメージが強い。しかし、用兵側があえて装甲の薄い戦車を望むはずもない。事実をいえば、一九二九年の時点で、八九式軽戦車の正面装甲厚一七ミリという数字は、当時の諸外国の戦車と比較して決して劣ってはおらず、むしろ平均よりも厚かった。

また火力についても「敵の機関銃巣を破壊する」

目的の五七ミリ砲は、砲身こそ短かったものの、当時の諸外国の戦車の中では大口径であり、その目的を果たすには十分な性能を持っていた。

この五七ミリという口径については、イギリスのマークI型戦車などが搭載していたオチキス社製の六ポンド砲（五七ミリ砲）が、源流といわれる。その意味ではたまたまこの口径にしたという意見もあるが、重要なのは、五七ミリ口径を採用することは統帥部の方針であったことだ。諸外国でも多かった機銃装備や三七ミリ砲装備の戦車ではなく、五七ミリ砲装備の戦車を選択したことは、火力重視と解釈できるだろう。

この五七ミリ砲は、一九二六年から試作に入り、試験も行なわれたが、それを搭載するはずの試製第一号戦車の重量過多が問題となったために、より軽量化するため再設計となったものだ。これが一九三〇年四月に制式化の九〇式五七ミリ戦車砲となる。

八九式軽戦車は一九二九年四月に制式化されたが、数度にわたる改修の結果、一九三一年からの量産開始の時点で重量が一一・五トンに増加したため制式名称を八九式中戦車に改められている。

八九式中戦車は、一九三一年に一二両、三二年に二〇両、三三年には六七両、三四年には一二一両、三五年には五八両が生産され、生産終了の一九三九年までに四〇四両が生産された。

戦車は特殊車両であるが、生産数はこの程度なので、価格は約八万円であったという。

同時期の四輪トラックが四〇〇〇円であったから、一台の戦車を調達する金額で、トラックが二〇台調達できる計算だ。日本陸軍での戦車部隊の整備の困難さの一端がこの価格からも読み取れよう。

また生産された戦車は、ガソリンエンジンの甲型が二七八両、ディーゼルエンジンの乙型が一八四両といわれる。

この場合、総計は四六二両となり、四〇四両を超えるが、これは生産年による区分であり、甲型から乙型に改修されたものも多かったためだ。また八九式中戦車はハッチや履帯の形状により、同じ甲型・

乙型でも複数の仕様が存在する。

このことは日本の戦車が運用や技術面で、まだ試行錯誤段階であったことをうかがわせる。

この八九式中戦車は、開発当初からディーゼル化を視野に入れていた。一九二三年に戦車の国産化を検討していたときに、ディーゼルエンジンを研究し、その試作を三菱重工の大井工場に発注した。

陸軍がディーゼルエンジンを研究していたのは、いくつか理由がある。一つは燃料製造の歩留まりの面でガソリンより軽油が有利と考えられてたためだ。

ちなみに日本の石油消費で、輸入石油が国内生産を上回るのは、一九二八年のことであった。軍の機械化を進める上で、この事実は無視できない。

だがそれ以上に大きな理由は、被弾時の抗堪性にあった。外国からの輸入戦車がガソリンエンジンのため、発火事故が起きていたことを陸軍は重く見ていたのだ。ただディーゼルエンジンの開発には時間がかかり、国産戦車の完成も急がねばならなかったことなどから、八九式中戦車はガソリンエンジン搭載で開発された。

重量の制約からダイムラー社製航空

不整地走行訓練中の八九式中戦車甲型。試製第一号戦車の評価の結果、実用量産型の戦車は軽量化を図ることが開発の大きな要件のひとつであったため、八九式の制式化（昭和４年）時は「軽戦車」と呼ばれていた。実戦での運用は1932（昭和７）年５月の第１次上海事変からで、以降、乙型への改修を経て八九式中戦車は日中戦争、ノモンハン事件、そして太平洋戦争と、中国大陸から南方の戦場まで戦争のほぼ全期間を戦った。八九式中戦車主要諸元＝全備重量：11.8t（甲型）12.1t（乙型）／全長×全幅×全高：5.75×2.18×2.56m／エンジン：水冷６気筒ガソリンエンジン118馬力（甲型）、空冷６気筒ディーゼルエンジン120馬力（乙型）／最大時速：25km／武装：九〇式57mm戦車砲×１、軽機関銃×２（甲型）、九〇式57mm戦車砲×１、7.7mm重機関銃×２（乙型）／装甲：砲塔正面17mm、車体正面12～17mm／乗員数：４人

機用一〇〇馬力エンジンを改修し、八九式戦車に搭載したのだ。このエンジンは当時の東京瓦斯電気工業により開発・製造されたが、実情は日本の自動車産業は、ガソリンエンジンにしても経験を積んでいる時代だったのである。

八九式中戦車用のディーゼルエンジンは直噴式六気筒一二〇馬力でA六一二〇VDと称された。一九三三年にはこのディーゼルエンジンの量産に目処がたった。そしてこの頃から陸軍の戦車整備計画の主要発注先は三菱重工となる。ただ同社で車両生産をしていた大井工場では増産の余裕がないために、戦車工場として丸子工場の建設が着手されることになった。

このように日本の戦車開発は、自動車産業も発展途上にあったために、現実の工業基盤よりも、陸軍の要求が先行するかたちで始まった。だから戦車の主要発注先を三菱重工としたのは、陸軍から見れば育成策も兼ねていた。

一方、このことで混乱も起きている。それは陸軍による戦車のディーゼル化とは別に、陸軍自動車学校による軍用車用ディーゼルエンジン開発の流れも別に存在したことだ。この問題はすでに述べたようにヂーゼル自動車工業の誕生と統制型ディーゼルエンジンの誕生で解決するが、これにより三菱重工がディーゼル軍用自動車生産から撤退する結果を招いている。

このように八九式中戦車は、単に国産初の量産戦車というだけにとどまらず、陸軍と自動車産業の関係という点でも重要な存在だったのである。

九二式重装甲車

日本陸軍の黎明期、輜重兵科は同じく馬を扱うという理由から、その所掌は騎兵科の中に置かれていた。その後、輜重兵は、独立した部局を持つようになり、日本陸軍の自動車化については、大きな存在感を示してきた。

では、その輜重兵を過去に抱えていた騎兵はどうであっただろうか？　結論をいえば騎兵の自動車への対応は、輜重兵とは対照的なまでに消極的であった。

第一次世界大戦は、運動戦で始まり塹壕戦で終わったが、このことは日本だけでなく、世界の陸軍に騎兵の存在理由を問いかけることとなった。かつてない規模で、機関銃や火砲が投入された戦場で、騎兵の活躍する余地はほとんど残されていなかった。戦果を上げられたとしても、それには多大な犠牲をともなった。

こうしたことから、大戦後の日本陸軍でも「騎兵は移動のみ馬匹を用い、徒歩戦を中心とすべき」「偵察なら飛行機でできる」「騎兵を廃し、歩兵に乗馬訓練をさせれば十分」など、騎兵の改革や廃止論さえ出されていた。最終的に、日本陸軍の騎兵は自動車化へと舵を切らざるを得なくなるのだが、「騎兵の機械化」よりも先に「騎兵の存続」が議論の焦点となっていたのである。

そうした中で一九二〇年に騎兵学校教導隊より秋山久三（きゅうぞう）中尉が自動車隊に派遣され、自動車について学んだのが、騎兵における自動車研究の始まりとされる。同年、騎兵学校にルノーFTが交付され、その後もオースチン装甲車や国産装甲車、カーデンロイド装甲車などが研究機材として送られた。

一九二一年の特別騎兵演習では、こうした機材を用いた装甲車隊が参加するも、これ以上の積極的な動きは起こらなかった。もちろん騎兵の中にも海外の動向に注目し、自動車や戦車の研究に熱心な将校はいたが、彼らは少数派にとどまった。それでも昭和に入ると、青年将校を中心に、騎兵においても自動車の採用を要望する声は大きくなりつつあった。

大きな動きがあったのは、一九三〇年一〇月に千葉で行なわれた特別騎兵演習だった。この演習では装甲車などが参加し、騎兵に対する自動車の優越を示していた。

そこで陸軍技術本部に対して騎兵装備車両製作の要求が出された。

主な要求は、

- 道路外不整地での走破性の確保

- 比較的良好な地形で最高時速四〇キロメートル
- 敵陣地の攻略のほかに敵装甲車も撃破できる火力
- 重量：四〜五トン
- 乗員：三〜四人
- エンジン：四〇馬力
- 武装：一三ミリ重機関銃
- 装甲：七・七ミリ普通弾に抗すること
- 運行時間：約一〇時間（著者注：おおむね三日の活動量と理解されていた）

　こうした要求を踏まえ、さらに四案が出された。

- 全装軌：三トン、一三ミリ重機関銃
- 半装軌：五トン、一三ミリ重機関銃
- 六輪起動：六トン、一三ミリ重機関銃
- 六輪起動：六・五トン、三七ミリ砲

　この四案は軍需審議会で検討され、一九三一年五月、全装軌式案が採用された。試作は石川島自動車製作所に発注され翌年三月に完成する。試験結果は良好で一〇月には九二式重装甲車として制式化される。ちなみに石川島での社内名称は「スミダＴＢ型九二式軽戦車」であったという。確かに形状はどう見ても戦車である。

　これは「戦車は歩兵科の兵器である」という意見が歩兵科からあり、騎兵科が戦車を運用するための方便として重装甲車と呼称したといわれている。

　日本の装甲戦闘車両として本車で特筆すべきは、

九二式重装甲車は乗馬騎兵を支援する偵察、捜索、警戒用装甲車両として開発された。写真は小さい転輪が６個ある初期の量産型で、後期の改良型は高速走行性能を向上させるため、転輪を４個に変更された。九二式重装甲車主要諸元＝全備重量：3.5t／全長×全幅×全高：3.94×1.63×1.86m／エンジン：空冷６気筒ガソリンエンジン45馬力／最大時速：40km／武装：九二式13mm機関砲×１、九一式6.5mm車載機関銃×１／装甲：最厚部６mm／乗員数：３人

まず防弾鋼を溶接して製作した全面溶接構造であったことだろう。これは親会社である石川島造船所の溶接技術が寄与していたという。また空冷式ガソリンエンジン四五馬力を最初に採用した初の車両でもあった。このエンジンは本車の改善とともに改良されていった。

主砲となる一三ミリ機関銃は、車体前面に装備され、ある程度の対空戦闘力も与えられていた。また徹甲弾を使用すれば、防弾鋼板への貫徹能力も増加した。

本車の初陣は比較的早い。一九三一年に満洲事変が起こると、翌年には騎兵第一旅団が出動することとなった。この時、旅団の固有編制の中に装甲車隊を加えるという動きがあったが、それは実現せず、代わりに九二式重装甲車を含む自動車班が配属されることとなった。

戦場での九二式重装甲車の働きは明暗が分かれた。訓練不足もあり、装輪車に追躡（ついじょう）できず放置された車両もあった。一方で、熱河作戦における川原挺進隊の快進撃のように、九二式重装甲車の機動力を活かし、機械化部隊の有用性を示した例もあった。

本車の戦闘車両としての性能は、機械的性能よりも、運用思想に大きく左右されたといえるかもしれない。

九四式軽装甲車・九七式軽装甲車

九四式軽装甲車は、いわゆる「豆戦車」と呼ばれるもので、太平洋戦争ではほとんど活躍の場は失われていた。しかし、日本陸軍の機械化の過程で、この九四式軽装甲車の果たした役割は決して小さくない。本車が実用化されなかったら、日本陸軍の機械化は異なる歩みをしていただろう。

九四式軽装甲車は、時代背景から生まれるべくして生まれた装甲戦闘車両だった。まず一つの流れとして、第一次世界大戦後、世界的な軍縮の気運があった。この時期、日本だけでなく、各国で軍事費は削減された。もう一つの流れは、これも日本だけでなく各国陸軍の機械化指向である。トラックのみならず、戦車を戦力としてどう組み込むかが各国陸軍共通の課題となっていた。

軍事費削減の中で、戦車のような高額な兵器をどのように調達するか？　この相矛盾する条件から生まれたのが、豆戦車という経済性を優先した戦車である。

当時の豆戦車をひと言で表現すれば、限定的な装甲を施し、機関銃を装備した小型装軌車両となろう。こうした豆戦車はいくつも開発されたが、ヴィッカース社のカーデンロイド装甲車はこのカテゴリーでのベストセラーとなった。

日本陸軍技術本部は一九三〇年三月に、このカーデンロイドを二両購入し、翌年三月に陸軍歩兵学校と陸軍騎兵学校に研究用に交付した。ちなみに、これが日本陸軍が輸入した最後の戦車となる。

歩兵学校・騎兵学校からのカーデンロイドに対する評価はおおむね同じものだったという。つまり、

●戦車としては不十分だが、補助車両としては価値がある。

●戦車の補助として捜索や連絡、弾薬・燃料の輸送に適する

●簡便な構造なのは評価できる

●戦闘能力は不十分

こうした評価の後、九月に歩兵学校から技術本部に対して「歩兵用豆戦車」の研究要望が示された。歩兵学校からは「あれもこれも要求を盛り込むと虻蜂取らずになるので、特別の要求は被牽引車で解決する」との意見が出されたという。

一九三二年に設計が始まり、試作車両は東京瓦斯電気工業に発注され、翌年に完成する。さらに前線への弾薬補給のために四分の三トン全装軌式被牽引車（トレーラー）も開発された。試作車は東京瓦斯電気工業ではＴＫ車（特殊牽引車）と呼ばれていた。つまりこの時点では、輜重機材的な用途が重視されていたことになる。

この試作車は二人乗りでエンジンと操縦席を前に置き、整備性を考慮した。またカーデンロイドの固定機銃の不備を回転砲塔の採用で解消した。装甲は

全溶接構造を採用し、懸架装置はシーソー式を採用、エンジンは三五馬力の空冷ガソリンエンジンを使用し、最高時速は四五キロに達した。このエンジンは当初は外国製だったが、のちに国産化される。

さらに制式化されてからは日華事変での経験により九四式軽装甲車はいくつか改修が施される。たとえば武装の機関銃も十一年式軽機関銃を改良した六・五ミリの九一式車載機関銃だったが、のちに火力強化のために、七・七ミリの九七式車載重機関銃となる。また走行時の安定性を向上させるため、後期型では誘導輪を大型化し、履帯の接地面を増加させた。この足回りは、ほかの装甲車両にも転用された。

九四式軽装甲車は弾薬などの運搬を目的とした小型の装甲牽引車として開発され、当初は「特殊牽引車」と呼ばれ、この頭文字から「TK車」と略称されていた。750kgの牽引能力と高い機動性能を有し、日中戦争で実戦に投入されると、本来の輸送用にとどまらず、歩兵直協の小型戦闘車両として活躍した。九四式軽装甲車主要諸元＝全備重量：3.45t／全長×全幅×全高：3.08×1.62×1.62m／エンジン：空冷４気筒ガソリンエンジン35馬力／最大時速：40km／武装：一式6.5mm車載機関銃×１または九七式7.7mm車載重機関銃×１／装甲：車体前面12mm、車体側面８～10mm／乗員数：２人

一九三四年に仮制式名称として九四式装甲牽引車と命名され、歩兵学校と戦車第二連隊練習部によって実用試験が行なわれた。ちなみに戦車第二連隊練習部とは、一九三三年に陸軍歩兵学校教導戦車隊から改編された部隊である。この実用試験の結果、「輸送用より戦闘用として効果がある」との答申が出された。これにともない一九三五年には九四式装甲牽引車は九四式軽装甲車と改称して制式化されることになった。

つまり前線に物資を輸送する輜重機材としての運用を目的としていたものが、小型軽量の全装軌式装甲戦闘車両として、その運用目的を転換したわけ

だ。そして九四式軽装甲車は九二式重装甲車に代わり、戦車連隊、騎兵旅団戦車隊、捜索連隊、装甲車中隊の編制定数兵器として整備されることになる。

さらに日華事変前の一九三六年一二月三日に出された陸軍次官依命通牒「昭和十二年以降軍備充實に関する件」において、常備師団に軽装甲車訓練所が付設されることが明記された。日華事変に際しては、この各師団の訓練所が動員を担当し、いくつもの独立軽装甲車中隊が編成され、実戦に参加することになる。こうして一九四〇年頃までは、日本の装甲戦闘車両の中核は、この豆戦車である九四式軽装甲車が担うこととなった。

この時期までの八九式中戦車の生産数は四〇〇両程度、九五式軽戦車の生産数は三〇〇両にも満たず、九七式中戦車がやっと五〇〇両を超えた時期に、九四式軽装甲車の生産総数は八四三両を数えていた。一九三五年に三〇〇両、翌年は二四六両、その翌年は二〇〇両が生産された。ただ一九三八年以降は生産が絞られ、一九四〇年に生産された二両をもって生産は打ち切られた。

なお終戦までに生産された戦車は九七式中戦車が二四一〇両で最も多く、次いで九五式軽戦車の二三九四両が続くが、生産数第三位は、この九四式軽装甲車であった。

九四式軽装甲車は大型化や三七ミリ砲搭載などの改修も一部で行なわれたが、その数はわずかだった。こうした九四式軽装甲車の改修を続ける中で、新規に設計をし直すべきという意見が出始めていた。また化学戦用の被牽引車が開発され、それを牽引する車両が必要となったことから、九四式軽装甲車の発展型として九七式軽装甲車の開発が行なわれることになった。

設計は技術本部が担当し、エンジンが前方にある第一案と後方にある第二案があり、それらについて一九三六年に池貝発動機製造から分離独立した池貝自動車が試作を担当した。

自動車会社の統合により、車種の統一と量産化を商工省や陸軍が目指していたことは前述したが、そ

れからすると池貝自動車の誕生は矛盾にも思えるかもしれない。しかしこれは陸軍の戦車をはじめとする軍用車両のディーゼル化推進施策の一環なのであった。

前身である池貝鉄工所発動機部は一九三五年に水冷式四気筒七〇馬力のディーゼルエンジンを発表

九七式軽装甲車には37mm戦車砲搭載型（写真は試作型）と7.7mm車載重機関銃搭載型の２種類があった。本車は主として騎兵連隊から改編された捜索連隊に配備され、戦車砲搭載型は小隊長車として運用された。九七式軽装甲車主要諸元＝全備重量：4.5t／全長×全幅×全高：3.70×1.90×1.79m／エンジン：空冷４気筒ディーゼルエンジン65馬力／最大時速：40km／武装：九四式37mm戦車砲×１または九七式7.7mm車載重機関銃×１／装甲：車体前面12mm、車体側面10mm／乗員数：２人

し、それは九四式六輪自動貨車などに採用され、自動車会社分離独立のきっかけとなる。さらに同社は陸軍技術本部の原乙未生（はらとみお）中佐より、軽戦車用空冷ディーゼルエンジン開発を要請されていた。九七式軽装甲車に搭載された空冷四気筒ディーゼルエンジンは、それにより開発されたものだった。

戦車学校での試作車の試験の結果、第二案が採用される。ただ戦車学校の視点での試験であり、第二案では牽引車としての用途は考慮されておらず、本来用途の牽引車としては、第一案を基にした九七式装甲運搬車が開発され、本車をベースに各種派生車両が作られた。

九七式軽装甲車は火力も機銃一丁から三七ミリ砲へと強化され、信地旋回（しんちせんかい）も可能であるなど、戦闘車両としての性能は大きく向上していた。このため一九四二年の三五両で生産が中止されるまで、少なくとも五九三両が生産された。

豆戦車として見たとき、おそらく九七式軽装甲車は開発時期も考慮すれば、世界最高の性能であった

かも知れない。しかし所詮、豆戦車は豆戦車でしかなく、軽戦車の代替や歩兵直協戦車の代替を、本車が担うのはあまりにも無理があった。

九五式軽戦車

九五式軽戦車は「九五の戦車はよい戦車 軽くて速くて強いこと」などと歌にもなった、日本戦車開発史の一断面を象徴する兵器である。

一九三三年の熱河作戦は、日本陸軍に対して自動車の価値を強く印象づける戦いだった。またこの戦いでは九二式重装甲車などの各種装甲車両も投入され、この経験から一九三四年には日本初の機械化兵団としての独立混成旅団が編成されることになる。

だがここで問題となったのは、戦車隊の主力であるはずの八九式中戦車が、速度の差から、ほかの車両と行動をともにできなかったという事実である。九二式重装甲車で最高時速四〇キロ、六輪自動貨車なら六〇キロ近い速度も出せる中で、八九式中戦車の速度は、せいぜい二五キロであった。この速度の差は、かなり深刻な問題であったようで、実戦はもちろん、通常の行軍でも速度を合わせることは困難をともなったという。もちろん道路状況などによる負荷の増加で機械化兵団でも、最高時速で移動できるわけではない。だがそれでも倍近い速度差は問題であった。

すでに日本陸軍の一部では、増強されつつあるソ連軍に対して、「自動車化歩兵を中核とした機械化部隊による運動戦」という構想が研究され始めていた。そうした視点で見れば、自動車化歩兵に追躡できる機動戦車は早急に具体化されるべき兵器だったのである。

そこで陸軍技術本部内の案として、機動力重視の戦車の研究が着手された。これは八九式中戦車の高速化ではなく、装甲車の発展過程としての軽戦車と認識されていた。注目すべきは、発端は八九式中戦車がほかの車両に追躡できないことにあったとしても、九五式軽戦車は、八九式中戦車の後継として開発されたわけではないことだ。このため八九式中戦車の次の歩兵直協戦車をどうするかという問題は未解決であった。

技術本部は歩兵学校と騎兵学校にこうした軽戦車への意見を求め、それを基にして一九三三年七月に設計に着手、九月に設計は完了し、同月に三菱重工に試作を依頼、それは翌年六月に完成する。

九五式軽戦車は、満洲事変や第1次上海事変での八九式中戦車の実戦運用の結果から、速度と機動性を重視して開発された。1934（昭和9）年に独立混成第1旅団に初めて配備された。以来、陸軍機甲部隊の中核的な存在として、日中戦争、太平洋戦争ではマレー作戦から硫黄島玉砕戦まで最も広く使われた戦車のひとつだ。九五式軽戦車主要諸元=全備重量：7.4t／全長×全幅×全高：4.30×2.07×2.28m／エンジン：空冷6気筒ディーゼルエンジン120馬力／最大時速：40km／武装：九四式37mm戦車砲×1、九八式37mm戦車砲×1（後期生産型）、九七式7.7mm車載重機関銃×2／装甲：砲塔前面25mm、車体前面25mm／乗員数：4人

一〇月には騎兵学校で実用試験が行なわれ、「騎兵戦車として適当と認める」との評価がなされた。偵察などに用いる戦車ということだが、九五式軽戦車は八九式中戦車とは異なり、最初から九四式四号丙型無線機が装備されていた。

一一月には戦車第二連隊で試験が行なわれたが、三七ミリ砲の威力不足、装甲一二ミリの防御不足が指摘され、「装甲車の代替としてなら可とするが、歩兵直協型戦車としては不十分」と評価された。

ちなみに当時の欧米諸国で戦車への三七ミリ砲の採用時期を見るとドイツが一九三七年、アメリカが一九三八年、また同クラスの二ポンド（四〇ミリ）砲をイギリスが採用するのが一九三六年であった。これに照らすと日本陸軍の三七ミリ砲採用は、欧米に先んじていたといえる。それでも戦車部隊から火力不足を指摘されたのは、一つには仮想敵国のソ連陸軍では一九三一年からBT戦車に三七ミリ砲が採用されていたためかもしれない。

試験結果などを踏まえ、一九三五年一二月一六

日、陸軍技術本部において第一三回軍需審議会が開かれ、九五式軽戦車の制式化について検討された。「九五式軽戦車は八九式中戦車の後継戦車ではない」と述べたが、現実に陸軍内部でそうしたコンセンサスが成り立っていたかどうかは、疑問な面もあった。それはこの審議会の議論でも明らかであった。

まず騎兵科の九五式軽戦車に対する見解は、「騎兵装甲車隊の核心となる戦車」というものだった。「騎兵は速度を要求する兵種なので、装甲を多少犠牲にしても、現在の速度と武装で大丈夫」。それが騎兵科の意見である。興味深いのは、速度を確保するために「装甲を犠牲にする」ことには言及しても火力への言及はないことだろう。

満洲事変以降、騎兵科からは四一式騎砲に代わる火力の要求は高まっていたが、実現していない。そうした中で、装甲車隊の火力が機関銃から火砲に強化された点は、騎兵科にとって満足するものだった。

対する戦車第二連隊からの意見は異なっていた。

「機動力と武装の点では機械化部隊用としては適当だが、装甲が不十分で戦車としての価値は低い」

「戦車隊としては機動部隊と行動をともにできる速度の範囲で装甲を厚くしてもらいたい」

「部隊として行動するなら速度は時速一〇から一五キロになり、敵陣に入れば時速五、六キロに低下する」

「最大で時速三〇から四〇キロの速度は必要だが、多少速度を犠牲にしても、装甲は三〇ミリは欲しい」

「戦車が威力を発揮するには敵前二〇〇メートルまで迫る必要がある。そのため二〇〇メートルまでは敵対戦車火器を制圧しつつ接近する必要がある」

こうした戦車部隊からの要求に対して技術本部の返答は、興味深いものだった。

「ある標準に対して抗堪性（こうたんせい）を得るならば、それ以上、装甲を一ミリ、二ミリ厚くしても無駄である」

「（重機関銃の鋼心実包まで耐えられるから）装甲

厚は一二ミリがいちばん効率がいい」

つまり防御に関しては、想定している敵火力に対処できれば、それ以上は無駄ということだ。

結局、九五式軽戦車に関しては、それが「快速戦車」なのか「発展した装甲車」なのかの認識のずれがあったことになる。戦車第二連隊も、「戦車部隊の戦車としては不十分」としながらも、部隊に「装甲車の代替」として、こうした軽戦車の必要性と、配備の妥当性は認めた。

技術本部が装甲効率化（軽量化）を指向したのは、八九式中戦車の項でも述べたように、日本の交通インフラの問題が一つ、また軽量なら安価であること（八九式中戦車一両の価格は八万円だが、九五式軽戦車では五万円）などもあった。

だがそれ以上に重要なのは、本車が最初からディーゼルエンジン搭載を前提に設計された戦車であったことだ。すでに陸軍は戦車用のディーゼルエンジンの開発を進めていた。それにより誕生したのが八九式戦車用のディーゼルエンジンで、このエンジンが九五式軽戦車にも採用（A六一二〇VDeと呼ばれた）されていた。技術本部としても、初の実用的戦車用空冷ディーゼルエンジンであり、このエンジンを用いることがすべての前提となっていた。ただ軽戦車のために開発されたエンジンではないため、七トン程度の戦車にしては、容積面でバランスが悪かった。またエンジンの形状が縦方向に長いなど、車体設計に制約が課せられることになる。

またエンジンそのものや周辺機械の重量も大きいため、装甲重量を増やせない事情があったのである。それが防御力の効率化追求＝必要最低限度の装甲厚となった。

こうした背景から、第一三回軍需審議会では「機械化部隊の機動戦車・騎兵装甲車隊の核心」としてなら有効と判定、九五式軽戦車の制式化が認められた。九五式軽戦車は一九四三年に生産が終了するまで、二三九四両（二三七五両という資料もある）が量産された。

九五式軽戦車は実戦部隊ではバランスのとれた成

功した戦車と評価されていた。反面で、この成功の反作用として、より改良された九八式軽戦車以降の後継戦車の量産配備は後回しにされることとなる。

また装甲車の代替として開発されたはずの本車であったが、現実には「戦車部隊の戦車」としての役割を担わされることもあったため、これが多くの犠牲者を生む結果となった。

とかく装甲や火力の貧弱さを指摘される九五式軽戦車であるが、その根本原因は、後継戦車の問題も含め、戦車そのものではなく、用兵側にあると考えるべきだろう。

九七式中戦車

日本陸軍を代表する戦車であり、派生型を含め最大の生産数を誇り、大戦中の主力戦車となったのが、この九七式中戦車とその改良型である。

九七式中戦車については、対戦車戦闘能力の問題から、非力で防御力に欠けた戦車という認識が強い。しかし、本車が開発された時点では、諸外国の戦車に劣っていたわけでもなく、おおむね同時期のドイツ軍の三号戦車と同等の能力を有していた。

九七式中戦車の技術面での特色は、日本における戦車用ディーゼルエンジンが試作段階から、実用段階に入っていたことが挙げられる。すでに日本陸軍は八九式戦車の開発段階から、戦車のディーゼル化を構想していた。八九式戦車の場合は、エンジンのディーゼル化以前に、そもそも「戦車の国産化は可能か?」という大きな問題があった。

それが九五式軽戦車などによって、戦車開発の道筋がつき、戦車用ディーゼルエンジンも実用段階に至ったときに、九七式中戦車の開発は始まった。日本陸軍は軍用車両のディーゼル化に熱心に取り組んでいた。だがそれは統一された戦略のもとで軍用車両全体をとりまとめるというものではなく、多分に場当たり的な施策であった。

まず日本陸軍のディーゼルエンジン開発には、戦車用エンジンとトラック用の二つの流れがあった。一つは、陸軍自動車学校の要望に端を発する軍用トラックのディーゼル化。これとは別に、戦車用ディーゼルエンジンの開発の流れがあった。大陸の第一線部隊の要求から、戦車のディーゼル化は装甲車や牽引車のディーゼル化と派生していく。

日本陸軍の戦車用ディーゼルエンジン開発の中心となったのは技術本部の原乙未生大尉（当時）であった。海外留学より帰国した彼は、すぐに八九式中戦車用のディーゼルエンジン開発を命じられることになる。

彼の要請で具体的な開発を担ったのは三菱重工の潮田勢吉で、彼は空冷直接噴射の一二〇馬力ディーゼルエンジンを開発し、A六一二〇VDの開発に成功する。このエンジンが八九式中戦車と九五式軽戦車に搭載される。潮田はさらに山下奉文（ともゆき）中将（当時）の訪欧視察団にも参加し、ザウラー社製ディーゼルの導入を図る。

一九三七年より三菱は大井工場で生産していた三菱式直噴ディーゼルエンジンをザウラー式直噴ディーゼルエンジンに転換する。こうして九七式中戦車用のディーゼルエンジンであるSA一二二〇〇VDが完成する。九七式戦車用ディーゼルエンジンに関しては、原は池貝鉄工所にも開発を依頼していたが、技術本部が三菱製エンジンを採用した関係で、池貝鉄工所は戦車生産からは撤退することとなる。

一方で、九七式戦車用ディーゼルエンジンの大量発注に三菱一社では対応しきれず、日立製作所など複数の会社がエンジン生産に携わるという混乱も生じた。軍用車用ディーゼルエンジンの問題と合わせ、こうした混乱が一応の終息を見るのは、統制型エンジンの誕生を待たねばならなかった。

九七式中戦車の開発が具体的な計画として動き出したのは、一九三六年七月二二日に陸軍技術本部で開かれた第一四回軍需審議会でのことだった。九五式軽戦車の審議が開かれてから約八か月後のことである。この審議会が特異だったのは、事務方などで事前に意見の集約を見た原案を審議するのではなく、意見調整ができなかったために、二つの原案を審議しなければならなかった点にある。それが第一

新中戦車研究方針（第一案と第二案）

種類	第一案	第二案	（参考）八九式中戦車乙諸元
方針	八九式を基礎とす	九五式軽戦車を主とす	
重量	約14トン	約9.5トン	約12トン
武装	57ミリ戦車砲×１（砲塔内） 固定機関銃×１	57ミリ戦車砲×１（砲塔内） 固定機関銃×１	57ミリ戦車砲×１（砲塔内） 固定機関銃×１
弾薬	戦車砲弾100発 機関銃弾3000発	戦車砲弾60発 機関銃弾1000発	戦車砲弾100発 機関銃弾3000発
装甲	前面および側面要部20ミリ 砲塔および側面大部25ミリ	前面および側面要部25ミリ 砲塔および側面大部20ミリ	最大17ミリ
発動機	空冷ディーゼル200馬力	空冷ディーゼル120馬力	空冷ディーゼル120馬力
最大速度	路上　約35キロ 路外　12キロ以上	路上　約30キロ 路外　12キロ以上	路上　約25キロ 路外　10キロ以上
超越壕幅	約2.5メートル	約2.2メートル	約2.65メートル
乗員	４人 （車長、砲手、固定銃手、操縦手）	３人 （車長兼砲手、固定銃手、操縦手）	４人 （車長、砲手、固定銃手、操縦手）

（表2-2）

案と第二案（表２‐２）である。

ひと言で表わせば、第一案は八九式中戦車の発展型、第二案は九五式軽戦車の強化型となろう。

興味深いのは、編制動員課である参謀本部第一部第三課が第二案を推し、陸軍の編制・予算を担当する陸軍省軍務局軍事課が第一案を推していたことだ。言い換えれば、軍令機関が性能より数を重視し、軍政機関が数より性能を重視していたともいえよう。

その後の歴史を知っているわれわれから見れば、第一案と第二案の性能差は明らかで、第二案を推す参謀本部については、批判的意見が多い。しかし、当時の参謀本部が知り得たであろう海外の技術動向などを考えると、なぜ軍令機関である参謀本部が、第一案ではなく第二案を推したかが見えてくる。

ここで考えねばならないのは、この議論がなされていた一九三六年頃の諸外国の戦車の性能である。たとえばソ連の歩兵戦車T26は総重量一〇トン弱で主砲は四五ミリ、最も厚い装甲部分は二五ミリであった。また初期のドイツの三号戦車も重量は一五トン程度、装甲は一五ミリで、主砲は三七ミリである。これらはまだ強力な部類で、一九三七年のアメリカ陸軍のM1戦闘車などは、重量九トン足らずで、装甲も一五ミリ程度、火力は一二・七ミリ機銃のみであった。

つまり参謀本部の第二案でも、カタログスペックで比較する限り、当時の諸外国の戦車より劣っているわけではなく、「歩兵戦車」という視点では、性能が低い第二案でも五七ミリ砲という「強力な」火力を有していた。こうしたことは陸軍の担当者も理解しており、同時期の陸軍技術本部の資料には「列強歩兵支援戦車参考諸元表」としてアメリカ、イギリス、フランス、ソ連の該当戦車についてスペックがまとめられている。

実際、日華事変の初期段階では、九四式軽装甲車や九五式軽戦車が戦場で活躍していた。そうしたことを考えるなら、第二案の問題は、性能の低さではなく、第一案に比較して発展性がほとんどないことだろう。いずれにせよ次期中戦車の参謀本部案は、一九三六年の時点における世界水準よりも劣っていたわけではなかった。

ここで「第二案の戦車は列強の戦車と互角」という前提で、参謀本部の「安価な戦車で数を揃える」ことの意味を考えると次のような計算が成り立つ。

八九式中戦車の価格が八万円で、九五式戦車の価格は五万円であるが、いま仮に第一案戦車と第二案戦車の価格も同様に、八万円と五万円とする。この場合、四〇万円あれば第一案なら調達数は五両、第二案なら八両となる。ここで発展性以外の基本的なスペックは両者が同等の性能の戦車であるとすると、同じ予算で、同じ定数の戦車部隊を編成するとすれば、第一案なら五個戦車大隊を編成したときに、第二案ならそれは八個戦車大隊となる。

陸軍は戦車部隊は必要に応じて歩兵師団に編合すればよいという考えを長年続けていた。この場合、有事には第一案なら戦車大隊を編合した歩兵師団を五個、第二案なら八個編成できることになる。

ここで同じ予算規模で第一案と第二案の部隊が戦ったとき、ランチェスターの法則から、五個戦車大隊しか調達できない第一案側は全滅し、八個戦車大隊を編成できる第二案側の歩兵師団は六個残るのだ。

重要なのは近代戦は戦国時代の武者とは異なり、一対一で戦うわけではなく、組織化した戦闘であることだ。戦車はその一要素にすぎない。

果たして、第一案と第二案を同等の性能という前提が適切かどうかの問題はあるが、限られた予算の中で、最大の成果を得ようとすれば、「必要な性能を最低限度満たす安価な戦車」により、「数を確保する」「多少の性能の差は数で補う」という参謀本部の判断は、然るべき説得力を持つだろう。

ここで考えるべきは、参謀本部はかねてより歩兵師団の自動車化も進めていたことだ。これは砲兵連隊などの自動車化も意味する。自動車化された諸兵科連合を用い、戦車の数を確保すれば、個々の戦車の性能の問題は補える。何よりも戦車の数を揃えるのは、戦車部隊の増設と同義である。安価な戦車で五割、六割と数が稼げるなら、部隊数も相応に増え、それだけ軍の自動車化・装甲化も進むわけだ。

これと関連して興味深いことに、この時の審議会の中で、参謀本部が軽量化の点から第二案を推す理由の一つとして、渡河能力が議論になっていることだ。戦車を渡河させる舟門橋は、荒天時の安全なども考慮すると、第二案なら四基で済むが、第一案なら五基が必要となる。つまり工兵機材と工兵の負担が相応に増大するという指摘である。

この意味では参謀本部の視点は、予算の制約の中で、行政的な予算効率化の追求から単に戦車だけでなく、戦車を含めた部隊全体の効率的な運用により、この第二案を発想したといえるかもしれない。

実際、第二案に対する反対意見に対して、参謀本部の回答は「（戦車学校など現場側の運用上の意見よりも）さらにもう少し上の段階での運用という点を考えている」というものであった。第一案を提案していた陸軍省側も、同じ中央官衙のためか参謀本

1937（昭和12）年に制式化された九七式中戦車「チハ」は、太平洋戦争での日本陸軍の主力戦車として、戦車砲を換装した改修型を含め、約2200両が生産された。また、懸架装置やエンジンなど優れた特徴を有していた車体をベースにして、一式中戦車や二式、三式砲戦車などに発展していった。九七式中戦車主要諸元＝全備重量：15.0t／全長×全幅×全高：5.55×2.33×2.23m／エンジン：空冷12気筒ディーゼルエンジン170馬力／最大時速：38km／武装：九七式57mm戦車砲×１、一式47mm戦車砲×１（九七式中戦車改「新砲塔チハ」）、九七式7.7mm車載重機関銃×２／装甲：砲塔前面25mm、車体前面25mm／乗員数：４人

部の第二案に対して、それほど強い反対を述べたりはしなかった。参謀本部案により強く反発したのは、より現場に近い、教育総監部や戦車学校であった。

興味深いのは戦車学校の意見としても、「敵戦車との戦闘については、あまり頭を向けず」と戦車戦の可能性は無視はしていないものの、より重視していたのは「歩兵戦車であるから、敵の対戦車火器にから戦車を守り歩兵のために働く」ことであったことだ。また第二案より砲塔を大きくすることで砲射撃を効率化するとともに、無線の改善も提案された。

結局、議論は平行線を辿りまとまらず、第一案と第二案の戦車をそれぞれ実際に試作し、判断することとなった。

技術責任者の原乙未生中佐はこれに対して「二案の利害は図面の検討で明瞭であったが、両案ともに強い支持者がおり、どちらも強硬であったので実験結果に訴えることとなった」とのちに述べている。

つまりこの試作競争は、技術的検討のためというより、議論の行き詰まりを落着させるためのセレモニーにほかならなかった。

こうして第一案(チハ車)は三菱重工が、第二案(チニ車)は大阪砲兵工廠に発注された。一九三七年に試作車が完成し、試験が行なわれたが、なかなか結論は出なかった。しかし、ある出来事をきっかけに事態は一気に動き出す。

一九三七年七月七日に起きた盧溝橋事件は拡大を続けた。それにより第七一帝国議会は昭和一二年度追加予算第一号および第四号を承認した。これら予算は七月二九日と八月七日に公布された。この追加予算は合計して約五億二〇〇〇万円に上ったが、それは満洲事変二〇か月の戦費総額とほぼ同額であった。

さらに事変の拡大にともない、九月一〇日に臨時軍事費特別会計法が公布され、これも議会を通過する。これは年度ごとに会計年度が定められる一般会計とは異なり、戦争(事変)の勃発から終結までを一つの会計年度として扱えるものである。これにより戦費の不足分を追加予算で補うことも可能となり、さらに紛争終結まで陸海軍は予算会計について議会に対する報告義務がなかった。

それでも臨時軍事費特別会計が純粋に戦費として作戦軍の維持費にのみ使われるなら、国家財政に対する負担も少なかっただろう。しかし、実際には臨時軍事費特別会計は陸海軍ともに戦費よりも資材整備に充てていたのである。

たとえばこれは陸軍ではなく海軍の例であるが、海軍が事変後に次々と艦隊を整備し、太平洋戦争を実行できるだけの戦備を整えられたのも、この予算流用の結果である。こうした戦費の流用により、肝心の陸軍の現地部隊が予算不足に悩まされたという笑えない話もあるほどだ。

陸軍もまたこの特別会計で資材整備のために予算を流用したために、議論の前提となっていた予算の制約がなくなり、第一案の戦車を量産することが可能となった。こうして八九式中戦車の後継車は第一

戦車・装甲車の生産台数　　「わが国自動車工業の史的展開」より

	1931〜37年	1940年	1941年	1942年	1943年	1944年	1945年	合計
八九式(中軽)戦車	404							404
九五式軽戦車	278	422	685	775	234			2394
九八式軽戦車				24	89			113
二式軽戦車						29		29
九七式中戦車	312（※）	315	507	531	543			2410
一式中戦車					15	155		170
三式中戦車						55	111	166
砲戦車						55	16	71
105ミリ自走砲車体				26	14			40
九二式重戦車	4							4
九二式重装甲車	167							167
九四式軽装甲車	841	2						843
九七式軽装甲車	274	284	?	35				593
装甲兵車					?	385	126	511

※　九七式中戦車の1939年度の生産台数＝202

（表2-3）

案の「チハ車」となる。

この「チハ、チニ」というのは、日本陸軍の戦車試作時の秘匿名称である。カタカナ二文字だが、最初の文字は戦車の車種を表す。軽戦車はケ、砲戦車はホ、中戦車はチである。二文字目は何番目の型かをイロハ順に表す。一番目が八九式中戦車甲型、二番目が八九式中戦車乙型であり、チハは三番目の中戦車、チニは四番目の設計符合を表す。ただこの秘匿名称は小規模な改良では変更されず、たとえば、九七式中戦車ものちに砲塔などの改修が行なわれたが、それらも名称はチハ車であった。

ともかく九七式中戦車は終戦までに（資料により数量は異なる）二四一〇両が生産された。（表２‐３）

この九七式中戦車をどう評価するかは、その視点により異なるだろう。現代の我々から見れば、対戦車戦で何らの成果を出していない九七式中戦車は、諸外国の中戦車に比較して見劣りするのは事実であろう。ただ開発時期と、開発意図、それにその時点での要求仕様を満たしているかどうかという視点では、九七式中戦車は歩兵直協戦車として成功作といえよう。

問題は本車が「歩兵直協に最適化」されすぎ、対戦車戦闘能力がほとんどなかった点にあるのではないだろうか。ただ、これ以降の日本戦車は九七式中戦車をベースとしており、また砲戦車など本車からの派生型も少なくない。そうした点を含めて考えると、九七式中戦車は機械としては成功作といえよう。そして兵器として結果を出せなかった原因は、陸軍の機械化方針の迷走や産業統制の失敗にこそ、より大きな要因があるのではないだろうか。

いかなる国でも、設計思想と工業水準以上の兵器は製造できないのである。

一式中戦車

歩兵直協戦車として、九七式中戦車は成功した戦車であった。しかし、日本陸軍は対戦車戦闘ということをまったく考えていないわけではなかった。

一九三七年九月頃には「対戦車砲や敵戦車を制圧する場合に七五ミリ砲を持った砲戦車を支援戦車とする」という意見が登場し始める。これが「七五ミリ砲搭載の砲戦車」であって、「中戦車に七五ミリ砲搭載」にするとならなかったのには、陸軍の戦車砲に対する考え方があった。

歩兵直協戦車だった八九式中戦車や九七式中戦車の五七ミリ砲は、初速が遅く徹甲弾を撃っても効果は低かった。しかし、榴弾は強力で、敵の機関銃座を制圧するには十分な威力があった。より重要なのは、射撃の迅速性だった。

九七式中戦車の場合など、俯仰角の調整や左右二〇度までの範囲ならフレキシブル・マウントのため身体を使って人力で砲架を動かし、照準を調整できた。さらに初速こそ低いものの、五七ミリ砲の砲弾は片手で扱えた（榴弾で二・三三キロ）ため、砲手一人で迅速な射撃が可能であった。

歩兵直協だからこそ、この射撃の迅速さ、つまりは大きい射撃速度が求められた。しかし、七五ミリクラスの火砲で装甲貫通能力の高い高初速の徹甲弾を撃つためには、砲身長も長くなり、砲弾も相応に重くなる。砲手とは別に装填手も必要となり、射撃の迅速さは期待できなくなる。

　現場からは、こうした理由から中戦車に七五ミリ砲などを搭載することへの反対意見も聞こえていた。このほかにも、戦車同士の戦闘は稀であるという認識もあって歩兵直協戦車と対戦車戦闘能力を持った砲戦車とに分かれて行く。

　それでも中戦車に対戦車戦闘能力を持たせようという動きは起きていた。

　ノモンハン事件が起こる前の一九三九年三月、陸軍参謀本部、陸軍省、陸軍技術本部、教育総監部が合同で「戦車研究委員会」を設置した。そして六月の研究会では「五七ミリ砲の初速向上」「四七ミリ砲の地上破壊効力試験の結果を検討する」などの意見が出された。そしてその後のノモンハン事件により、中戦車の対戦車能力の必要性は緊急の課題になった。

　ここで重要なのは、日本陸軍はノモンハン事件の結果、慌てて九七式中戦車への対戦車能力を考えたのではなく、検討自体はそれ以前より始まっていたことだ。それでもノモンハン事件で、その実現が急がされたのは確かであった。一九三九年八月に四七ミリ戦車砲の開発が始まり、翌年九月には試作第一号が完成している。この四七ミリ戦車砲は、かねてより開発が進められていた四七ミリ対戦車砲をベースとしている。

　一九三七年九月に陸軍技術本部兵器研究方針に基づき、それまでの九四式三七ミリ砲（速射砲）の威力を向上する目的で研究が始まった。一九三八年三月には「試製九七式四七ミリ砲」として完成し、各種試験が続けられ、これは最終的に一式機動四七ミリ砲となる。この四七ミリ砲をベースとした戦車砲は、試作完成後に各種の試験が行なわれた後、一九四〇年七月には「試製四七ミリ戦車砲」と名付けられた。ただ一式四七ミリ戦車砲として制式化されたのは一九四二年四月であった。

　この一式四七ミリ砲の性能は、ソ連陸軍の四五ミリ砲とほぼ互角であった。前者の初速は毎秒八一〇メートル、弾重量一・五キロなのに対して、後者は毎秒七五七メートルで、徹甲弾の弾重量は一・四三キロであった。一〇〇メートルで五五ミリ、一〇〇〇メートルで三〇ミリの貫通力を有したが、ソ連の四五ミリ砲は一〇〇メートルで五一ミリ、一〇〇〇メートルで三五ミリの貫通力だった。

初速は一式四七ミリ戦車砲が勝るのに、一〇〇〇メートルでの貫通力で四五ミリ砲に劣るのは、簡単にいえば口径に対する弾重量が若干だが四七ミリ砲の方が軽く、空気抵抗の影響を受けやすいためである。

この戦車砲を搭載した新型砲塔二基は一九四〇年一〇月に九七式中戦車の車体に搭載され、各種試験が行なわれた。九七式戦車の砲塔のまま火砲だけ四七ミリ砲に換装することは、操作性の上でも困難であったため、九七式中戦車の車体に四七ミリ砲装備の新型砲塔が搭載される。

これが九七式中戦車改、あるいは新砲塔チハ車と呼ばれるものである。終戦までに生産された九七式戦車の後期のものは、この新砲塔搭載型であった。さらに既存の九七式中戦車も終戦まで砲塔の換装が行なわれた。

九七式中戦車改「新砲塔チハ」の改良発展型といえるのが、一式中戦車「チヘ」である。太平洋戦争突入後に生産され、日本国内の戦車部隊に配備されたが、結局、本土決戦用に温存され一度も実戦を経ることなく終戦を迎えた。一式中戦車主要諸元＝全備重量：17.2t／全長×全幅×全高：5.73×2.33×2.23m／エンジン：空冷12気筒ディーゼルエンジン240馬力／最大時速：44km／武装：一式47mm戦車砲×１／装甲：砲塔前面50mm、車体前面50mm／乗員数：４人

こうした中で登場するのが、最初から四七ミリ戦車砲を搭載する一式中戦車である。九七式中戦車の

後継として開発に着手したのは一九四〇年頃だが、試作車の完成は一九四二年九月であった。基本的に九七式中戦車の改良型というべき戦車であった。

足回りなどは九七式中戦車を踏襲しつつも、溶接構造を多用し、被弾時にリベットが車内に飛散する危険は減少した。最大装甲の厚さも九七式中戦車の二五ミリより、一式中戦車では五〇ミリと倍増した。この車体にすでに開発された四七ミリ戦車砲搭載の砲塔が搭載された。装甲が増強された分、車体重量も増加したが、エンジン馬力も最大二四〇馬力と強化され、最高時速も三八キロから四四キロへと向上している。

一式中戦車で特筆すべきは統制型一〇〇式ディーゼルが採用されたことだろう。気筒直径（一二〇ミリ）、ピストンストローク（一六〇ミリ）、さらに燃焼方式を統一化し、車両により異なる馬力は、気筒数の増減で調整するという非常に合理的なシステムだった。これにより日本陸軍はトラックから戦車まで（既存車を除いて）すべてのディーゼルエンジンを統制型で統一することが可能だった。これは世界でも例のない優れた試みであった。

このように重量増大に対応して、馬力も強化されたのだが、懸架装置と変速機は多少の改良が施されただけで、九七式中戦車と大差ない。

対戦車戦闘能力を有した一式中戦車であるが、その存在感は薄かった。生産数は一九四三年に一五両、本格的に量産された一九四四年でも一五五両にすぎない。

これは戦争の経過とともに、軍需生産は陸上兵器よりも航空機が優先され、資材割り当てもそれらが優先されたためだ。戦車（装甲車両）の生産量そのものが一九四二年度で一五五〇両だったものが、翌年には七三〇両と半減している。

戦車の装甲を厚くしようが火力を増強しようが、制空権のない戦場では戦車も脆弱な存在であり、航空分野の生産が優先されたのは工業生産力に限界のある日本では避けられないことだった。

一式砲戦車

一九三九年の「戦車研究委員会」において、敵対戦車砲の制圧と対戦車戦闘を担い、歩兵直協戦車を支援をする砲戦車という構想が出された。この構想の基となった兵器はすでに一九三五年に検討されていた。一九三五年といえば、ドイツ陸軍において参謀本部のマンシュタイン大佐（当時）が突撃砲を提案した年である。ただ突撃砲が旋回砲塔を廃した歩兵直協戦車であったのに対して、日本陸軍が検討していたのは、野砲の自走化であった。

同年、陸軍自動車学校の満洲での演習の結果などから、それが車載・牽引であったとしても、随伴砲兵では敵対戦車兵器の制圧を即時に行なうことは難しいことが明らかになった。

ここから自走砲の構想が生まれる。この時に提案された主な要件は、

- 放列布陣が迅速で停車すれば射撃可能
- 快速戦車と行動をともにする装軌車
- 敵戦車の装甲を貫通する火砲の搭載

などである。

開発意図が師団の機動砲兵の自走化であったため、歩兵師団の砲兵連隊が用いる野砲と一〇センチ榴弾砲の自走化が研究される。これがホニ1（七五ミリ野砲搭載）、ホニ2（一〇センチ榴弾砲搭載）として完成することになる。

ノモンハン事件後の一九三九年一二月に機動九〇式野砲を九七式中戦車の車体に搭載する自走式火砲の研究が始まる。一九四一年五月には試製砲が完成し、六月には車体に搭載され、四〇〇キロメートルに及ぶ運行試験が行なわれた。搭載砲とオリジナルの九〇式七五ミリ野砲との違いは、砲口制退機を廃して砲口強度を高めるための砲口環がついたことや、尾栓（びせん）形状の小型化、後坐長の短縮などである。

一〇月には陸軍野戦砲学校に実用試験が委託され、結果として「本火砲は主として戦車支援を目的とする自走砲として適すると認む」という判定が下され、一式砲戦車／自走砲として制式化される。それでも本車は砲兵の装備品であり、機甲科の兵器で

はなかった。しかし、完成後は機甲師団の機動砲兵として配備されていった。

一九四二年になると野戦砲兵学校に自走砲中隊が新設され、ここが一式砲戦車／自走砲に関する要員育成の場となった。また同年三月には兵器本部で量産に関する打ち合わせが行なわれ、車体については相模原造兵廠、火砲については大阪造兵廠が担当することになった。

諸外国の例を見ても砲戦車・自走砲のメリットの一つは、砲塔を有する戦車よりも構造が簡単で数を揃えやすい点にあった。しかし本車の正確な生産数には諸説ある。一九四三年頃から製造され、最小の

九七式中戦車「チハ」の車体に機動九〇式野砲（口径75mm）を搭載した一式7.5センチ自走砲「ホニ１」。砲搭載部は前部と左右側面を防楯（装甲板）で囲ったオープントップの型式ながら、防楯の厚さは前面50mmで、それまでの戦車に比べ格段に強化されていた。一式7.5センチ自走砲「ホニ１」主要諸元=全備重量：15.9t／全長×全幅×全高：5.59×2.33×2.39m／エンジン：空冷12気筒ディーゼルエンジン170馬力／最大時速：38km／武装：九〇式75mm野砲改×１／装甲：防楯前面50mm、車体前面25mm／乗員：５人

九一式10センチ榴弾砲を搭載した一式10センチ自走砲「ホニ２」。「ホニ１」「ホニ２」とも旋回砲塔ではないため、射撃方向の変換は車体の向きで調整しなければならなかったが、車上でも左右約10度の調整ができた。どちらも野砲と同じ榴弾と徹甲弾の発射が可能だった。「ホニ１」は対戦車戦闘での運用を構想していたのに対し「ホニ２」は間接射撃を主とする機動砲兵火力としての性格が強い。一式10センチ自走砲「ホニ２」主要諸元＝全備重量：16.3t／全長×全幅×全高：5.55×2.33×2.39m／エンジン：空冷12気筒ディーゼルエンジン170馬力／最大時速：38km／武装：九一式10cm榴弾砲×１／装甲：防楯前面25mm、車体前面25mm／乗員：５人

推計では五五両、最大でも二種類のホニ車あわせて一三八両である。だが、いずれにしても、決して十分な数ではなかった。ただ日本陸軍が大戦中に実戦投入した装甲戦闘車両の中で一式砲戦車は最も高い対戦車戦闘能力を実現していたのは間違いないだろう。

しかし、たとえば陸軍技術研究所において同一兵器が、第一科（砲兵担当）では自走砲と呼称し、第四科（機甲担当）では砲戦車と称するなど、「一式砲戦車とは何であるのか？」は終始曖昧なままだった。とかく批判される戦闘室がオープントップである点も、「自走化された野砲」であるなら、問題はない。しかし、「対戦車戦闘用の砲戦車」ならば欠点となる。

要員育成を野戦砲兵学校が担うなど、教育訓練も含め、砲戦車に関する陸軍の混乱もうかがわれる。歩兵直協戦車としての九七式中戦車の成功の一方で、ポスト歩兵直協戦車に明確なビジョンを打ち立てられなかったことに、本車が活躍できなかった最大の理由があるのではないだろうか。

なお試作さえされなかったものの、日本陸軍が中戦車・支援戦車などにより対戦車戦闘指向を強める中で、新たな戦車の構想が提案されていた。それは直協戦車である。少なくとも昭和一七年七月の「兵器研究方針」の中にはその記述が認められる。

構想では歩兵師団の砲兵連隊の主力火砲と同じ七センチ砲もしくは一〇・五センチ（榴弾）砲を搭載する固定砲塔の戦車である。歩兵直協を目的とするわけだから、ドイツ陸軍の突撃砲のような戦車といえよう。

車体は九七式中戦車のものではなく、重量増大も考慮して四式中戦車との共通化を計画していた。後述するが、四式中戦車の車体は、高い性能が期待されたため、これをベースとして各種装甲戦闘車両への応用が考えられていた。だが、当の四式中戦車でさえ、数両しか生産されていない中で、直協戦車が試作されるはずもなかった。

一九四二年六月には、日本陸軍初の戦車師団が編成されたほか、さらに機甲軍司令部が新設され、関東軍に編合されるなど大きな動きがあった。こうした中で、日本陸軍は機甲師団の機動砲兵として戦車や砲戦車の対戦車戦闘能力を追求する一方で、そこから取りこぼされたかたちの歩兵師団の火力支援用の戦車を別途考えていたということになる。砲戦車にしても、機甲師団の機動砲兵用であり、歩兵師団の砲兵連隊に配備されるわけではない。

興味深いのは、どうも関係者の中では直協戦車とは歩兵師団に属する砲兵連隊の装甲化・機械化を意味していたわけではないことだ。というのも技術本部の兵器研究方針に対する意見として、「直協戦車の名称を支援戦車とせよ」というものがあるからだ。その理由は「師団砲兵の任務と混同するおそれがある」というものであった。この意見そのものは採り入れらなかったようで、直協戦車の名称はその後も使われる。ただこの意見で明らかなのは、直協戦車を運用するのは師団砲兵ではないということだ。文脈から推測すれば、師団より上位の軍司令部隷下の独立砲兵でも戦車部隊でもなく、師団内に直協戦車連隊なり大隊を置くような運用ではなかったか。おそらくは九四式軽装甲車のような運用が想定されていたのかもしれない。

ただ一九三〇年代初頭なら、銃弾を防ぐだけの装甲と機銃一丁の豆戦車でも活躍できた。しかし、すでに戦場の現実は対戦車兵器に耐えうる装甲と、それを制圧する大火力が要求されるようになっていた。そして中戦車の任務が歩兵直協から、対戦車戦闘に大きく転換し機甲部隊の戦力となる中、機甲師団の機械化歩兵部隊のみならず、日本陸軍の大多数を占める歩兵師団のために、歩兵直協の役割を担っていた中戦車の穴を埋めるため、歩兵直協戦車が別途必要となったのだろう。そうだとすると、この直協戦車は九七式中戦車の後継というよりも、むしろ九四式軽装甲車の系譜に連なるべきだろう。

日本陸軍が歩兵師団の自動車化に積極的だったことを考えるなら、日本陸軍における歩兵師団の機械化の完成形をもたらす戦車だったといえるかもしれない。

三式中戦車以降

八九式、九七式、一式と日本陸軍の中戦車は更新されてきた。しかし、三式から五式に至る流れは、それほど単純ではない。これは日本陸軍の戦車開発の方向性が太平洋戦争の実情から、大きく軌道修正を迫られた結果といえる。

簡単にいえば、陸軍は一式の次に主力と考えていたのは最初は四式中戦車だったが、のちにそれは五式中戦車となり、それらの完成が一九四五年以降になるため急遽、一式と五式の間を埋めるべく三式中戦車が開発された。

驚くべきことに、陸軍当局は、現在進行形でアメリカなどと戦争をしているにもかかわらず、当局が五式中戦車の開発で見据えていたのは、（その時点では）友好国のソ連と戦える戦車であった。平時なら数年先の仮想敵国の戦車に対抗できる戦車の議論もありうるだろうが、戦時下でそれが正しい判断とは思われない。

こうした方針転換の時期には航空分野の生産優先のため戦車生産は減らされており、あるいは数の少なさを質で補うという意図があったのかもしれない。しかし、戦局が守勢に転換しつつある時に、数年先の戦車開発を優先する姿勢は、より困難な自前の問題解決の先送りであり、さらにはっきりいえば逃げであろう。最前線の将兵は、いまだ九五式軽戦車と九七式中戦車で戦っていたのである。

そうした中にあって、三式中戦車は陸軍当局の出した数少ない「目前の問題解決」のための戦車であった。

一式中戦車は一九四四年から本格的な量産に入ったものの、それ以前から戦場からは四七ミリ砲ではアメリカのM４シャーマン戦車に対しては主砲の火力が不足していることが問題となっていた。ただ強力な戦車砲は開発途上にあり、火力強化のための適当な戦車砲もなかった。

そこで七五ミリクラスの火砲として、野砲を一式中戦車の車体に搭載して急場をしのぐこととした。一九四四年五月のことである。当初は軽量の九五式野砲を改造した戦車砲が検討されたが初速が遅いため試作で終わり、九〇式野砲を改造することになった。砲の試作は八月には完了し、試作車両も一〇月には完成した。試作発令から完成まで半年足らずという突貫作業である。

九〇式野砲を改良した三式75mm戦車砲を搭載した三式中戦車は、アメリカ軍戦車に対抗しうる能力を実現すべく開発された。1944（昭和19）年10月に試作車が完成したが、戦局の悪化で60両が生産されただけで、実戦でその実力が試されることがないまま終戦を迎えた。三式中戦車主要諸元＝全備重量：18.8t／全長×全幅×全高：5.73×2.33×2.61m／エンジン：空冷12気筒ディーゼルエンジン240馬力／最大時速：38km／武装：三式75mm戦車砲×１、九七式7.7mm車載重機関銃×２／装甲：砲塔前面50mm、車体前面50mm／乗員：５人

新規設計は基本的に巨大な砲塔だけであったが、これは九七式中戦車が砲塔マウント径を大型砲への強化を見越して余裕を持って設計していたおかげである。さもなくば車体も転用とはいかず、新規開発か大改造が必要だっただろう。

九〇式野砲改造の戦車砲の貫通力は一〇〇〇メートルで六五ミリ、一〇〇メートルで九〇ミリであり、一〇〇メートルで五五ミリの四七ミリ砲よりは、確かに格段の性能向上であった。三式中戦車は装甲も増強され、最も厚い部分で五〇ミリ程度あったといわれるが、正面装甲が七〇ミリ前後あるM4シャーマン戦車を撃破するには、待ち伏せなどによる至近距離での射撃しか手段がなかっただろう。

ここで余談ながら、三式中戦車の砲塔装甲といえば、戦車兵だった司馬遼太郎氏の「歴史と視点」に収録されている「戦車と壁の中で」の逸話が知られている。

三式中戦車の砲塔にヤスリを当てたら、砲塔が削

れてしまったという述懐である。これに関しては、装甲板の素材の熱処理の関係であり、均質圧延鋼には「粘り」、つまり柔軟性があるのだと説明されることが多い。

ただ筆者は、二〇年以上前に、戦時中、三菱重工に勤務していた技術者の方から「あの頃の現場にそんな高度な熱処理をする余裕はなかった」との話も聞いている。今となっては真偽の確認のできない話だ。個人的にも、装甲板の「粘り」とは秒速数百メートルという速度で砲弾が衝突するような場面での、装甲板表面における現象であって、人の手によるヤスリの目を受け止めるような次元のものなのか、疑問はある。

三式中戦車は一九四四年秋から生産が開始されたが、終戦までにその総数は一六六両にとどまった。

さて、九七式中戦車の後継として整備が進められてきた一式中戦車だが、一九四二年夏頃から「重量約二〇トン、最大時速四〇キロ以上、最厚部装甲五〇ミリ、四七ミリ砲搭載」という中戦車の要件に対して「砲火力の威力増大」を求める意見が出されるようになっていた。

具体的にはそれは四七ミリ砲からより威力の大きい五七ミリ砲への変更であった。これが四式中戦車の原型となる構想であった。これは秘匿名称「チト」として一九四二年秋頃から開発が始まる。のちに試作される四式中戦車は七五ミリ砲を搭載しているが、この時点では新型の五七ミリ砲搭載を想定していたわけである。

ところが一九四三年夏に陸軍の兵器研究方針が改定される。戦車に関しては、アメリカ軍戦車との戦闘経験ではなく、独ソ戦の情報をもとに、日本軍の戦車は将来のソ連軍戦車を意識した性能要求が設定される。これにより中戦車は「重量約三五トン以下、最大時速四〇キロ、最厚部装甲七五ミリ、長砲身七五ミリ砲搭載」および「重量約二五トン以下、最大時速四〇キロ、最厚部装甲七五ミリ、長砲身五七ミリ砲搭載」と大幅な修正がなされる。

前者が秘匿名称「チヌ」であり、いわゆる五式中戦車となる。そしてこの研究方針改定を見る限り、チトとチヌの両方を生産するように見える。

しかし、その内情はいささか複雑だった。一九四三年六月三〇日の『兵器研究方針修正案』の議事録によれば、陸軍としては中戦車の本命はチヌであった。ただチトはすでに開発が進んでいるのと、性能も「案外優秀といえなくもない」ので、チヌの研究開発の参考にもなるので研究を進めるというのがこの時点での真意であった。さらにチトは前述の直協戦車や対戦車自走砲などの共通車体とする構想も含まれており、次期中戦車のためというより、ファミリー化車体の研究のために開発が続けられていたようである。

いずれにせよ四式中戦車も五式中戦車も試作の段階で終戦となり、実戦に寄与することはなかった。結局、戦場における日本陸軍最強の戦車は一式中戦車のまま終戦を迎えた。

装甲車

第一次世界大戦前の一九一一年に大阪砲兵工廠で初の国産軍用車を完成させた日本陸軍は、海外の自動車情報も精力的に集めていた。第一次世界大戦が始まると、各国陸軍は装甲車を戦場に投入するが、そうした情報も日本陸軍は早期に把握していた。ただ自動車産業もないに等しい当時の日本では、装甲車の研究はすぐには着手できなかった。

軍用自動車補助法が布告された一九一八年、シベリア出兵にともない第一、第二自動車隊が新編され派遣されたが、これに合わせ、陸軍省は大阪砲兵工廠に対して緊急に装甲車の製作を命じた。

降って湧いたような装甲車製作命令であったため、引き受ける側の砲兵工廠側の準備も万全とは言いがたい。そこで大阪砲兵工廠では既存の三トン自動貨車と四トン自動貨車の車台を利用し、これに三八式野砲の防循鋼板を張り付けた車体を製作し、銃塔を備えた装甲車を作り上げた。四トン自動貨車をベースとしたものが重装甲車、三トン自動貨車をベースとしたものが軽装甲車と呼ばれた。

二か月でそれぞれ二両の試作装甲車が完成し、すぐに試験が行なわれ、一九一九年七月には装甲自動車班としてウラジオストクに派遣された。ただこの国産装甲車の性能は問題が多かった。タイヤゴムの質の悪さをはじめ、走行性能は低く、防盾鋼板には銃弾が貫通して、乗員が負傷することもあったという。

シベリア出兵では、ほかにもイギリスから輸入したオースチン装甲自動車も投入された。これは機関銃を装備した銃塔二基を有し、最高時速六〇キロの快速車で、特徴的なのは後部にも運転席があること

日本陸軍初期の重装甲自動車としてシベリア出兵で実戦運用されたイギリス製のオースチン装甲車。運転席の後部に円筒形の銃塔が並列して設けられている。

ウーズレイＣＰ型トラックの車体に駆逐艦と同じ舷側鋼板を用いた装甲のボディーを架装したウーズレイＣＰ型装甲車。上部の銃塔には三年式重機関銃を搭載した。

だった。

ただ総じて陸軍の装甲車にかける熱意は戦車に比べると高くない。シベリア出兵後は一〇年近くにわたり、装甲車の開発も行なわれていなかった。

一九二七年から中国の革命運動の進展にともなう山東出兵で再び装甲車が必要になった。このときは技術本部が設計し、石川島自動車製作所がスミダ自動貨車の車台を利用した装甲車が製作された。

装甲についてもシベリア出兵時の防盾鋼板の転用ではなく、高張力鋼に熱処理を施した装甲板が使用された。こうして完成したのが国産のウーズレイCP型装甲車である。ただこの装甲車は紛争には間に合わず、現地にはオースチン装甲車が送られている。

満洲事変が勃発すると、ウーズレイCP型装甲車やイギリスから輸入されたビッカーズ・クロスレイM25装甲車が投入された。この装甲車は半球状の銃塔に二丁の機関銃を装備しているのが特徴で、その実用性は高く評価された。

日本軍の大規模な自動車使用で知られる熱河作戦でも装甲車は活躍した。石川島や東京瓦斯電気工業がそれぞれ六輪自動貨車に装甲を施し、銃塔を備えた形式の装甲車が戦場に送られた。

また、特殊な装甲車としては九一式広軌牽引車がある。これは鉄道部隊用の装甲車で線路の警戒や貨車の牽引、修理作業などに用いられた。特筆すべきは、本車は必要に応じてレールを離れ、地上を走行することも可能であったことだ。このような装甲を施した鉄道車両は終戦まで各種製造された。

ただ日本陸軍が想定していた大陸の戦場は、ヨーロッパのような道路が発達した地域ではない。この点では日本国内も同様だった。したがって騎兵部隊用の九二式重装甲車以降、陸軍の装甲車は装輪式ではなく、装軌式が主流となっていく。この流れの中で九七式軽装甲車などが誕生し、最終的に装甲車に期待される役割は九五式軽戦車のような軽戦車に移っていった。

ただ一九四〇年四月の「陸軍技術本部兵器研究方

満洲事変の勃発にともないイギリスから輸入されたビッカーズ・クロスレイM25装甲車。陸軍の装甲自動車隊のほか、上海事変では海軍陸戦隊にも配備された。上部の大きな半球形の銃塔が特徴的で、２挺の機関銃を搭載した。ビッカーズ・クロスレイM25装甲車主要諸元=全備重量：7.5t／最大時速：70km／武装：ビッカーズ303（7.7mm）Mk１機関銃×２／装甲：最厚部6mm／乗員：５人

南満洲鉄道を警備する独立守備隊のために、1931（昭和６）年に制式化された九一式広軌牽引車。鉄道施設や列車を守るために開発された車両で、写真の線路上を走行するための鉄製車輪と車体側面に積載されたゴムタイヤに交換して、路上走行も可能だった。上部の銃塔には固定武装は搭載されておらず、必要に応じて機関銃や小銃を銃眼から射撃した。本車から発展して、陸海軍が装備した複数の型式の装輪装甲車が製造されている。

針」によれば、陸軍は新しい装輪装甲車の構想もあった。これは機械化部隊や騎兵部隊の偵察警戒用の快速装甲車とされた。最高時速は五〇キロ以上、武装は機関銃一丁もしくは三七ミリ砲一門で、機銃装備で重量は約四トン、火砲装備の場合は約五トンとされた。

この装甲車は装軌式ではなく装輪式で四輪駆動により路外性能を確保することとされていた。装甲は七・七ミリ小銃による徹甲弾に耐えられる程度とし、乗員は二人。仕様だけ見れば、九七式軽装甲車を装軌式から装輪式にしたようなものだろうか。

ちなみに同時期のドイツ陸軍にはSd・kfz2

22という四輪駆動の軽装甲車があり、機銃と機関砲を装備し、装甲厚は八ミリであった。乗員は三人、車体重量は四・八トンであり、おおむね技研が考えていた装輪式装甲車と同等のものといえる。ただSd・kfz222は一九三六年から四三年の間に九八九両が生産されたといわれるが、陸軍のこの新型装輪装甲車は試作されたかも不明である。

開戦後の日本陸軍が航空生産優先の中でも装甲兵車や四輪駆動の偵察用小型車を何百両も生産したことと比較して、概して装輪装甲車に対しては冷淡な印象を受ける。この最大の理由は、大陸を想定戦場としていたために、路外性能が重視され、装輪車よりも装軌車が求められた点にある。

日華事変前の一九三七年五月の「陸軍軍需審議会」の議事録などを見ても、九二式重装甲車や九四式軽装甲車のような装軌式装甲車（というより豆戦車）の運用を前提に、新しい偵察警戒任務用の車両が議論されていた。

実際、議事録には部隊の九四式軽装甲車が「騎兵に付けたり、前衛に付けたり」「陣地攻撃の時には鉄条網の破壊から偵察に使う」「わずか一七両しかないやつを、陣地攻撃の際には弾薬補充にも使うように二重三重に使っている」「だからほとんど偵察のために使われてしまって弾薬補給の時には一両もない」などの現場の実情が紹介されている。

さらにこの時点でも敵の対戦車火器に対する防御と反撃の問題が議論され、日本陸軍の偵察警戒用の装甲戦闘車両整備方針は、装甲車ではなく軽戦車に向かっていた。このため生産数は少ないながらも九五式軽戦車以降の後継軽戦車は開発されていたにもかかわらず、装輪式装甲車両は等閑視（とうかんし）され試作さえ行なわれていなかったのである。

装甲兵車

日本陸軍は歩兵師団の自動車化に熱心であった。そうした研究の中で、陸軍は整備すべき具体的な自動車について、その仕様もまとまりつつあった。

一九二七年に陸軍自動車学校が各種輸入車両など

を用いた満洲での長期にわたる評価試験により、最も重要な自動貨車について、六輪自動貨車が望ましいという結論を得ていた。路外性能では全装軌式や半装軌式が望ましいが履帯を装着した六輪自動貨車も、満足のいく走行性能を有し、整備された道路で六輪自動貨車が最も優れていた。

九二式重装甲車が開発されて間もない一九三三年頃、陸軍自動車学校で試製装軌自動貨車（ＴＣ）の研究が行なわれる。これは九二式重装甲車の車体部分を改造したもので、九二式重装甲車と同様に石川島自動車製作所で製造されたが、試作車一両のみであった。

乗員は二人で、操縦席は装甲されていた。荷台の積載量は一トン前後であったといわれている。

水平型水冷ガソリンエンジンを搭載し、リア・エンジン配置の前輪駆動である。六個の転輪は三組のリーフスプリング懸架を採用した。このあたりの設計は初期型の九二式重装甲車を踏襲している。試作車は陸軍自動車学校において、一・五トントレーラーを牽引するなど各種の試験が行なわれた。

本車は装軌式で操縦席こそ装甲を施されていたが、それ以外は通常の自動貨車と特に変わるところはない。また武装も搭載していない。本車で兵員を輸送している写真などもあるが、トレーラーを牽引するなど、基本的に装軌車による自動貨車の実験・研究のための車両と解釈すべきだろう。

陸軍自動車学校ではこの後も九四式四トン牽引車の車体を利用した、装軌自動貨車（ＴＥ）を試作している。これは装軌自動貨車タイプと荷台にも装甲を施した装甲兵車タイプがあったという。

基本的なレイアウトは前方右側にエンジンがあり、操縦室は左側に配置され、後輪駆動で転輪は四個の転輪が九四式四トン牽引車同様リーフスプリングで支えられている。装甲兵車タイプもすべてが装甲されてはおらず、側面が窓を設けた装甲板に囲まれ、天井はキャンバスを展開する構造となっていた。

これらの装軌式自動貨車は改良型（ＴＧ）も含め

東京自動車工業により数両が試作されたといわれる。こうした装軌式自動貨車の試験は続けられていたが、性能と経済性の比較検討から日本陸軍が量産化すべき自動車として選んだのは九四式六輪自動貨車であった。

ただ日華事変以降になると、乗車中の歩兵部隊が襲撃されるような事例も増え、乗車した兵士が車上射撃で応戦する必要性も高まっていた。

こうした中、一九三七年の軍需審議会で審議されたものとして機械化歩兵車があった。

補足説明すると、日本陸軍における機械化とは、今日でいうところの「自動車化」の意味であり、装甲部隊に限定したものではない。

装軌自動貨車を研究していたものが、機械化歩兵車は装輪式を想定しているのは、陸軍技術本部がこの時期には歩兵車は装輪式で、という方針の下で研究が進められたためだとされる。

この機械化歩兵車は武装兵一五人を乗せ、路上で時速五〇キロ以上を確保するほか、高い路外性能を有し、車体には簡易な装甲を施した四輪駆動車であり、必要に応じて軽機関銃や重機関銃の車上射撃を可能とするものとされた。

この車両は試製機械化歩兵車として一九三九年頃に試作されたが、外見はソ連軍のＢＴＲ４０に類似しており、まさに装甲を施したトラックであった。

自重約四・五トン、全長五・五メートル、全幅約二メートル、全高約二・三メートルで、重量が約一トン重い以外は、おおむね九四式六輪自動貨車ほどの大きさであった。速力も最大時速六二キロと、九四式六輪自動貨車と同等であったが、装甲を施した分、空冷六気筒エンジン出力は九〇馬力と二〇馬力ほど強化されていた。走行試験では六輪自動貨車と遜色のない性能だったという。肝心の装甲厚は最大で側面六ミリで、小銃弾を防ぐ程度でしかなかったが、用途を考えれば十分ともいえた。

また一方、一九三九年ごろ、陸軍自動車学校などは四輪起動（四輪駆動）車の試験を行ない、六輪車に匹敵するとの結論を得ていた。これは四輪自動貨車を四輪起動自動貨車に改造し、六輪自動貨車の代用にするという意図によるものだったという。しかし、既存車両を四輪駆動に換装する構想は情勢の変化により実現には至らなかった。また機械化歩兵車も、その部隊運用の構想が明確ではなく、この歩兵車も試作されたものの、研究はこれ以上は進められなかった。

装軌式自動貨車的な車両として、最初の実用車は九八式装甲運搬車がある。これは九七式軽装甲車の用途が輸送用としてよりも、戦闘車両に大きく転換した結果、前線に弾薬などを輸送する車両が別途必要になり開発されたものだ。ただ本車は兵員の輸送も不可能ではなかったものの、装甲兵車ではなかった。

そして九八式装甲運搬車と同時期の一九三八年に試製九八式装軌自動貨車（ソキ車）が開発される。

これはそれまで陸軍自動車学校で研究されてきた装軌式自動貨車を改良したものだ。エンジンや装甲された操縦席のレイアウトなどは、従来のそれを踏襲している。ただエンジンは軍用車のディーゼル化の流れを受け、空冷ディーゼルエンジンを搭載し、足回りも大型転輪が四個になり、駆動方式は後輪駆動となった。また部品の共通化もある程度は考慮され、履帯は九五式軽戦車と同じものを使用した。

この時期の軍用車両は企業統合の結果として東京自動車工業の製造となる。ただ生産台数はそれほど多くはなかった。研究が続けられながら、装甲兵車が量産されなかったのは、六輪自動貨車などに比べどうしても構造が複雑で、高額になるためもあっただろう。

さらに日本初の本格的機械化部隊である独立混成第一旅団の廃止など、陸軍の機械化部隊・戦車部隊の方針が混迷していたことも大きかった。戦車と行動をともにできる装甲兵車は必要なのか、そうでないのか、それに対する解答は、「陸軍は機械化部隊で何をするのか？」で決まってしまうのだ。

ただ技術的なことをいえば、陸軍の装甲兵車は装軌式自動貨車の研究から派生して、ほぼ一貫して装軌式装甲兵車として試作がなされ、半装軌式装甲兵車（ハーフトラック）の研究はほとんどなされてこなかった。

このような装甲兵車を取り巻く状況が動き出したのは、一九四〇年頃からだった。まず一九四〇年九月に日本陸軍は兵科区分（憲兵を除く）を廃止した。騎兵の自動車化など、陸軍部隊全般に兵備が高度化・複雑化したため、従来の兵科区分では管理・運用の多様化に対応できなくなったためである（なお人事管理の問題もあるため、兵種の違いは残された）。

そして一九四一年四月に、騎兵出身の吉田悳中将がかねてより主張していた騎兵科と戦車兵科を統合した機甲兵科が創設される。これに合わせ新たに陸軍省の外局として機甲本部も新設されることとなる。

一九四一年一二月九日には『昭和一七年度時局兵備要綱』により、戦車師団三個の新設が策定され、これは翌年六月に決定を見る。

この新編される戦車師団とは、戦車旅団二個（各戦車旅団は戦車連隊二個編制）を基幹とし、ほかに機動歩兵連隊一個、機動砲兵連隊一個をはじめとする諸兵科連合部隊であった。この戦車師団の定数は、人員は約一万三〇〇〇人、装軌車約一四〇〇両、装輪車約八〇〇両という堂々たる機械化部隊で

機動歩兵連隊用の装甲兵員輸送車両として開発された一式半装軌装甲兵車。乗員２人のほか、歩兵１個分隊（12人）が乗車できる。前輪は独立懸架方式のタイヤを、後部は全装軌式の一式装甲兵車と同じ履帯駆動輪を有するハーフトラック式になっている。一式半装軌装甲兵車主要諸元＝全備重量：6.42t／全長×全幅×全高：4.70×2.19×2.58m／エンジン：空冷６気筒ディーゼルエンジン135馬力／装甲：車体前部6mm／乗員：2＋12人

あった。

この機動歩兵連隊のための装甲兵車が早急に必要になったことが、それまで研究段階にあった装甲兵車の本格生産につながった。それが一式装甲兵車（ホキ車）と一式半装軌装甲兵車（ホハ車）だった。ここで疑問が生じるのは、なぜ日本陸軍は、同様の目的のために、全装軌式と半装軌式の二種類の装甲兵車を量産したのかということだ。

一つには陸軍はソキ車など全装軌式装甲兵車の研究は一応の完成を見ていたことがある。したがってソキ車を改良すれば一式装甲兵車の量産は比較的容易であったのだ。

一方で、陸軍はすでにアメリカ軍やドイツ軍のハーフトラック式の装甲兵員輸送車の存在は把握していた。そこで装甲兵車を量産するにあたり、全装軌式と半装軌式を比較検討した。

これについては一九四三年六月一八日に開かれた『陸軍軍需審議会幹事会経過の概要』に詳しく記録されている。それによると陸軍は一九四二年の時点で半装軌式の利点を認めていた。

陸軍は装甲兵車で一個分隊一二人の兵を運ぶことを想定していた。それを全装軌式にすると履帯の上に運転席と荷台が配置される構造のため、相対的に荷台の面積が狭くなり、この面積を確保するためには、車体長を伸ばさねばならない。そうなると車体重量が増大し、さらに装甲を施せば、それだけで装軌式自動貨車より一トン、二トンと重量が増大し、予定している六気筒エンジンではなく八気筒エンジンが必要になる。

このことは装甲兵車の燃費の低下を招くほか、自動車と同様に運転できる半装軌式であれば、操縦者の教育訓練も容易だが、全装軌式では、操縦手や整備員の教育も複雑になる。

ただ走行性能や路外性能については全装軌式に利点があることも考えられた。とりあえず半装軌式の九八式牽引自動貨車を装甲兵車に改造したものを一九四二年四月をめどに完成させ、全装軌式との比較試験が行なわれた。

実用試験に際しては、歩兵学校、騎兵学校、野戦砲兵学校、工兵学校、戦車学校などが実施した。結果として陸軍兵器行政本部は「現試製装甲兵車としては半装軌式装甲兵車を採用するを適当と認む」と判定した。この陸軍兵器行政本部とは一九四二年一〇月に兵器行政機構の一元化を目指して設立された組織である。兵器行政本部の設立にともない、陸軍省兵器局、陸軍兵器廠（陸軍兵器本部、陸軍兵器補給廠、陸軍造兵廠から構成される）、陸軍技術本部は廃止された。

陸軍としては、九八式牽引自動貨車を装甲兵車に改造したもので当座の試験・研究を行ない、それを基に新規に設計した半装軌式装甲兵車は一九四三年一月に試作を完成させる計画を立てていた。

ここで忘れてはならないのは、一九四二年五月一日にヂーゼル自動車工業の日野工場が独立するかたちで、装軌式車両製造専門の日野重工業が設立されたことだ。同時期に三個戦車師団が新編されたが、それらが必要とする装甲兵車・装軌式自動貨車の定数は約三千両と考えられていた。

早急に装甲兵車を整備するためには、一応の完成を見ている一式装甲兵車を量産する必要があった。そしてこの時点でその生産はヂーゼル自動車工業に委ねられていた。

一方の半装軌式装甲兵車は、日野工場（のちに日野重工業）が試作することになった。一九四二年二月に試作が発注され、陸軍兵器行政本部技術部で設計に二か月を要した。日野工場への試作命令は四月、ところが図面が完成したのが五月中旬であったという。ここまでは比較的順調だったが、設立したばかりの日野重工業から下請けなどへ部品の発注、部品の加工などが行われ、計画では車体の完成が一一月末であったにもかかわらず、部品が揃ったのがやっと一二月末であった。

車体の組み立てが完了したのが一九四三年二月上旬、各種試験の実施は三月下旬であった。その後の改修などに日野重工業側は半年は必要としたのを陸軍側の指示で、何とか同年夏頃に終えたという。

この一式半装軌装甲兵車の開発の遅延は、組織運営上の理由による。陸軍側は組織改編で自前の試作工場がなく、製造を委託された日野重工業側は、そうした試作製造をするには十分な体制ができていなかった。また下請け工場に対する資材の供給や本社工場と下請け工場間の組織化や意思疎通が円滑にできていないことも開発遅延の大きな要因だった（これは装甲兵車に限らず、日本の兵器生産全般に共通する問題であった）。

このため総合性能で勝る半装軌式装甲兵車に生産を絞ると結論していた陸軍ではあったが、その量産が早急には実現しない現実を前に装甲兵車の部隊の所要定数を満たすためには、一式装甲兵車を生産するよりなかったのである。陸軍としては全装軌式・半装軌式に共通部品も多いことから、生産済みの一式装甲兵車を半装軌式装甲兵車に改造することも検討していた。ただこの改修計画は実現する前に終戦となってしまった。

ただ驚くべきことは、これら装甲兵車は実際には本土決戦部隊などに配備されたものの、その開発意図は現実の戦場を見据えたものではなく、将来の対ソ戦を想定していたことだろう。戦時下の技術開発における陸軍当局の判断には、ある種の現実逃避の心理を疑いたくなるのは筆者だけではあるまい。

なお装甲兵車の正確な生産数はわかっていない。陸軍兵器行政本部の計画では、一九四三年度は装軌式装甲兵車が五〇〇両、装軌式自動貨車が三五〇両の計八五〇両、翌年度は内訳不明ながら総計一〇〇〇両となっていた。しかし、現実には生産は遅れており、この計画数の達成できそうにないことは陸軍当局も予想していたようである。

ある資料では、一九四三年の生産数は不明だが、一九四四年は三八五両、一九四五年は一二六両という数字がある。ただしこれは装甲兵車・装甲自動貨車合わせた数字であり、装甲兵車のみの生産数は不明である。

乗用車と小型車

戦前、戦時期の小型車生産

日本の軍用車の歴史を考えるときに、とかく等閑視されがちなのは小型車生産の発展である。現実には自動車部品産業の生産拡大は、小型車抜きには語ることはできない。

一九三〇年代前半の標準車の生産不振とは対照的に、小型車の生産は拡大し続けていた。それは日本の自動車需要に真に合致していたのが、小型車だったともいえよう。

ところでここまで「小型車」という言葉を使ってきたが、それが意味するものは、現在の日本で用いられている小型車とは違っている。現在の日本では、小型車とは道路運送車両法か自動車重量税による区分だが、戦前はこれらと異なる基準が適用されていた。

まず国内の自動車数が増えるにともない、一九一九年に自動車取締規則が統一され、動力付きの乗物でもオートバイや三輪自動車は自動車運転免許の対象から外された。つまり無免許で運転できたのである。戦前の自動車免許は、戦後のそれとは異なり、営業車の運転を前提としていたこともあり、自動車修理の技能なども求められるかなり難しい技能であった。そのためここでの無免許（車両）とは、構造が簡単でかつ操縦が容易であり、特別の練習を必要としない車両の意味である。

これはオートバイなどの速度が低かったことや、普及台数が自動車よりも少なかったこと、さらに自転車にエンジン（アメリカ製のスミスモーターが有名）を取り付けたようなオートバイも珍しくなかったためだ。これらのオートバイは、欧米とは異なり、その所有は個人よりも業務用が多かった。業務用としては主に貨物運搬用に用いられたのだが、近距離で数十キログラムの荷物を輸送する需要が当時の日本には多かったことによる。さらに自転車にエンジンを取り付け、前二輪に荷台を設けた三輪車が登場する。これはすぐに安定性の点から後輪二輪に荷台を配置するかたちとなる。こうした三輪自動車も関東大震災以降、急速に普及した。

そこで一九二四年（二六年とする説もある）に自動車取締規則が改定され、小型車というカテゴリーが誕生する。これは正確には、小型車というより法令の規制を受けない自動自転車という定義である。そして何度かの改定により無免許車＝小型車という認識が一般化するのである。また無免許車の規定が設けられたことで、必要な構造や強度を満たさない車両（初期のスミスモーターの三輪車など）は公道を走ることができなくなった。

二四年の無免許車の条件は、

●エンジンは三五〇CC以内か三馬力以内
●全長八尺（二・四メートル）以内
●全幅三尺（〇・九メートル）以内
●積載量は六〇貫（二二五キログラム）以内
●一人乗り
●最高時速二六キロ以下

などとなっていた。

こうした条件が規定されたことで、それを満たす車両が各地で生産されるようになった。当時の日本の工業水準を考えるなら、大衆車を生産するよりも小型車を生産するほうがはるかに容易であった。特に三輪貨物車については、最終的に淘汰されるものの、多数の新規参入があった。これは三輪貨物車の急激な普及を促した。

ただ三輪貨物車などが普及し、使用範囲が拡大するにしたがい、無免許条件を逸脱する車両が急増した。多いのは過積載と、それにともなうエンジン馬力の増強（三馬力から五馬力エンジンに換装など）などが多かったという。一九二九年の大阪の例では当局が府内の三輪貨物車二五〇〇台を調べたところ、相当数が違法改造を施し、問題になったほどだ。もはや違反車を取り締まることは現実的ではなく、内務省による無免許の条件は、一九三〇年、一九三三年と相次いで改正され、エンジンや車体に制限があるものの、乗員数や積載量の制限はなくなった。

こうして無免許で、小回りが効き（これは未整備の道路が多い日本では見逃せない点である）、価格と税金が安い小型車は一九三〇年代には急激に普及することになる。価格については、三〇年初頭では最も安いGMのトラックでも二千円を超えていたのに対して、三輪貨物車は一千円以下で購入できた。

本書の第一章では、軍用トラックを中心として、日本の自動車産業の発展を概観してきたわけだが、生産台数でいえば、戦前期の日本の自動車産業の中心は小型車であった。

自動車製造事業法により、国産大衆車の生産が五千台規模になろうとしていた一九三七年で見ると、小型四輪車は八五九三台、三輪自動貨車は一万五二三〇台、二輪車は二四九二台と総計で二万六三一五台の生産数に達していたのだ。

ただ陸軍は、こうした小型車に対して、総じて冷淡であった。理由は軍用車としての価値が低いと評価していたからである。そして戦時期に入ると、小型車の生産は一九三七年をピークに減少を続ける。この時には国内自動車生産の四輪車・三輪車の総生産数は三万三二八五台で、小型四輪・三輪車は全体の七一・五パーセントを占めていた。

しかし、一九四一年には、自動車の総生産数は五万一一六四台と急増する反面、小型四輪・三輪車の生産比率は約五分の一の一四パーセントにまで激減し、戦争末期にはその数値は二パーセント前後にまで低下する。戦時期日本の自動車産業は、ほぼトラックだけを生産しているに等しい状況だったのである。三輪車・小型車製造を担っていた発動機製造や東洋工業は、戦時期には航空機用部品や他の軍需生産や一部軍用車の生産に従事していた。

ただ太平洋戦争の拡大にともない、現地部隊がこれらの三輪自動貨車を活用したり、軍用車として小型車・乗用車を必要とする場面も多くあった。いくつかの企業は、そうした軍需用に各種小型車の生産を細々と続けていたのであった。

乗用車

一九三四年から三五年にかけて、日本ＧＭは日産自動車との合弁交渉を行なっていた。この合弁計画は、陸軍の反対などもあって頓挫するが、一方のＧＭ側もこの合弁には消極的であったという。

その理由はドイツにあった。同じ頃、ＧＭの子会社だったオペルの工場がヒトラーの政策により接収されたため、日本でも同様のことが起こるのではないかと、警戒されたためである。実際、ドイツの自動車政策は日本の業界再編や自動車製造事業法にも影響を与えたといわれている。

ただ自動車政策については日独の違いも少なくない。たとえばドイツでは排気量一三〇〇ＣＣのエンジンを備えた大衆車を量産する「国民車（フォルクスワーゲン）構想」が進められた。大衆車量産の構想は、日本でも行なわれたが、日本が想定していたのは排気量三〇〇〇～四〇〇〇ＣＣのフォード、シボレークラスの大衆車であった。そこにあるのは商業車・軍用車としての大衆車であり、ドイツのような国民車ではなかった。

これに限らず、全般的に日本陸軍は一九一〇年代から自動貨車の研究・導入に積極的だったのに比べ、乗用車に対する関心は低調だった。

これは当時の自動車技術では、軍が求める性能を乗用車では満たせないことも関係していたらしい。たとえば試験の結果として「一〇馬力内外の乗用自動車は短距離の偵察には使えるが、長距離の連続運行は困難である」という意見も出されていた。

一九一三年九月に陸軍は自動車縦列隊の運行試験を、自動貨車八台と輸入した六人乗りダイムラー乗用車を用いて行なった。この運行試験の結果、軍用乗用車（というより指揮官車）としての満たすべき条件を得た。その主な内容は、

- 人員は一一人を乗せられること
- 速度は自動貨車と同一であること
- 少なくとも一人が後方を監視できる座席を用意すること
- 指揮官が起立して前後を確認できる寄りもの（著

者注：体を支えるための手すりなど）を用意すべきこと
などである。しかし、これらの要件は乗用車よりも、自動貨車の改造で満たすべきものであった。
一九一六年六月には陸軍技術審査部において指揮官用乗用自動車の研究方針が審議され「現時点での試験結果では指揮官用乗用車の性能を確定できない」ことと同時に「指揮官用乗用車は戦時用のためには、民間より徴発するのを原則とする」ことが決定される。
一九二二年になると、石川島自動車が輸入したウーズレー乗用自動車を国産化し、それに対する長距離走行試験（東京―盛岡往復）が陸軍によって行なわれる。陸軍としては、これが軍用車として使用に耐えられれば、軍用乗用車も国産で賄えることになり、自給自足の面で重要な実験と捉えられていたという。試験結果として、多少も問題点は指摘されたが、軍用車として使用に耐えられるとの結論が得られた。

1923（大正12）年に最初の軍用標準乗用車として採用されたウーズレー乗用自動車。1920（大正９）年から本格的に自動車の製造を開始した石川島自動車が国産化した乗用車で、ウーズレーＡ９型シャーシーに４気筒ＯＨＶガソリンエンジンを搭載していた。

一九二三年にはこの試験結果を踏まえ「軍用乗用車の軍用標準は当分の間、本邦ウーズレーを採用するを要す」と決議される。ただこれはあくまでも「当分の間の標準」であり、制式化でも規格化でもない。この点に陸軍も民間も軍用乗用車の運用面・技術面での研究の必要性を感じていたことがうかがえる。しかし軍用乗用車についてしばらくは大きな動きはなかった。次の転機は一九三一年の満洲事変であった。

満洲事変に関連して多数の部隊を展開した日本軍は部隊指揮や伝令用に外国から購入した乗用車を使用していた。

当時の文書などを見ると、こうした乗用車の使用目的は、指揮官が部隊指揮のために前線に赴くような用途はどちらかといえば少なく、多くは部隊の移動にともなう兵站業務や部隊間の連絡・調整用であったらしい。

つまり軍組織内の、それぞれの部門の事務担当者の渉外用務に使われるのが主たる用途だったのだ。そういう実情においては、軍の乗用車は兵器というよりも、むしろ事務用品といえるのかもしれない。だが、それらの自動車は都市部では十分に働けたが、不整地での走行性能や耐久性に軍は不満を持っていた。

このため一九三二年に陸軍は東京瓦斯電気工業に対して指揮官用乗用車の開発を命じる。東京瓦斯電気工業はすでに培ってきた軍用トラックの経験を活かし、四輪と六輪の軍用乗用車を開発した。四輪がチヨダHF型四輪乗用車、六輪がチヨダHS型六輪乗用車と命名された。これらは陸軍に納入され、一九三六年から三七年にかけて月産八〇両ほどが生産されたという。

ちなみにこの時期は、陸軍や商工省が自動車の大量生産を意図して企業統合を働きかけを始めていた時期であった。そして東京瓦斯電気工業と同じく合併対象と考えられていた石川島自動車製作所にも陸軍は同様の発注をする。

実は陸軍はほかにも川崎や三菱にも同様の軍用乗用車の製造を依頼していたが、生産量は少数であった。数年後にはこれら企業は企業統合の影響もあり、自動車生産からの撤退を余儀なくされることになる。

さて、石川島自動車製作所ではJ型乗用車を完成させる。七人乗りで四輪駆動を実現していた。さらに指揮官用の六輪車としてK型も製作される。これらは四輪が九三式四輪乗用車、六輪が九三式六輪乗用車として制式化される。

一九三七年七月の日華事変以降、それ以前から続いていた経済の統制は急激に進むことになる。

まず手始めに同年九月「臨時資金調整法」と「輸入品等臨時措置法」により、自動車産業にも資金と資材の統制が加えられることになり、自動車生産は

陸軍の要求で専用の軍用乗用車として設計・開発されたのがチヨダＨＦ型４輪乗用車（写真）とチヨダＨＳ型６輪乗用車である。アメリカのハドソン・スペシャルを参考に設計され、軍用トラックのエンジンを応用しているが、トランスミッションなどの機構は新規に開発された。

本格的な野戦用乗用車として開発され、1933（昭和８）年に制式化されたのが、九三式６輪乗用車と九三式４輪乗用車（写真）である。九四式６輪自動貨車と同じXA型エンジンを搭載し、悪路や不整地での走行性能を重視した頑丈なシャーシーなどの特徴があった。ボンネット側面の左右に取り付けられているスペアタイヤは不整地走行の際に、車体底面を地面にこするのを防止するため、フェンダーの下に出ている。九三式４輪乗用車／九三式６輪乗用車主要諸元＝全備重量：2.2t（４輪）2.6t（６輪）／全長×全幅×全高：5.09×1.80×1.90m（４輪）、5.20×1.93×2.00m（６輪）／エンジン：水冷６気筒ガソリンエンジン43馬力／最大時速：80km／乗員：７人

軍需優先となる。さらに一九三八年八月の通牒により、国内製造業者による乗用車の生産は事実上禁止される。

自動車製造事業法の許可会社であるトヨタ、日産はトラックのみを生産することになり、乗用車の生産は、軍の要請があった時に限り、トラック生産に支障をきたさないように操業することとなった。

一九四〇年一一月からは、それまで対象外だった小型車・三輪車の生産も統制の対象となり、それらの生産も資材割り当ての制約などから、大幅に縮小される。これらの製造業者は、ほかの軍需生産にその設備を転用することが当局により指導されていた。一九三七年に三輪車を含め日本は二万七〇〇〇台の小型車を生産していたが、その生産量は一九四四年にはかつての一割の二七〇〇台にまで減少していた。

そして小型車・三輪車生産で一位の発動機製造（現在のダイハツ）と二位の東洋工業（現在のマツダ）は、戦時期には、航空機部品や船舶用ディーゼルエンジン、あるいは軍から提供された部品で牽引車などを製造することになる。

三輪自動貨車で見ると一九三七年の生産量は上位三社で上から、発動機製造五一二二台、東洋工業三〇七八台、日本内燃機械一七八六台であったものが、一九四四年には、それぞれ六二七台、一一一台、六〇〇台と激減している。

しかしながら、三輪車・小型車の国内生産はゼロにはならなかった。小型車の製造メーカーは生産を中止させられたわけではなく、資材供給が抑制され、事業継続が難しくなったというのが実態に近い。このため製造業者の統合が行なわれ、二三社あった小型自動車の製造業者は一九四二年五月の「企業整備令」により六社にまで整理されてしまった。こうして決められた事業者が細々と小型車生産を続けることとなる。

それでも三輪自動貨車と小型車では、事情が異なっていた。三輪自動貨車は軍需とは最もかかわりが薄かったが、反面、日本国内の各種産業の生産増強のための需要は強かった。対する四輪小型車と二輪車には軍需が期待できる余地が大きかった。その代表的な製造業者が日本内燃機械である。

小型車カテゴリーの車両では、日本第三位の生産量を誇る日本内燃機械は一九三七年の生産量（二輪、三輪、小型四輪）は二六〇〇台だったが、一九四四年にも一三〇〇台、ほぼ国内生産の半数を同社が生産することになる。

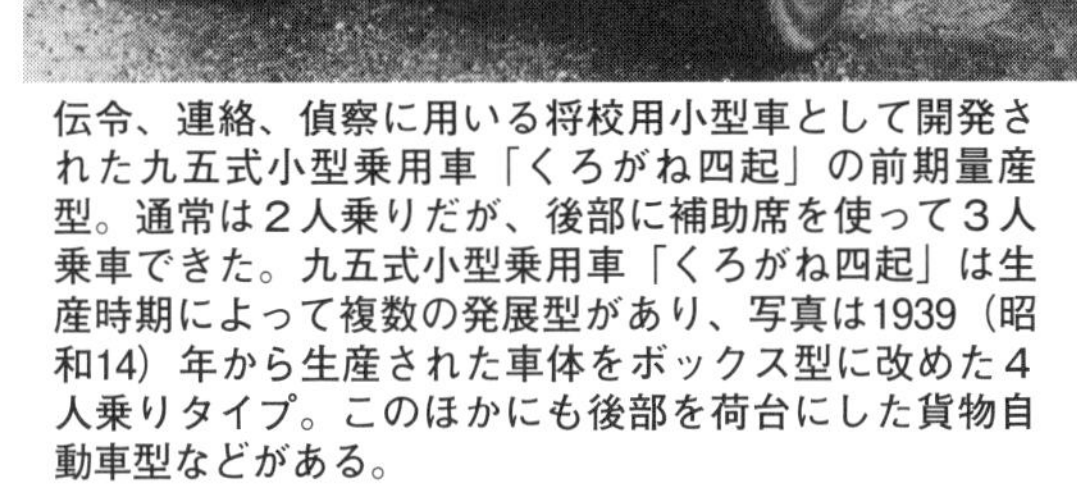

伝令、連絡、偵察に用いる将校用小型車として開発された九五式小型乗用車「くろがね四起」の前期量産型。通常は２人乗りだが、後部に補助席を使って３人乗車できた。九五式小型乗用車「くろがね四起」は生産時期によって複数の発展型があり、写真は1939（昭和14）年から生産された車体をボックス型に改めた４人乗りタイプ。このほかにも後部を荷台にした貨物自動車型などがある。

この日本内燃機械の戦時生産を支えたのは言うまでもなく軍需であった。小型四輪車の生産では、同社は民需も含め日華事変の一九三七年から終戦までに総計五八五〇台を生産し、小型車の統制が行なわれる一九四〇年から終戦までに限っても三九〇〇台の小型四輪車を生産している。

この軍需として生産されたのが、「くろがね四起」の名前で知られる九五式小型乗用車である。満洲事変では陸軍は偵察用途にサイドカーを活用していたが、悪路での走破性に不満を感じていた。そこで陸軍自動車学校は一九三四年五月に日本内燃機械に対して四輪駆動小型乗用車の試作を依頼した。すでに一九二〇年代からオートバイの生産に着手した同社は、九三式側車（サイドカー）の制式化などで軍の信頼を得ていた。

もともと同社は重工業指向の経営方針を持っており、そのため四輪車生産への本格進出を考えていた。同社は九三式側車などの技術経験を活かし、一九三四年末に試作車を完成させた。スポークタイヤを装備した二人乗り小型車であった。

しかし小型車ながら富士の演習場では高い路外走行性能を示し、関係者を驚かせた。その後、陸軍自動車学校から陸軍技術本部に主管が移り、さらに試験が続けられた。歯車の強化やハンドルの遊び幅など、若干の改修要望が出たものの、おおむね性能は陸軍を満足させ、一九三五年に九五式小型乗用車として制式化される。

その後、エンジン馬力の増大や乗員数の増加(二人から三人、さらに四人)などの改良が続けられた。

エンジン馬力でいえば、本車は米軍のジープより小さく、ドイツ軍のキューベルワーゲンに相当する車両といえる。ただキューベルワーゲンの生産総数が六万四七〇〇両だったのに対して、本車は終戦までの生産総数は四七七八両であった。

また陸軍は九五式小型乗用車よりも軽快な四輪駆動小型車を日本内燃機械、発動機製造、岡本自動車、陸王内燃機などの小型車メーカーに競争試作させたが、日華事変の影響などで量産化されたものはなかった。

この九五式小型乗用車の成功と日華事変における九三式(四輪・六輪)乗用車の性能への不満から、陸軍はさらなる軍用乗用車の開発を命じた。

これは先の石川島自動車製作所のJ型をベースに改良を加え、JC型として完成させたものである。これは試験の結果、九八式四輪起動指揮車として制式化される。ただこの時点で、製造事業者は軍用車三社が合併した東京自動車工業となっていた。

この関係で当初は石川島自動車製作所のブランドであったスミダXDガソリンエンジンは、一九四〇年九月には、いすゞA40ガソリンエンジンに変わることになる。さらに東京自動車工業は一九四一年四月にヂーゼル自動車工業になるのだが、これにともない同年一一月には本車のエンジンは、いすゞDA70型ディーゼルエンジンを搭載することになる。

　ガソリンエンジン搭載は九八式四輪起動指揮車甲、ディーゼルエンジン搭載は九八式四輪起動指揮車乙と称した。

　なお陸軍のディーゼルエンジンといえば統制型が思い浮かぶが、それらの原型になったＤＡ４０型ディーゼルエンジン（五・一リットル）は、軍用トラック以上の使用を想定しており、このＤＡ７０型ディーゼルエンジン（三・四リットル）より大型である。

　本車は甲乙含め、終戦までに総計一万五〇四八両が生産された。最も生産数が多かったのは一九四一年で、この年の生産総数は二八二六両であった。実に総生産数の一九パーセントがこの一年に生産されたことになる。

　戦時期の日本の軍用トラック年間生産数が二万から三万であるから、軍用乗用車の生産数は全体の一割以下であったことになる。だが、トラックに比較して、乗用車にさほど重きを置かなかった日本陸軍にしては、この数字は決して小さいとはいえないだろう。

　その理由は、日華事変から太平洋戦争末期に至るまでの師団数の増大にあると思われる。日華事変前の日本陸軍の師団数は一七個、それが太平洋戦争直前には三倍の五一個になっていた。さらに終戦末期

野戦での将校用指揮、連絡乗用車として、特に不整地での走行性能を重視して設計・開発された九八式４輪起動乗用車。前後４輪駆動に加え、最低地上高を大きく（26cm）するなど、本車以前の乗用車よりも軍用車らしい実用性とスタイルをもっている。九八式４輪起動乗用車主要諸元＝全備重量：2.2t／全長×全幅×全高：4.95×1.82×1.90m／エンジン：水冷４気筒ガソリンエンジン

には本土決戦師団を含め、師団総数は一二〇個弱にまで増大する。

前述のように、陸軍における乗用車の主たる用途は、戦闘よりもむしろ軍の用務目的の連絡や移動にあった。それを考えるなら、トラック生産が優先され、乗用車用の資材割り当てに制限のある中で、九八式四輪起動指揮車が一万五千両以上も生産されたことは、陸軍の根こそぎ動員が、それだけ兵站をはじめとする後方の業務を増大させたかを意味しているのではないだろうか。

なお軍用乗用車としては、このほかに川崎車輛の六甲号乗用車がある。これも少なくとも五千両程度は生産されたとされる。

自動車生産の統制の中で、川崎車輛が乗用車を生産できたのは、同社が日本内燃機と並んで、特殊軍用自動車の製造会社と認識されていたためである。

なお軍による乗用車の要求としては一九四二年頃に、占領地における国威発揚のための高級乗用車開発をトヨタ、日産、ヂーゼル自動車工業に委託したが、日産は辞退し、トヨタとヂーゼル自動車工業のみが試作車を製作した。

しかし、試作車の完成は一九四四年であり、これらの高級乗用車は量産されることはなかった。ただトヨタについては、この経験が戦後の高級乗用車クラウンの開発に寄与したといわれている。

自転車

日本軍の自転車利用といえば、マレー作戦における銀輪部隊が有名である。しかし、日本軍と自転車の関係を見ると、あのようなかたちで自転車が部隊規模で大量に活用されるのは例外的な事例というべきものであった。

時に「五〇〇メートルごとに道路が破壊されていた」とさえいわれるマレー作戦も、その進撃経路は基本的に舗装道路であり、自転車が活躍できる条件は比較的整っていた。

しかし、日本軍の戦った中国大陸や島嶼地域にそうした整備された道路は期待すべくもなく、自転車部隊の大規模な活躍はマレー作戦以降はほとんどなかった。第一次世界大戦後にも欧米にならい常設の自転車部隊の創設が検討されたこともあるが、想定戦場や費用の面で実現には至らなかった。陸軍としては自転車部隊のようなものは、動員の時に必要に応じて編成を行なうものと考えられていたようだ。

明治以降、自転車が国内で普及するのにともない軍隊でも使用されていたが、それは兵器としてではなく手軽な移動、連絡用の道具としてであった。自転車が機械化装備として実戦で使用されたのは、マレー作戦においてである。近衛第５師団歩兵連隊の「銀輪部隊」は１日に30km以上を走り、河川などの地形障害は自転車をかついで前進した。

たとえばマレー作戦でも、歩兵第二一連隊の報告では、偵察は飛行機により行なわれたが、地上の詳細がわからず、それに関しては自転車隊の偵察に依存するよりなかったため、本部と第一線部隊の連絡が常に遅れがちで、結果として敵と正面衝突での戦闘を繰り返し、多数の死傷者を出したという。

このように自転車は軽便ではあったが、その能力には限界も多く、あえて常設部隊を設ける必要には乏しいということだろう。ただ、陸軍が自転車を完全に無視していたというのは正しくない。まず通信隊の伝令など、後方部隊において部隊間の簡便迅速な連絡手段として、自転車は重宝されていた。

乗用車の絶対数に限りがある中で、自転車の存在は確かに重要であった。最前線だけでなく、日本国内にも、あるいは占領した都市部にも日本軍部隊はいたのである。また、占領地でも比較的道路事情に恵まれている地域では治安維持や占領行政を進める上で、「歩兵の機動力向上」の手段として自転車は重視されていた。

自転車隊を大規模に運用する場合、基本的に自動車隊との連携を前提に考えられていた。編成された自転車隊の行軍速度は一般に二列縦隊で毎分二〇〇メートルとされた。ただ諸兵科連合での運用ではほかの部隊との連携もあり、速度は状況により異なった。おおむね自転車隊の行軍速度は自動車隊の三分の二が標準とされた。

そのほか、自転車隊の運用は、

「諸兵科連合の乗車部隊の指揮官は作戦上の考慮に基づき乗車せしむべき部隊、残置すべき人馬及び資材等に区分し、乗車すべき部隊に所要の自動車隊を属す。多数の自転車を使用する場合に於いては要すれば配属を定め或いは自転車隊の編制に関して指示を興う」

「多数の自転車を有する歩兵、工兵の指揮官は部下を各部隊をして適宜之を使用せしむべきや或いは集結して自転車大隊、自転車中隊などを編成すべきを定む。後者の数縦隊となり前進する場合に於いては各縦隊に逐次到着すべき地点及び時刻を示し、以てその行動を統制するを要することあり。而して到達すべき地点を定むるには勉めて横方向の連絡路を有することに著意するを要す」

「自動車部隊の他、自転車部隊等を有するとき縦隊区分及び梯団区分を如何にすべきやは地形、特に道路網、鉄道の下車、又は上陸の順序、予想する軍隊使用上の考慮等に依る。この際各々特色を発揮し、かつ互いにその行動を妨害することなからしむるの著意必要なり。

前項の他、徒歩部隊を有する時はその一部もしくは全部を輸送するためその区間における自動車の循環輸送を行うこと少なからず。但し短距離の自動車輸送は乗車準備及び乗車・下車などの死節時（遅延時間）に比し効果之にともなわざることあるに注意するを要す」などの要件が教範には記されている。

わかりやすく説明すると、歩兵連隊などが自動車と自転車で移動する場合、乗車・自転車・徒歩の兵士が混在（それぞれ三分の一程度と記している資料もある）し、乗車部隊を輸送したら、自動車は折り返し、徒歩部隊や自転車部隊を前線に輸送するような状況だ。自転車部隊を輸送する時は、自転車は路傍に放置して、それをあとから空車が回収するのである。また状況により、自動車に自転車を搭載し、前線近くで下車し、自転車機動を行なうことが想定されていた。

もちろん軍の関心は自転車より自動車にあったのは言うまでもないが、自転車も然るべき存在感は持っていたということだ。

日本における自転車の始まりは、自動車同様、輸入車からだった。日本に自転車が輸入されたのは、最初の統計記録として残っているのは一八九六年からであるが、明治初期つまり一八六〇年代後半には外国人用に輸入されていたらしい。

そして自転車製造業もまた、自動車と同様に、輸入車の補修のために、部品を製造するところから始まった。そして国産自動車がそうであったように、国産自転車もまた、最初は外国車の模倣から生産が始まった。だが、国産自転車と国産自動車の決定的に異なる点は、その模倣の速さだった。一八六〇年代は、ヨーロッパでもチェーンを用いずに前輪をペダルで漕ぐミショー型のような自転車が主流だった。

こうした単純な構造の自転車は、日本の職工にも製作可能だったのである。ただしそれは贅沢品を製作する工房的な生産であり、産業という規模ではなかった。その意味では黎明期の日本の自転車は工芸品だった。それでも世界の最新の自転車も、比較的早期に国産化されていた。

一八八五年には、イギリスで今日の自転車の原型ともいえる、チェーンによる後輪駆動の「安全自転車」が完成する。そして五年後の一八九〇年には日本の宮田製銃所（一九〇二年、宮田製作所に改称）により模倣された安全型自転車が製作される。この国産安全自転車は、専門の自転車部品メーカーなど存在していない時代であるため、スポークからチェーンまで自家製造であり、六人の職工の手で完成まで一か月を要したという。工作機械などなくとも腕のいい職工がいれば、自転車製造が可能であるという事実は、自動車産業とは異なり、おびただしい数の中小規模の自転車製造事業者を生んだ。

こうした中で最初に工場規模で自転車生産が始まったのは、日本に初めて自動車が出現したのと同時期の一八九九年、宮田製銃所によるもので、旋盤やプレス機などの工作機械を導入して本格的な自転車生産が始められた。とはいえ当初の製造は職工や弟子など十数人規模であったが、やがて第一次世界大戦期の一九一六年には職工数も一七五人を数えるまでに規模を拡大している。一九〇九年には自転車の月産数も千台を数えた。

しかし、宮田製作所のような工場生産は例外的で当時の自転車製造業者三六のうち三分の二は従業員一〇人以下の零細工場であった。

第一次世界大戦が始まると輸入自転車が減少したが、自転車の普及率は急増する。ある統計によれば、一九一四年から二四年までの一〇年で、全国平均で一八二人に一台の割合だった自転車は、二五人に一台と七倍以上になった。

特に都市部では一、二世帯に一台の普及率を示していた（なお課税代数を基にした内務省の記録によると一九一四年の国内自転車保有台数は六〇万、一九二四年には三六四万台であった）。

一九三〇年代まで自転車産業は拡大を続けるが、興味深いことに一九二九年でも五人以上の工場が三八五、一〇人以上の工場が一九〇と工場の半数が一〇人以下と工場規模は零細化をしているのにもかかわらず、自転車の生産数は向上していることだ。

これは中小工場でも機械化の導入が進んだことによる生産性向上を意味していた。一九二九年の日本では、五人以上の工場の機械化率は製造業全体で八二パーセントだったが、自転車工場は九一パーセントを達成していたが、一〇人以上の工場ではすでに一九一九年の時点で機械化率は九〇パーセントであったという。これを裏付けるように、一九一二年の実質労働生産性は一九一二年に一人あたり三七八円だったものが、一九二六年には三二六三円と九倍近くに増大している。

　同時期の自動車産業に比して、自転車産業がこうした労働生産性の向上を実現できたのは、自動車よりはるかに構造の簡単な自転車製造は中小企業の参入がしやすいことに加え、結果として製造業者は激しい競争にさらされ、否応なくイノベーションや生

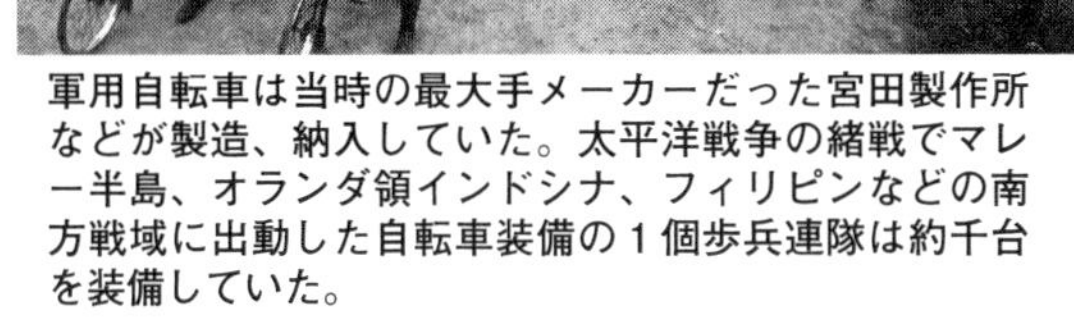

軍用自転車は当時の最大手メーカーだった宮田製作所などが製造、納入していた。太平洋戦争の緒戦でマレー半島、オランダ領インドシナ、フィリピンなどの南方戦域に出動した自転車装備の１個歩兵連隊は約千台を装備していた。

産性向上を強いられたためである。

　こうした自転車産業の発展は、官需・軍需に支えられた自動車産業とは対照的といえるだろう。この国内自転車市場での激しい競争により、高品質な自転車が安価に供給され、国内市場の規模が拡大し、需要が高まるという好循環が生まれていた。

　欧米では、自動車産業の前に馬車や自転車産業が存在し、それが自動車産業を（特に部品供給面で）支えていた。しかし、日本の場合、急激な発展を遂げたとはいえ、自転車産業のそれは、自動車産業の発展とほぼ併進していたため、自転車産業が自動車製造の産業基盤を支えるかたちにはならなかった。

　そして一九三〇年代に入ると、国内の自転車市場はほぼ飽和状態となる。昭和初期の時点で日本の自転車保有台数はフランス・イギリスに次いで世界第三位、生産量はドイツに次いで世界第二位であった。

　こうして日本の自転車は海外市場に目を向ける。つまり輸出商品となったのである。日華事変のあっ

た一九三七年の日本の自転車総生産数は一〇九万台であったが、輸出は一一万九〇〇〇台。これらの自転車は主として、いわゆる「円ブロック」（当時の円が支配的な通貨である地域）に輸出された。太平洋戦争において日本軍が占領地で徴用・鹵獲自転車を戦力として活用できたのも、それらの多くが部品の互換性のある国産自転車であったことも大きかったという。

ただ日華事変以降の統制経済は、自転車のような「軍事的価値の低い」車両には強い逆風となった。

自転車の材料である鉄やゴムなどは、ほかの軍需製品にも貴重な資源である。ただ一方で、自転車は外貨を稼ぐ産業でもあり、日本軍の出師準備には外貨が不可欠である以上、それを止めることもできなかった。

一九三九年には製造業者から一手に輸出用自転車を買い取り、輸出業者への売り渡しを独占する機関として日本輸出自転車株式会社が発足する。これにともない宮田製作所などの大手は、保税品輸出加工工場の指定を受けるようになっていた。

さらにアメリカによる経済制裁などの影響から、一九四一年四月の機械鉄鋼製造工業整備要綱により、自転車関連企業一三四八社は一一三社に整理統合される。六月には臨時日本標準規格（臨ＪＥＳ）が定められる。これは戦後のＪＩＳ規格とはまったく別物で、自転車の構造を規格化・単純化することで資源を節約し、同時に公定価格（統制価格）を定める参考にするためのものであった。

このような状況で、太平洋戦争直前の一九四一年には総生産数が一八万五〇〇〇台と一九三七年の一七パーセントの生産量に激減し、輸出量は五万台とほぼ半減している。総生産量の激減ぶりと比較すれば、半減したとはいえ輸出用は外貨獲得のため、相対的に優遇されていたといえよう。

しかし、一九四二年にはそうした自転車工場も転廃業を強いられ、自転車以外の軍需生産に切り換えることを余儀なくされた。

宮田製作所を例にとれば、松本市に自転車工場として建設した従業員三千人の新工場も、練習機から重爆撃機まで航空機用の車輪の製作に従事していた。ほかの自転車工場も自動車会社の傘下に編入されるなど、軍需品生産を行ない、自転車はほとんど製造されなかった。

そうした中で戦時下で大規模に自転車製造を行なうという計画が一度だけ立案されている。本土決戦の「決号作戦」のために一〇万台の自転車を調達しようというものである。しかし、かつての自転車工場はすでに軍需品工場に切り替わっており、自転車製造の余力などなかった。そもそもこの計画が一九四五年八月立案では、実現するはずもなかったのである。

オートバイ

戦前の日本におけるオートバイ（二輪車）の普及率と生産量は、自転車はもちろん自動車よりも低い水準にあった。

ある資料によれば一九三〇年の日本国内の各種車両の保有台数は、乗用自動車が五万七八二七台、トラックが三万八八一台、自転車が五七七万九二九七台に対して自動自転車は二万二〇八九台しかなかった。この自動自転車のカテゴリーの中には、小型エンジンを取り付けた自転車や三輪自動貨車も含まれている。つまり狭義のオートバイの数はそれ以下ということだ。

一九世紀末には国産自転車が、一九一〇年代には国産自動車が製造されたのとは対照的に、オートバイの国産化による本格生産が始まるのは一九三〇年代（試作レベルなら、一九〇三年の島津モーター研究所のNS号や一九一三年の宮田製作所による旭号がある。また島津は一九二七年に大林組の後援で日本モータースを設立し、二五〇CCの二輪車を二五〇台前後製造したが、採算が合わず一九二九年に解散している）からであった。

つまり一九二〇年代も日本国内のオートバイは軍需を含めて、すべて輸入に頼っていた。しかし、その輸入量は年間三千～五千台にとどまった。こうし

日本陸軍のオートバイの導入は1918（大正７）年にアメリカ製ハーレーダビッドソンのサイドカーを購入、実用試験を行なったのが最初で、同年のシベリア出兵では、伝令、連絡、警備用などにサイドカーを活用した。その後、騎兵旅団に機関銃隊が新設されると、この機械化の手段としてサイドカーが採用され、戦闘車両としても用途が広がった。写真は1920年代後期のハーレーダビッドソンのサイドカーで、側車には十一年式軽機関銃を搭載している。

たオートバイの普及の低迷は、日本国内の購買力に問題があった。

この時期のオートバイの価格は、安いものでも一〇〇〇円、大型のハーレーダビッドソンで一七〇〇円であった。サイドカーでも一五〇〇円から二〇〇〇円だった。一方で、安いＧＭのトラックなら二〇〇〇円程度で購入可能であり、三輪自動貨車なら一〇〇〇円以下で購入できた。

日本での自転車やオートバイの主な用途が小口の物品輸送であり、個人需要より商用車の需要が強かったことを考えれば、当時の日本ではオートバイは決して商用車としてのコストパフォーマンスが良好な車両とはいえなかったのである。商用目的で購入されたオートバイにしても、リアカーを牽引して用いられることが少なくなかったことからも、その辺は理解できよう。

また製造面で見ると、当時は技術的問題からオートバイ用の小型エンジンは輸入に頼り、それを自転車のフレームに搭載するかたちでオートバイ製造が行なわれていた。だが自転車製造業者の大半が中小工場であるために、生産数は必然的に小規模になり、アメリカ製のハーレーダビッドソンやインディアンのような輸入車に対抗することは困難であった。

日本陸軍もシベリア出兵の頃からオートバイを使

い始めていた。ハーレーダビッドソン１９２９年型、３０年型、インディアン側車付き１９２８年型などが偵察・伝令用に購入され、昭和初期の陸軍特別大演習や満洲事変に投入されることになる。このように陸軍機械化の動きの中で、オートバイは活用されてきたものの、それらはやはり輸入車であり、

1935（昭和10）年に制式化された日本内燃機の九五式側車付き自動二輪車。日本内燃機は日本自動車（株）のオートバイ部門が独立した会社で、「くろがね」の商標でオートバイや後部に２輪の荷台を設けた「オート三輪」を製造していた。軍用オートバイは1933（昭和８）年に九三式側車付き自動二輪車が陸軍に採用され、海軍も陸戦隊用に機関銃搭載の側車付きを採用、「くろがね機銃車」と呼称した。この改良型が九五式側車付き自動二輪車である。九五式側車付き自動二輪車主要諸元＝自重：480kg／全長×全幅×全高：2.65×1.80×1.18m／エンジン：空冷２気筒ガソリンエンジン／最大時速：80km／乗員：３人

国産車の使用は限定的だった。

　こうした状況が変わってきたのは一九三〇年代に入ってからだった。それは一つの要因ではなく、技術の進歩や国際情勢、さらには経済状況の変化など複数の要因の相互作用の結果により国産オートバイが量産されるようになる。

　さて、一九三〇年代中期のオートバイの製造業者は三つに分類できた。日本内燃機のように一九二〇年代からの製造業者、陸王内燃機のように販売・修理業からの新規参入組、そして宮田製作所などの自転車業界からの参入である。結論をいえば、軍需を中心とした日本内燃機と陸王内燃機が戦前日本のオートバイ生産の二強で、生産台数が最も多かった。

　こうした国産化の動きの中で、九三式側車、九五式側車、九七式側車などが軍用オートバイとして採用されることになる。

　九三式側車は一九三〇年頃に陸軍が日本内燃機に働きかけて開発されたオートバイで、一二〇〇ＣＣの水平対向エンジンを採用したものである。さらに

ハーレーダビッドソンのオートバイを国産化していた三共内燃機が陸王内燃機に社名を変更後の1937（昭和12）年に「陸王」の軍用仕様が九七式自動二輪車（写真）、九七式側車付き自動二輪車として制式化された。なお、当時はオートバイを単車、サイドカーを側車と略称し、区分していた。九七式側車付き自動二輪車主要諸元＝自重：500kg／全長×全幅×全高：2.60×1.80×1.18m／エンジン：空冷２気筒ガソリンエンジン28馬力／最大時速：80～90km／乗員：３人

日本内燃機はドイツのＢＭＷを参考として、一五〇〇ＣＣの水平対向に気筒エンジンを使用したオートバイを開発し、これはのちに九五式側車として陸軍に採用される。

　日本内燃機の軍用二輪車の生産数は一九三五年に五〇台、三六年に二〇〇台、三七年には五〇〇台であった。

　それでは九七式側車を生産した陸王内燃機はどうであったか？

　一九二九年の世界恐慌に始まる経済環境と輸入関税の引き上げなどにより、ハーレーダビッドソンなどの輸入車の価格は急騰してしまう。ハーレーダビッドソンは一九一六年より日本自動車が日本総代理店であったが、一九二四年に三共製薬傘下の興東貿易に輸入権が移っていた。

　輸入オートバイに依存していた陸軍は、価格高騰もあって、三共製薬に働きかけ、三共内燃機が設立され、ハーレーダビッドソンの国産化に着手することとなる。これはハーレーダビッドソンとの正式なライセンス契約によるもので、製造機械もアメリカより導入された。一九三二年のことである。

　この契約そのものはハーレーダビッドソンにさほどメリットのあるものではなかったが、ライバルのインディアンとの競争や、世界恐慌後というアメリカの購買力の低下した時期でもあり、日本市場への

参入を意図して行なわれたものらしい。

一九三四年に国産ハーレーダビッドソンは完成し、名称を公募し「陸王」ブランドが誕生する。この陸王第一号はサイドカーとして九七式軍用側車となる。さらに一九三六年には三共内燃機も陸王内燃機に社名が変更される。

この陸王は空冷四サイクルV型二気筒のエンジン・一二〇〇CCのオートバイで最大二八馬力であった。余談ながら、今日のオートバイで一二〇〇CCといえば、最大馬力は優に一〇〇馬力を超え、陸王の二八馬力とは現代なら一二五CCクラスの水準である。

これはオートバイに限らず、当時のエンジンすべてにいえることで、排気量だけで現代の水準の馬力をイメージすると、当時の自動車全般の能力や運用実態を誤解してしまう。

陸王内燃機の軍用オートバイ生産台数は三共時代も含め、一九三五年に一四〇〇台、三六年に五五〇台、三七年には九〇〇台であった。

三輪自動車

日本における三輪自動車の発達は、オートバイとは対照的だった。三輪自動車は大衆車ベースのトラックより安価であり、道路事情の整備されていない日本では、小回りが利くなどの利便性も高く、さらにトラックなどと違って免許が不要だった。

まだ一般の国民の購買力が低く、自家用より商用車需要が強い戦前の日本では、モータリゼーションを牽引したのは、大衆車のような大型車ではなく、小型四輪車であり、三輪自動車なのであった。

とくに三輪自動車はすでに述べたようにピーク時の一九三七年には年産一万五〇〇〇台を超え、同年の国内三輪自動車数は四万七八六九台を数えた（ちなみにバス・トラック・軍用車・乗用車すべてを含めた中型・大型車全体の数は一二万八七三五台、大衆車の生産総数は乗用車・トラック・バスなどを含めて九四六七台）。

生産面において三輪自動車が、ほかのオートバイや大衆車クラスの四輪車と異なるのは、輸入車との

「オート三輪」と呼ばれた３輪自動車は大正期に外国製オートバイを改造して登場したが、1930（昭和５）年に発動機製造（株）など複数のメーカーによって国産開発が始まった。写真は同年に「ダイハツ号」の商標で発売された発動機製造のHT型自動三輪車。これらは民間では手軽な貨物輸送車両として広く利用されていたが、その耐久性や不整地での機動性能の不足などの理由から、軍用車両としては制式採用されず、業務の補助車両の位置づけだった。

関係であった。

当初はエンジンをはじめとした部品を海外からの輸入に依存していた点では、三輪自動車もオートバイや四輪車と同じであった。だが三輪自動車は一九三〇年代より急速に国産化率を高めていった。最も重要なのはエンジンであった。

三輪自動車に対する馬力増大の要求から、無免許の条件が緩和され、エンジンの上限も四サイクルなら七五〇CCまで認められるようになった。当時、単気筒の最大排気量は六五〇CCであり、七五〇CCでは二気筒にならざるを得なかった。しかし、外国製の二気筒エンジンは一二〇〇CCクラスしかなかった。国内需要にマッチした七五〇CCエンジンは否応なく国産化されることになり、二気筒で七五〇CCクラスもしくは単気筒七五〇CCエンジンが生産されるようになる。

国際収支の悪化から、工業製品の国産化運動が起こり、国も国産化奨励策を推進していたこともあり、三輪自動車の一貫生産を行なう製造事業者も出てきた。また為替切り下げと関税の引き上げなどにより、輸入部品は国内産業保護の意図もあって割高になり、価格競争力を失いつつあった。

結果として海外から半製品を輸入し、三輪自動車を組み立てていた中小企業は淘汰され、一貫製造を行なっていた発動機製造、東洋工業、日本内燃機の上位三社が残ることとなった。日華事変以降は自動車生産も強く統制を受けることになり、特に小型車・三輪自動車では顕著であった。

それでも三輪自動車は小規模輸送の道具として民間では重要な位置を占めていたため、商工省は大衆車などとはかなり遅れて、一九四〇年八月に小型車の標準型式の設定に着手した。規格整理と部品の統一で資材の節約と生産量を向上させるためだ。そしてそのための試作を行なう製造事業者と車種が次のように決定された。

A型（一三〇〇CC・二輪車）：陸王内燃機
B型（六五〇CC・三輪車）：発動機製造
C型（七〇〇CC・三輪車）：東洋工業・日本内燃機
D型（三五〇CC・二輪車）：宮田製作所

一九四一年九月には先の決定にしたがい、小型自動車の型式が決定された。しかし、前述のとおりピーク時に比べると、その生産量は激減していた。

それでは軍用車としての価値が乏しいとされてきた三輪自動車は陸海軍で使用されなかったのかといえば、そうではない。確かに戦車師団の偵察部隊が使用するとか、最前線への物資輸送などの業務という用途では、三輪自動貨車の出番はないだろう。

しかし、軍隊組織は最前線部隊だけで成立しているわけではない。最前線で戦う部隊とは別に、その

日本内燃機（株）の「くろがね号」オートバイの発展型で排気量750ccの自動３輪車は、1941（昭和16）年に一式自動三輪車として制式採用され、陸海軍で使用された。

後方にはそれを支える兵站組織などがあり、さらにそれらの組織を支える日本本土の部隊や関係機関がある。

三輪自動車はそうした後方部隊では、相当数が使われていた。三輪自動車の中には三輪自動貨車としてだけでなく、荷台ではなく座席が設けられ（荷台と交換できるものもあった）三、四人が乗車できるものもあった。

こうしたかたちで三輪自動車は糧秣支廠（りょうまつししょう）と地方の出張所との連絡、衛生材料廠と病院との人と物の移動、さらには教導学校などでの教育のためにも購入されている。

陸軍の車両というと、とかく最前線で用いられる戦闘車両か、もしくはせいぜい輜重部隊で用いられる自動貨車ばかりに目が向けられる。しかし、そうした部隊を支える後方部隊や関係機関もまた、さまざまな業務で人と物の移動が不可欠であり、そうした分野では自転車やオートバイ、三輪自動車は重要な役割を果たしていたのである。

第三章　日本陸軍機械化への道

馬匹から自動車へ

常設されなかった機械化部隊

日本陸軍の自動車化の歴史とは、部隊編成史とも言い換えることができるだろう。

ただ日本陸軍の自動車化はすべての兵科で、同時進行したわけではない。輜重兵科や砲兵科、歩兵科のように陸軍の自動車導入の黎明期から積極的な兵科もあれば、積極的に鉄道の活用に傾注した反動で自動車化が遅れた工兵科や、伝統的に馬匹（ばひつ）という機動力を持つために、自動車化には抵抗が強かった騎兵科のような兵科もあった。

また一般に日本陸軍の自動車化というと、戦車隊の創設から機甲兵団への拡大で語られることが多い。しかし、冷静に見るならば、日本陸軍において機甲兵団のような部隊は「虎の子部隊」であったかもしれないが、例外的な存在であり、陸軍の中心はあくまでも歩兵科・歩兵師団であった。

一般に一九三四年の独立混成第一旅団の新編が日本陸軍における機甲師団の嚆矢（こうし）といわれるが、これもその内実は自動車化された歩兵連隊が中心であり、戦車隊はそれを支援するものだった。戦車自体が歩兵直協の八九式中戦車なのであるから、運用がそうなるのは必然といえよう。

日華事変の戦訓や陸軍当局の意向もあり、一九三八年八月に、独立混成第一旅団は解散される。結果として、常設の機械化部隊は置かれることなく、必要に応じて、歩兵師団に戦車部隊などを編組するかたちが一般化することになる。

こうした判断について今日では批判も多い。ただこういう事実がある。

独立混成第一旅団が新編された一九三四年から三六年まで小型車・外資系を除く国産車の生産は千台程度、対してすでにフォード・GMが大衆車を二万台以上生産してはいた。こうした状況から自動車製造事業法へ至る経緯は第一章で述べた。

この独立混成第一旅団が解散された一九三八年には自動車製造事業法により外資系の生産は急落し、同時に国産車が急増したが、それでもやっと一万五千台程度であった。こうした数字を見た場合には、独立混成第一旅団について、別の解釈も可能となるのではないだろうか。

なぜなら国産車の生産数が千台の時代に、独立混成第一旅団は（定数であるが）戦車を含めた自動車を七四四両も有していたからだ。当時の日本陸軍の歩兵師団は、ほとんど自動車化が進んでおらず、輜重も段列（だんれつ）も馬匹に依存しているのが実情だったのである。日本陸軍全体で見れば、大量の馬匹の海の中で、孤島のように独立混成第一旅団が浮かんでいたようなものなのだ。

常設の機械化部隊を維持すべきだったか否かについては、人により意見は異なるだろう。ただ一つ確かなのは、当時の日本陸軍は輜重兵も砲兵も馬匹が機動力の中心であり、機甲部隊の整備よりも先に、歩兵師団の自動車化を進めなければならなかったということだ。

動物輜重の実態

日本陸軍の自動車化は、輜重部隊から始まるが、まず馬匹による輜重部隊の能力から概観するのも無駄ではあるまい。それは自動車隊の編制が馬匹を自動車に置き換えたかたちから出発しているためだ。

またのちに自動車化が進んだとは言え、日本陸軍は動物輜重を中心に兵站を維持していたのも事実であったのだ。

動物輜重つまり馬匹による輜重は、ほぼ日本陸軍の創設当初から行なわれてきた。

しかし、当時の日本は道路事情が劣悪で、馬車が通行できる道や橋梁も少なく、動物輜重は輓馬輸送より駄馬輸送が中心であった。しかも日本の馬は海外の馬に比較して性格は荒く、馬体は貧弱であり、

馬匹輜重は自動車が普及してもなお、日本陸軍においては輜重の中心であった。自動車化が進んだ師団では、師団全体でも人員1万2600人に対して馬匹は691匹（輜重兵連隊はすべて自動車化）なのに対して、日華事変の特設師団などでは人員2万2000人に対して馬匹5879匹（輜重兵連隊では1451匹）であった。

軍馬としての能力は著しく劣っていた。このため動物輜重に関しては明治初期から昭和初期まで輜重車の整備改良や三〇年以上にわたる長期計画による馬匹の品種改良などが行なわれた。

こうした施策の結果は数字にも表れている。太平洋戦争時期も陸軍の動物輜重の輜重車は、日露戦争後に開発された三九式輜重車であるのだが、開発当初の積載量は一八七・五キログラム（五〇貫）だったものが、日華事変の頃には二三〇キログラム（六〇貫）と増大している。軍馬改良の成果である。

日本陸軍の自動車化は満洲事変から日華事変にかけて急激に進展するが、その時期の動物輜重が、日本陸軍における最盛期といえるだろう。これ以降は輜重兵連隊の完全自動車化や連隊内に動物輜重の中隊と自動車輜重の中隊がほぼ半々で置かれるようになる。

それでも太平洋戦争末期には動物輜重だけの輜重兵連隊・大隊も生まれるが、それは動物輜重が優れているからではなく、自動車が足りないため生じた

現象だった。

日華事変勃発時に日本陸軍の常設師団は一七個であった。陸軍も自動車化に着手していたとはいえ、この時点ではようやく師団の輜重兵連隊で連隊本部に自動車が導入され始めていたものの、連隊主力は相変わらず動物輜重に依存していた。つまり輜重兵連隊は自動車ではなく馬匹によって運営されていたのである。

こうした中で多数（七個師団）を占めていた野砲兵連隊を有する常設師団の輜重兵連隊はどうであったか？

まず考えるべきは平時編制か動員編制かの違いである。常設師団でも平時編制での人員は一万一八五八人・馬匹一五九二頭だったものが、動員編制になると兵員は約二・五倍の二万五三七五人、馬匹に至っては五倍以上の八一九七頭と増大するのだ。

この平時と動員の差が最も極端なのが輜重兵連隊であった。平時編制は二個中隊からなり人員も四百人程度、馬匹も約三百頭だったものが、動員編制では人員は八・六倍以上、馬匹も八・七倍に増大している。

本章では、戦場における自動車部隊の編制について考えるため、以降は動員編制で考察していくこととする。

これら師団の動員編制における輜重兵連隊は中隊数も増え、連隊本部・輜重兵中隊六個編制で、これに馬廠が一つ付属した。馬匹による輜重兵連隊であるため、軍馬の管理を行なう馬廠は必須だった。（表3・1）

輜重兵連隊（動員輜重）の動員編制

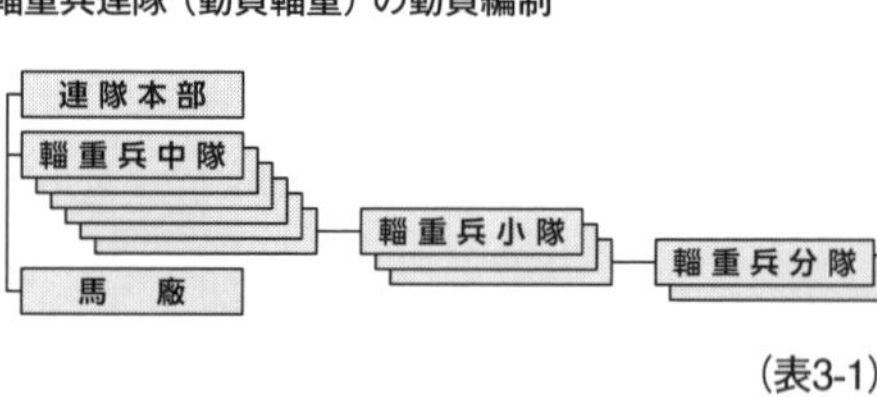

（表3-1）

この編制で輜重兵連隊の人員は三四六一人、馬匹二六一二頭、側車付き二輪車二両、輜重車二一五九台であった。この中には自動車編制の輜重兵連隊では連絡任務などに使われていた乗用車などに相当する、乗馬用の馬匹も含まれる。

ちなみに単純計算で輜重車二一五九台の輸送力

は、一台あたり最大二三〇キログラムとして、四九六トン、おおむね一個輜重兵連隊で五〇〇トンの物資が輸送できることになる。ただ輓馬輸送での速力は、自動車に比較すると非常に遅く、時速四キロを標準としていた。

六個の輜重兵中隊には、それぞれ役割分担があった。それは二個輜重兵中隊を単位として、「歩兵弾薬・化学戦資材」「砲兵弾薬・化学戦資材」「糧秣」と分担して輸送したのである。

化学戦資材については確かに日本陸軍も化学兵器は保有していたが、ここで示されている化学戦資材は毒ガス弾の類を指すのではない。

化学戦資材とは毒ガス検知機材や人間用あるいは馬用の防毒面（ガスマスク）、濾過器、消毒薬、中和剤、散布機など多種多様な機材があった。

輜重兵中隊は三個輜重兵小隊からなり、各輜重兵小隊は二個輜重兵分隊からなり、各輜重兵分隊には行李も含めて五個班がある。駄馬輜重・輓馬輜重の使い分けもあるが、定数としてはおおむね一個班に輜重車二台程度の割合だ。

輜重兵小隊の編制だけ、簡素に見えるが、これは輜重兵小隊の二人の分隊長が、小隊長を補佐する役割を兼ねているためである。

前述のように、日本陸軍の輜重兵がすべて自動車化されたわけではなく、多くは自動車輜重と動物輜重の混成であったり、動物輜重のみの部隊もあった。ただ陸軍が部隊の自動車化に本格的に着手し始めた頃の馬匹による輜重兵連隊の編制は、すでにこの水準にまで整備されていたのであった。つまり輜重兵連隊の組織・機能が動物輜重を用いた段階で整備されていたからこそ、自動車化が円滑に進められたのである。

自動車隊の黎明期

青島攻略―初の自動車運用

日本陸軍が実戦で最初に自動車を用いたのは、青島攻略戦においてであった。

この時期の兵站ならびに補給に関して、後方の兵站部と前線の部隊輜重について、必ずしもその組織的連携は円滑ではなかった。鉄道と輓馬・駄馬・輸卒という単純で限られた能力と手段しかない時代には、連携よりも先に解決すべき問題が山積していたためである。

たとえば輜重輸卒が特務兵となるのが満洲事変の年である一九三一年、それが完全に輜重兵二等兵になるのはさらに八年後の一九三九年であった。

第一次世界大戦では連合国軍側だった日本は、一九一四年八月一五日にドイツに対して期限付きの勧告を行ない、返答がないことから八月二三日に宣戦を布告する。

青島要塞攻囲軍（独立第18師団）の編制

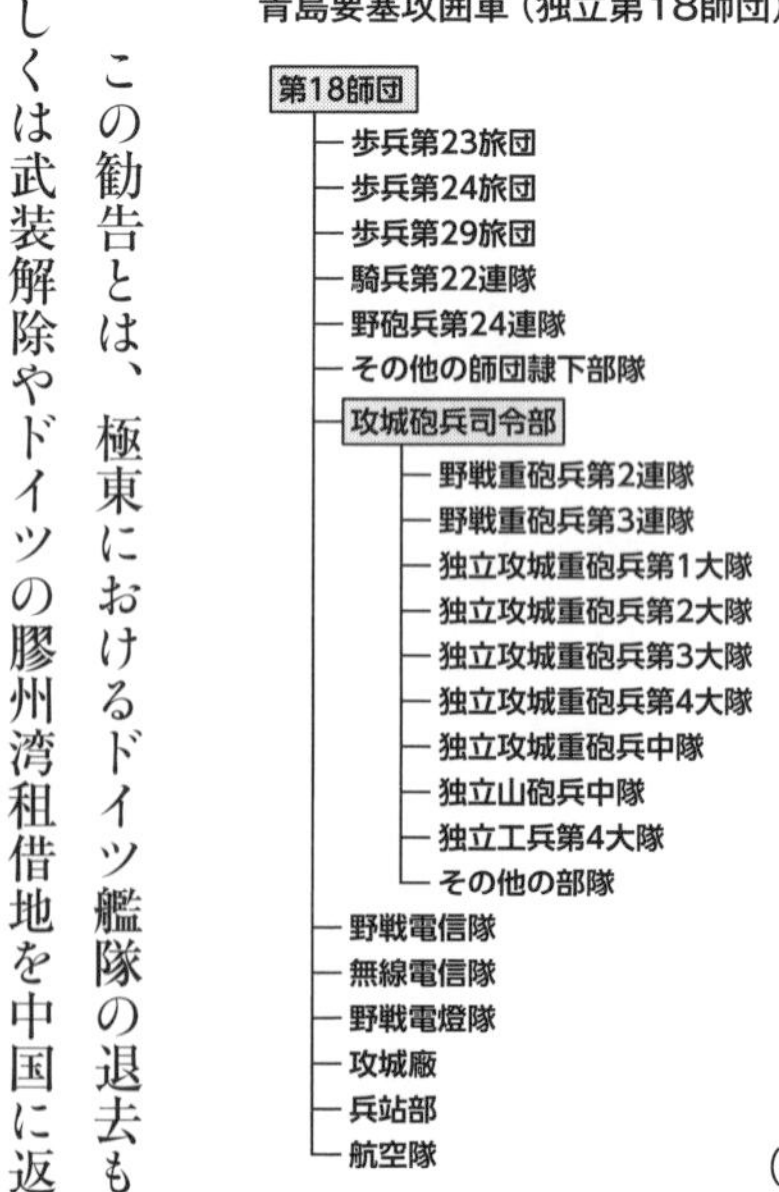

（表3-2）

この勧告とは、極東におけるドイツ艦隊の退去もしくは武装解除やドイツの膠州湾租借地を中国に返還するか日本に引き渡すことなどの要求である。ドイツは当然回答するはずもなく、それは日本も予想していたことだった。

このため宣戦布告に先立つ八月一六日には第一八師団などに動員が下命されていた。これにより編成されたのが歩兵師団に諸兵科部隊を編合した独立第一八師団であった。（表3－2）

この編制で注目すべきは、小規模ではあるもの

青島攻略戦

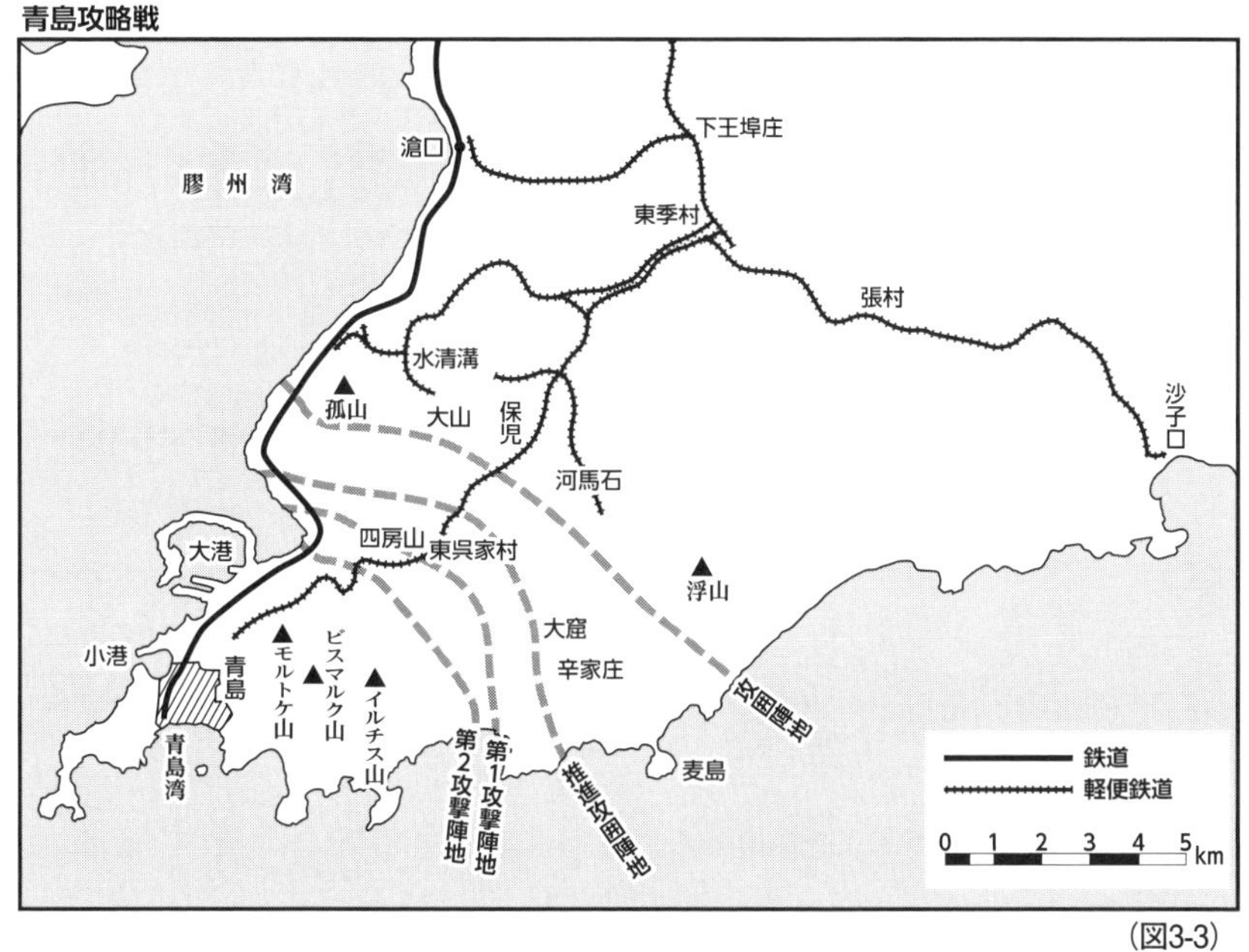

（図3-3）

の、自動車と飛行機という機械化が着手されていることだろう。

日本軍主力は、悪天候で上陸などが遅れたものの九月二日から一五日の間に山東半島北岸の龍口湾に上陸を完了する。攻城廠の自動車隊もこの中に含まれていた。一方、主力の上陸が遅れたこともあり、青島に近い労山湾に第一八師団所属の第二三旅団（堀内支隊）が上陸を開始したのは九月一八日であった。なお二二日には同盟国であるイギリス軍一個大隊が上陸している。

青島要塞はビスマルク砲台、モルトケ砲台、イルチス砲台に守られており、口径九センチ以上の重砲だけでも五〇門以上が配備されていた。ドイツ軍の守備兵は約五千名である。

日本軍は部隊を前進させながら、山東半島を南北から青島を包囲していった。九月二八日には孤山から浮山を結ぶドイツ軍の前進防御拠点を陸から砲撃と、海軍による艦砲射撃により陥落させ、要塞包囲陣地の建設にとりかかった。ここから日本軍は三週間近くかけて、重砲陣地を建設し、さらに歩兵が前進する交通路を開いていた。

この間に兵站面でもさまざまな準備が行われていた。まず主力が上陸したのは北部の龍口湾であったが、青島までの距離を考え、兵站の拠点を労山湾に転換することが行なわれる。

これにともない主力と堀内支隊との連携がとれた九月二二日からは両者の兵站線も接続し、以降の兵站作業が行なわれることとなる。

兵站担当の師団兵站部の編制は、表のとおりであった。（表３‐４）

青島要塞攻囲軍兵站部の編制

- 独立歩兵第1大隊
- 独立歩兵第2大隊
- 第1師団第5兵站司令部
- 第1師団第6兵站司令部
- 第18師団第1兵站縦列
- 第18師団第2兵站縦列
- 第18師団第1輜重監視隊
- 第18師団第2輜重監視隊
- 第18師団第3輜重監視隊
- 第18師団第4輜重監視隊
- 野戦予備病院第29班
- 独立第18師団野戦衛生材料廠
- 患者輸送隊第28班
- 第18師団第1建築輸卒隊
- 第18師団第1～第10陸上輸卒隊

（表3-4）

この編制から、兵站が単なる物資輸送にとどまらず医療面の支援機能も含まれていることが読み取れよう。また独立歩兵大隊は、山東鉄道占領のために編合された部隊であり、直接の輜重任務に従事するものではなかった。

陸軍における自動車運用の歴史という観点では、青島攻略戦は初の実戦ということでも、また戦場での自動車の有用性を確認できたという点でも無視できない。しかし、投入された自動車班は小規模なもので、自動車の実戦テストの意味合いも強かった。したがって兵站作戦全体では、取るに足らない存在であったのもまた事実であった。

この自動車班は、班長：輜重兵中尉（室積吉次郎）、班付：輜重兵中尉（藤井孫助）、輜重兵軍曹四人、輜重兵上等兵一〇人の人員一六人。自動貨車四両がすべてであった。

この自動車班各車両が概ね一・五トンの物資を搭載し、作戦中に八～四〇キロの距離の輸送任務を行なった。平均時速はおおむね一〇キロ前後で最低で

1914（大正11）年９月、青島攻略作戦で初めて実戦運用された国産軍用トラック。丙号自動貨車４両からなる攻城廠自動車班は攻城重砲用の大型弾薬などの運搬を行なった。行動距離は短く、輸送量も限られたものだったが、自動車の補給・輸送手段としての有用性を示した。

四キロ、最大で一四キロほどを出している。ただ、この平均時速は移動距離を移動時間で割った値で、行路中の停車時間も含んでいるので、移動中の速度はもっと高かったと思われる。

なお攻城廠という聞き慣れない組織は自らは弾薬を携行しない攻城砲諸隊に対する補給組織である。攻城砲兵廠と攻城工兵廠とを併合した臨時編成の組織が攻城廠である。

自動車班を運用した攻城廠長は「租借地内の主要道路では自動貨車は大きな輸送力を持っており、租借地外でも天候がよければ定量を積んで運行できる」と報告している。自動車は大きな輸送能力の可能性を実証した反面、天候や道路状況の影響を強く受けること、つまりは不整地での走行性能が重視されたのであった。

このように自動車四両の投入で始まった陸軍の自動車運用は、あくまでも実験の域を出ないものだった。

兵站輸送として重要なのは、済南から青島に至る山東鉄道の確保であり、労山湾を介した海上輸送であった。労山湾からの物資は、九月に上陸した臨時鉄道第三大隊が敷設した軽便鉄道により輸送された。

一〇月に入ると激しい豪雨に見舞われ、それにより交通機関は一週間近くも寸断されることもあった。重砲などは軽便鉄道を利用して輸送されたが、こうした天候により交通網が混乱した状況では、兵站輸送の中心は、動物輜重や人力が中心とならざるを得なかった。

作戦終了までに動員された輸送機材・人員は次のとおりだった。

- 船舶：約二万五千トン
- 支那馬：約四万一千頭
- 手押し車：約二五万八千
- 駄獣：約六万八千頭
- 人夫：約一六万二千人

このように当時は人力輜重も重要な輸送手段になっていた。しかもこうした馬や人員は現地で雇用する必要があり、宣撫（せんぶ）活動が非常に重要であった。当初は、日本軍の請求雇用に応じる者もほとんどなく、兵站面は大きな制約を受けることになったが、状況は九月末頃から改善し、以降の兵站輸送は順調に実施できたという。

なお第一八師団所属の輜重兵第一八大隊は、この時期には歩兵弾薬縦隊二個、砲兵弾薬縦隊三個、糧食縦列四個に馬廠一個という編制であった。日露戦争時よりも縦列数が倍以上強化されている。ちなみに縦列とは中隊の意味で、トレインの直訳であったという。この当時は中隊と縦列の用語は混在して使われていたが、昭和になる頃には中隊に統一された。

これらの輸送力（積載量）は、二個歩兵弾薬縦列で歩兵銃一丁につき弾薬約六九発、機関銃一丁につき弾薬七二〇〇発であったという。

三個砲兵弾薬縦列で、砲一門につき約二百発の弾薬、一個糧食縦列が師団諸隊の糧食一日分と若干の予備を輸送できたという。もちろんこれらは道路状況などが理想的な場合の能力で、現実には未発達の道路や悪天候に悩まされた。また作戦の進展にともない縦列の構成は適宜調整された。

このような状況の中、一〇月一八日から二八日の間に攻城砲の展開も完了し、包囲網も敵前二〇〇〇から一五〇〇メートルまで前進した。

一〇月三一日に、総攻撃が始まり、砲火力で破砕された敵陣に歩兵部隊が突入し、砲台は順次陥落していく。一一月四日には、敗戦を予期したのか、オーストリア軍の巡洋艦が自沈処分され、翌日には日本軍の攻撃で発電所が破壊され、青島市街は停電に見舞われる。モルトケ砲台やビスマルク砲台も一一月七日には陥落し、ドイツ軍から降伏のための軍使が派遣され、青島要塞は陥落した。

日本側の戦死者は四一六人、戦傷者は一五四六人、ドイツ側は戦死者二一〇人、傷病者一五〇人とされる。

自動車隊の創設

第一次世界大戦終了直後の一九一八年一二月になると、現在の東京農業大学の所在地（世田谷区）に陸軍としては初めての常設の自動車隊が創設される。この部隊は第一師団の隷下に置かれていた。この自動車隊の任務は、主に将校・下士官・兵に対する自動車教育にあった。同時に軍用自動車試験班の人員と機材を吸収したため、それらの業務も継承した。

初代隊長は天谷知彰（あまやともあきら）輜重兵中佐で、自動車隊は二個中隊編制で人員は約二百人であった。

この二百人は師団より徴集によって直接同隊に入隊することになったという。ただ当時の資料を見ると、車廠や組立工場があるものの、兵営内は一般歩兵中隊のそれと変わるところはない。

自動車隊は試験班の業務も引き継いだ関係で、すぐに用地が手狭になり、自動車隊の隣接地に敷地一万百坪余りの土地を購入し、試験場を建設した。一九二三年のことである。

実際、自動車隊の試験業務は多方面にわたり、主なものだけでも、牽引車の試験、国産装甲車の試験、イギリス製装甲車、ルノー戦車、自動二輪車、木炭自動車など各種車両の試験、戦車による鉄条網突破、代用燃料、気球による自動車の偽装法の研究など、およそ自動車関連のすべての業務を担任していた。

これもあって自動車隊が保有していた自動車の実態は定かではない。多種多様な輸入車・国産車を扱っていたためだ。一九二一年の記録では、乗用車一二種：一七両、自動貨車五種：六両、牽引車など特殊車両八種：八両、自動二輪車八種：二一両と合計五二両の自動車類を保有・運用していたという。自動車隊創設にともない承認された予算の内訳による と、自動車はいずれも既存の車両であり、乗用自動車六両、自動貨車二八両、修理車一両、自動二輪車七両、自転車七台となっていた。

この中で自動車兵の教育には制式四トン自動貨車（一・五トン積）と制式三トン自動貨車（一トン積）、TGE貨車が主として用いられたという。

一九一九年三月末には初年兵は第一期教育を終了するが、彼らはただちにシベリアに派遣されることになった。

シベリア出兵―自動車の本格的実戦投入

シベリア出兵は一九一八年八月四日の浦塩（ウラジオストク）派遣司令部の編成から、極東共和国の成立により一九二二年一〇月二五日の撤兵完了までの四年にわたって続けられた。シベリア出兵という言葉の響きから受ける印象とは裏腹に、その実態は宣戦布告なき戦争にほかならなかった。

このことは国家予算が一五億円程度の時代に、約九億円の戦費が投入されたことでもわかる。単純計算で、当時の戦車が八万円とすれば、戦車一万一二五〇両、自動車貨車が四千円とすると、自動貨車二二万五〇〇〇両に相当する金額である。

こうしたことを考えるなら、シベリア出兵の戦費を陸軍の近代化に投入していれば、その後の歴史は

シベリア出兵

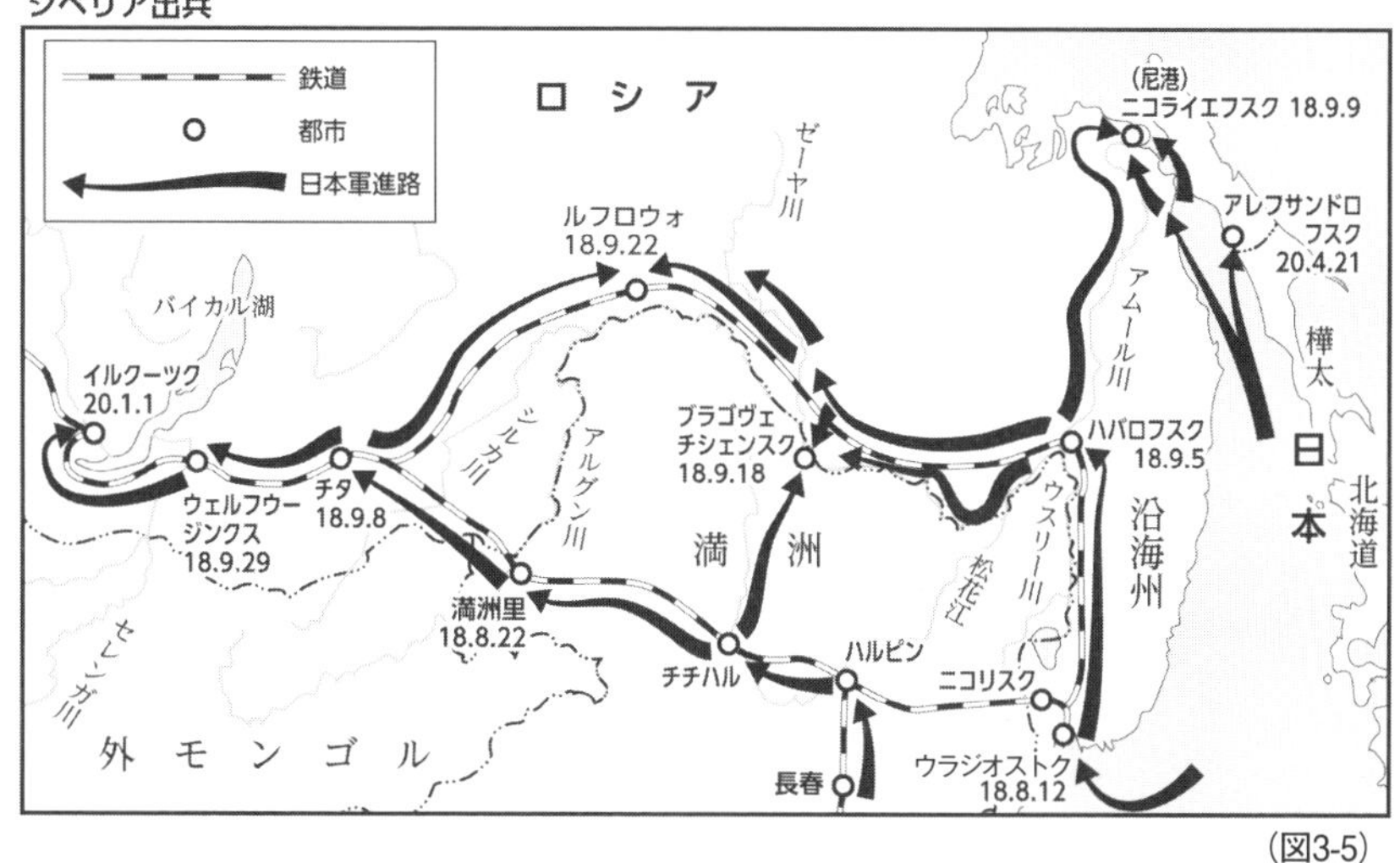

(図3-5)

変わっていた可能性も否定できないだろう。

シベリア出兵はロシア革命の産物であるが、そこに至る経緯は、革命が第一次世界大戦の最中に端を発したこともあり複雑であった。

一九一七年一二月からドイツとロシア間で進められていた停戦交渉は、翌年の三月三日にドイツにとって有利な条件でブレスト・リトフスク講和条約として締結される。これによりドイツ軍は東部戦線の兵力とロシアからの資源を得て西部戦線への攻勢準備にかかる。

このことは英仏にとって看過できない問題であった。連合国から帝政ロシアに送った援助物資がドイツ軍やボルシェビキに渡ることは彼らには容認できず、そもそも共産主義政権には嫌悪感があった。また傀儡政権を樹立してでも東部戦線を復活させたいという思惑もある。

そうした事情から英仏などは軍事干渉を計画しており、それに関連して日本への派兵要請もなされていた。ただ計算によれば東部戦線を再構築するのに日本軍は二〇個師団が必要であり、それだけの兵力を日本は出せなかった。

一方で、日本としては、シベリア方面に出兵し、ロシアと日本との間に緩衝国なり緩衝地帯を設けるという案は参謀本部からも上がっていた。しかしながらアメリカとイギリスは日本のこうした動きを警戒しており、さらに当時の寺内正毅首相が関係国の同意なくして出兵できない立場であったこともあり、この段階での派兵は実行されなかった。

情勢が変わったのは、当時、五万の人員を抱えるチェコ軍の存在であった。チェコスロヴァキアは当時、オーストリア帝国の一部であったため、チェコ人はオーストリア帝国軍の一部として戦場に送られていた。しかし、チェコ人の中には独立を望むものも多く、ロシア軍に投降してチェコ独立のためオーストリア軍と戦おうとする者さえいた。こうして独立国建設のために帝政ロシア軍の庇護の下に五万人もの兵力を抱えるチェコ軍が誕生する。

だがロシア革命ですべてがひっくり返った。チェコ軍は共産主義に馴染めず、ボルシェビキ政権も、国内に五万人もの外国人部隊を抱えてはおけない。

そこでシベリア鉄道からウラジオストク経由で彼らを国外に移動させることとなった。ところがこの移動中に地方のボルシェビキ勢力とチェコ軍が衝突し、紛争は拡大、シベリア鉄道はチェコ軍が制圧し、ウラジオストクも彼らが掌握することとなった。

このチェコ軍を救援するという名目で多国籍の部隊が編成され、シベリア出兵が行なわれる。

日本軍は当初は三個師団（第一二師団、第七師団、第三師団）から兵力を派遣していた。一九一九年四月に第一二師団に代わり第一四師団が、同年八月には第三師団に代わり第五師団が派遣されたが、この時期まではシベリア出兵を担っていたのは、三個師団であった。

だが同年九月に第一三師団が、さらに一九二〇年九月には第一一師団が派遣され、これにより第一四師団は帰還した。一九二一年四月には第九師団が派遣され、第一三師団は帰還、翌年一月には第一一師団と第八師団が交代する。

　このようにシベリア出兵には、最大で四個師団の兵力が展開し、のべ九個師団から七万人の兵力が投入された。

第一、第二自動車隊の編制

　このシベリア出兵の兵站の動きは、関係部隊の動きに合わせて目まぐるしい。

　出兵に際して一九一八年九月下旬、第一二師団兵站監部と関東兵站監部が編成される。所要の兵站部門は、このいずれかの隷下に入ることになった。

　この中で自動車隊が編成されていたのは、関東兵站監部であった。（表3-6）

　表は出兵時の兵站関係部門の諸部隊で、のちに第二自動車隊などが増設されるが、シベリア出兵時の兵站部門全体に占める自動車隊の規模は非常に小さかった。

　シベリア出兵全体で見れば、自動車部隊の任務は三つに大別される。

　それは各司令部間の指揮連絡のために、分割して配された自動車班、物資輸送を主任務とする自動車

関東兵站部の編制

- 関東兵站監部
- 第一師団兵站司令部
- 第三師団兵站司令部
- 第四師団兵站司令部
- 臨時電信隊
- 兵站電信第一中隊
- 関東野戦砲兵廠
- 関東野戦工兵廠
- 関東野戦衛生材料廠
- 航空廠
- 関東予備馬廠
- 関東予備被服補修部
- 野戦予備病院第七班
- 患者輸送部第七班
- 第四師団第一建設輸卒隊
- 第四師団第二建設輸卒隊
- 第二師団第二陸上輸卒隊
- 第二師団第三陸上輸卒隊
- 第二師団第四陸上輸卒隊
- 第二師団第五陸上輸卒隊
- 第三師団第一兵站輸送縦列
- 第三師団第二兵站輸送縦列
- 第三師団第一輜重監視隊
- 第三師団第二輜重監視隊
- 第三師団第三輜重監視隊
- 第三師団第四輜重監視隊
- 第一〇師団第九陸上輸卒隊
- 第二薪炭収集部
- 第八糧秣募集部
- 第一野戦防疫部
- 関東軍野戦建築部
- 第一自動車隊

（表3-6）

シベリア出兵において兵站補給の中核を担ったのは鉄道であった。このため自動車隊の役割は鉄道沿線の偵察や鉄道と前線の輸送などが中心となる。これらの部隊の経験は、のちの自動車部隊運用にとって貴重な経験となった。

隊、さらに鉄道沿線の偵察警戒などを担任した装甲自動車班である。

シベリア出兵で派遣された第一、第二自動車隊の編制と先の常設自動車隊の編制は、おおむね同時期のものである。前者はシベリア出兵に対応する実戦部隊、後者は自動車に関する実験部隊といえるだろう。ともに東京で第一師団の発令により編成されている。

第一自動車隊は一九一八年八月二七日に発令があり、九月五日に編成が完結している。

この時の編制は、将校：二人、准士官以下：五八人、非戦闘員：六人の総計六六人であり、使用機材は、乗用車：一両、自動貨車：二三両、自動二輪車：二両、自転車：二台であり、当時としてはかなり整備された自動車部隊であった。第一自動車隊は九月三〇日にはチチハルに到着している。

第二自動車隊は一九一八年一〇月一〇日発令で、一〇月二〇日に編成を完結した。

この時の編制は、将校：三人、准士官以下：九三人、非戦闘員：六人の合計一〇二人であり、使用機材は、乗用車：三両、自動貨車：三一両、自動二輪車：三両、自転車：三台で、第一自動車隊よりもさらに規模は大きくなった。同隊は一二月からハルピンで任務に就いた。

この二つの自動車隊で注目すべきは、指揮官である。第一自動車隊の隊長は輜重兵大尉藤井孫助、第二自動車隊の隊長は輜重兵大尉室積吉次郎であり、この二人は陸軍で初めて自動車部隊の実戦参加となった青島戦の自動車班に班長（室積）と班付（藤井）であったことだ。これは彼らが優れた指揮官であった一方、陸軍において自動車の専門家がいかに少なかったのかを示しているともいえよう。両名は常設自動車隊の隊付でもあった。

　シベリア出兵では、第一自動車隊は比較的早い時期に帰国していたが、第二自動車隊は違っていた。この第二自動車隊の機材と人員の大半を引き継ぎ、さらにそれらを増強するかたちで、臨時自動車隊がチタにおいて編成される。一九一九年五月一〇日のことである。

　この時の編制は、将校：五人、准士官以下：一五〇人、非戦闘員：一三人の合計一六八人であり、使用機材は、乗用車：三両、自動貨車：五三両、自動二輪車：二両、自転車：三台であった。隊長は編成完結時は第二自動車隊と同じく輜重兵大尉室積吉次郎であった。この自動車隊は六月にはさらに機材・人員が増強され、小隊・分遣隊八個が各地で任務に就くことになった。

　こうした自動車隊の増強に対して国産の制式四トン自動貨車は生産数が少なかったことからアメリカ車（パッカード、ガフォード、ダッヂブラザーなど）などで必要数を満たしたという。

　またこれらとは別に鉄道沿線の偵察などを目的として一九一九年七月には装甲自動車班が編成されている。班長は角和善助輜重兵中尉であり、試製重装甲車二両、試製軽装甲車一両からなり、浦潮派遣軍に配備されたという。

　この時期の日本国内の自動車総数は数千台であり、シベリア出兵の自動車隊は、国内自動車の一パーセント以上を運用した計算となる。

　総じて、この時点での陸軍の自動車隊および装甲車隊は陸軍自体も自動車運用に関して試行錯誤の段階で、この組織・編制についても確立してはいなかった。それでも自動車修理のため、自動車廠を設けることの必要性など貴重な経験を得ることになった。

一九一九年五月に編成された臨時自動車隊では、青島攻略戦時の一三倍を超える五三両の自動貨車が輸送任務にあたっていた。

その後も国産車では所要数が足りず、輸入車を充当するなどして、自動車の台数は乗用車八両、自動貨車八九両を数えるまでになり、ウラジオストクやハバロフスクなど八か所に一〇両前後の小隊が派遣された。

ここでの自動車隊は、青島攻略戦の時のように、物資輸送のみに従事していたわけではなかった。

たとえば一九一九年一一月には、チタの自動車小隊は国産・外国車混在で乗用車一両に一一両の自動貨車(四車種)を有していた。この時に第五師団はボルジャ付近の戦闘に別途車両の応援も得て、二三五人以上の兵員を一二両の自動貨車、一両の乗用車、二両の自動二輪車の編制で、前衛部隊の移動を成功させている。偵察の自動二輪車二両が先頭で、その後を兵員を満載した自動貨車二両が続き、一五〇〇メートル後方から本隊が追蹤している。零下二一度の中を時速二〇から三〇キロで、八〇キロあまりの行程を五時間ほどで走破した。

この自動車による機動戦が、この戦闘の勝利に大いに貢献したとして、自動車隊の指揮官は輜重兵としては唯一の功五級金鵄勲章(きんしくんしょう)を授与されている。このように自動車隊の働きにめざましいものはあったものの、シベリア出兵の全体を俯瞰するならば、機動戦の中心は、実際には鉄道と騎兵であった。

このシベリア出兵時の日本軍の騎兵部隊数は一〇三個中隊とピークを迎えていた。そしてシベリア出兵に際しても多数の騎兵連隊が送られていた。

そのひとつ、第一二師団の騎兵第一二連隊は一九一八年八月末に退却中の敵部隊を追撃すべくイマンを出発した。連隊長はこの作戦において、可能な限り鉄道輸送により部隊を移動させるという方針を立てた。このため押収機関車と残置貨車により列車を編成し、支援部隊を含む人馬と物資を前進させた。

敵軍部隊は鉄道施設を破壊しながら退却したが、連隊はロシアの鉄道従業員や付近住民を動員して修理にあたらせたほか、既設線の通信網を活用して、師団主力との通信手段を確保したという。

また興味深いのは、この追撃戦では糧食は兵站の負担軽減を意図して現地調達としたことだ。

騎兵第一二連隊は九月四日の時点で一四〇キロを前進し、さらに斥候が確保し後送してきた機関車を活用して列車を編成し、ハバロフスクに向け、さらに部隊を推進させた。

この作戦中にはホール河の鉄橋を破壊しようとする敵の装甲車隊の存在を知り、騎兵隊を躍進させ、これらの装甲車を奪取し、ハバロフスクに進撃するというような戦闘もあったという。

自動車が大規模に投入されるまで、「鉄道プラス馬」が日本軍の機動力の中心であった。ただのちに多数の自動車が活用されても、兵站のかたちは「鉄道プラス自動車」であり、大量の物資と兵員の移動に占める鉄道の役割は非常に大きかった。特にのちの大陸での戦場では、満鉄を頂点とする鉄道網が、日本陸軍の作戦を大きく左右した。

兵站に少なくない影響を及ぼしたとはいえ、自動車による兵站の革命は「ラスト一マイル」の部分であり、戦略的な部分では鉄道を代替するには至らなかったのだ。

陸軍自動車学校の創設

第一次世界大戦からシベリア出兵が終わると、日本は軍縮の時代を迎えることになる。一九二二年の山梨軍縮、一九二五年の宇垣軍縮がそれである。

これは簡単にいえば、総兵力を削減し、予算規模縮小の中で、装備の近代化（機械化）により、戦力を維持するというものであり、文言どおりなら、陸軍の予算効率の向上を目指したものといえるだろう。この第一次世界大戦からそれに続く軍縮期は自動車に限らず、陸軍の各兵科にとっても大きな変動の時期であった。

まず輜重兵科では、自動車隊の編制とは別に、一九一五年頃から輜重兵大隊をそれまでの二個中隊から三個中隊に改編する作業が開始されていた。

これは師団などの補給能力を増強するという意図によるもので、砲兵段列でも、その能力の強化が指向されていた。野戦の火力増強の世界的な流れからも、輜重兵や段列の能力強化は当然の流れであった。

しかし、輜重兵大隊の三個中隊化は作業が半分まで進んだところで、一九二二年の山梨軍縮により元の二個中隊編制に戻されることとなった。この山梨軍縮も兵力の削減と同時に部隊の近代化が唱えられていたが、めざましい成果はなかった。

ただ砲兵に関していえば、一四年式一〇センチ加農砲（火砲そのものは一九二二年に完成していたが、シュナイダー社の特許の問題があり、制式名称は一四年となった）を装備した自動車編制の野戦重砲連隊が創設されている。この当時の野戦重砲連隊などは二個大隊・六個中隊編制であったが、自動車編制のこの連隊は二個大隊・四個中隊編制であったという。

この軍縮期には、各兵科による予算獲得競争も起きている。そうした中には輜重兵廃止論というものもあった。輜重兵科を廃して、各兵科に自前の補給機能を設けるという意見である。しかし、当然のことながら、こうした意見が陽の目を見ることはなかった。

宇垣軍縮の一九二五年にも、輜重兵科は廃止されることなく、四月には輜重兵科の管轄で軍近代化の一環として『陸軍自動車学校令』により陸軍自動車学校が創設される。

陸軍自動車学校の目的は、次のとおりとされた。

- 学生（憲兵科以外の兵科の尉官・下士官）と兵卒の自動車学術の教育
- 自動車関係学術の調査研究
- 自動車と関係機材の研究および試験

学生については尉官による甲種学生と下士官による乙種学生に分かれる。

どちらの学生も基本的な教育期間は五か月であっ

たが、輜重兵科のみは八か月であった。また甲種学生の選抜者は教育総監の認可を受け、一年の受講が許された。

陸軍自動車学校は、このように自動車全般のことを扱ったため、校長（初代校長は輜重兵出身の天谷知彰少将）は教育総監の隷下にあったが、自動車の研究・試験については陸軍大臣の区処（くしょ）を受けるとなっていた。

陸軍自動車学校の職員は、校長、副官、学校付、教育部長、教官、研究部部員、研究部主事、練習隊長、練習隊付、材料廠長、材料廠付、准士官、下士官、判任文官などとなっていた。これらの職員は学校内の次のいずれかの部門に所属した。

- 教育部：学生の教育（主に学術）担当
- 練習隊：学生の教育（主に実技）、自動車に関する研究と試験および兵卒の教育
- 研究部：自動車に関する調査、研究、試験を行なう

注目すべきは、自動車に関する教育といっても甲乙学生は教育部で、兵卒は練習隊で教育されるということだ。自動車隊の指揮官と操縦手では、要求される知識や技能は異なる。兵卒は理論より実技を重視され、甲種学生は実技より理論を重視され、乙種学生はその中間となろう。なお練習隊に派遣される兵卒は初年兵より選抜されるとされた。

陸軍自動車学校は1925年に創設された（初代校長は輜重兵出身の天谷少将）。教育機関であるので、教育総監の管轄下にあったが、研究機関という側面を持つため一部業務は陸軍大臣の区処を受けた。また同校は教育研究のみならず、自動車隊編成という重要な役割も担っていた。

なお陸軍自動車学校のもう一つの重要な機能としては、自動車隊の編制の計画・実施を担当した。満洲事変や日華事変初期に動員された自動車隊はここで編成されている。

こうした陸軍の自動車化の動きの中でやや特異な存在だったのは、工兵と騎兵であった。

日本軍の航空戦力の歴史を見ると、その黎明期には工兵科が大きな役割を果たしてきた。一九一〇年一二月に代々木練兵場で飛行機を操縦した徳川好敏大尉も工兵科の人間だった。また青島攻略では、初めて偵察機が投入されたが、その航空隊の隊長である有川鷹一大佐もまた工兵科であった（航空隊そのものは歩兵科、輜重兵科などの将校も参加していた）。

このように当時に陸軍航空には大きな存在感を示した工兵科であったが、対照的に自動車に関してはそうした存在感はない。工兵科では青島攻略やシベリア出兵での実戦経験を踏まえ、自動車よりも鉄道関連の機材や機械の開発を重視していた。戦略レベルの兵站輸送手段である鉄道の維持管理に努力を傾注したともいえるかも知れない。鉄道あっての自動車輸送という考え方である。

総じて、工兵と自動車との関わりは、自動車隊に対するいわば乗客としてであった。実際「工兵は輜重隊の自動車で運べばいい」という意見は強かったらしい。ただエンジニア集団である工兵隊の中には「部隊のすべての者が自動車の操縦ができなければならない」と独自に訓練を施した部隊もあったという。ただこれは、制度としてではなく、「心構え」レベルの話であった。

工兵科以上に自動車の存在に影響を受けるにもかかわらず、動きが鈍かったのは騎兵科であった。

戦力近代化と騎兵の役割

騎兵科の自動車に対する研究自体は他兵科と比較しても決して遅くはなかった。一九二〇年には陸軍騎兵学校にルノーFTが交付され、装甲車やカーデンロイド豆戦車などが研究機材として送られたことはすでに述べた。

日本陸軍の騎兵部隊は確かに青島攻略やシベリア出兵でその機動力を発揮し、戦果を上げていた。ただ、それを可能にしたのは馬による機動力だけでなく、鉄道輸送と表裏一体のものであった。遠距離の機動力を鉄道が担い、短距離の機動力を馬が担うかたちで、騎兵の機動力は確保されていた。もっともこの役割分担は、日本の騎兵に限らず、のちに馬匹が自動車に置き換わっても共通する世界の趨勢であった。

馬上射撃を訓練中の騎兵。乗馬中の携行を容易にするために、銃身を短くした四四式騎銃を構えている。抜刀し乗馬突進で敵を蹴散らす陸戦の花形だった騎兵科であったが、日露戦争以降は戦場での乗馬騎兵の価値は失われていた。日中戦争の当初までは、乗馬主体の騎兵連隊だったが、1938（昭和13）年以降は、機械化された師団捜索隊または捜索連隊に改編されていき、昭和15年には騎兵科は廃止され機甲兵種となった。

第一次世界大戦の初期の頃から、観戦武官などの欧州からの報告により騎兵監部や騎兵学校では将来の騎兵のあり方についての議論が始まっていた。第一次世界大戦における総力戦の現実は、大なり小なり日本陸軍の各兵科に影響を及ぼした。

しかし、歩兵や砲兵、輜重兵などにとって、それらの問題とは、基本的に諸外国より遅れている火力増強や機械化を推進することで解決できるものであった。だが騎兵科は違っていた。一九一九年四月には欧州での戦いの現実から、

「火力の進歩した現代においては乗馬騎兵の価値はなくなった」

「航空機の発達により偵察においても騎兵の価値は減少している」

こうした騎兵無用論が議論されていたのである。

騎兵科にとって機械化の推進が騎兵科の存続問題と直接結びついていたのである。

一九二〇年一〇月、このような騎兵科内の議論を受け、「騎兵機関銃射撃教範」が発布され、騎兵の機関銃教育が独立する。これは対立する意見の中で、騎兵科が実現可能な機械化の最大公約数ともいえた。そして同月、騎兵学校に研究用のルノー軽戦車が交付された。

しかし、騎兵科におけるこうした機械化の動きは、研究の域を出るものではなく、軍縮時代の騎兵科は、換言すれば単に兵力が削減されたままで終わっていた。騎兵旅団に装甲車隊が編入されるのは、その一〇年以上先のことで、満洲事変以降である。

さて、陸軍自動車学校が開設されて一か月後の一九二五年五月一日、久留米に日本軍初の戦車隊となる第一戦車隊（隊長は大谷亀蔵歩兵中佐）が、千葉の歩兵学校教導隊に戦車隊（長は三橋儕歩兵少佐）が新設された。前年の二四年に軍用自動車調査委員会は「戦車は堅固な野戦陣地の攻撃に使用するのを目的とし、歩兵に分属する用法が適当である」との意見を出していた。これにより戦車は歩兵科の担当となり、久留米・千葉の戦車隊は歩兵科の将校が長となった。

これらの戦車隊は輸入したホイペットA型戦車三両とルノーFT型軽戦車五両で編成されていた。二個の戦車隊合わせて一六両の戦車が運用された。

ところでここに興味深い事実がある。同年、時の宇垣一成（かずしげ）陸軍大臣に戦時編制案が提出され、裁可された。これは第一次世界大戦後の客観情勢などを盛り込んだもので、かなり大規模な新編・改編をともなうものであった。

この中に戦時編制における戦車大隊の新編計画が含まれていた。（表3-7、8）

ここでの軽戦車は一〇トン以下のもの、重戦車は二〇トン級とされていた。この軽戦車を用いる戦車大隊甲と重戦車を用いる戦車大隊乙の二本立てで編成され、戦車大隊甲は三個、戦車大隊乙は一個の合

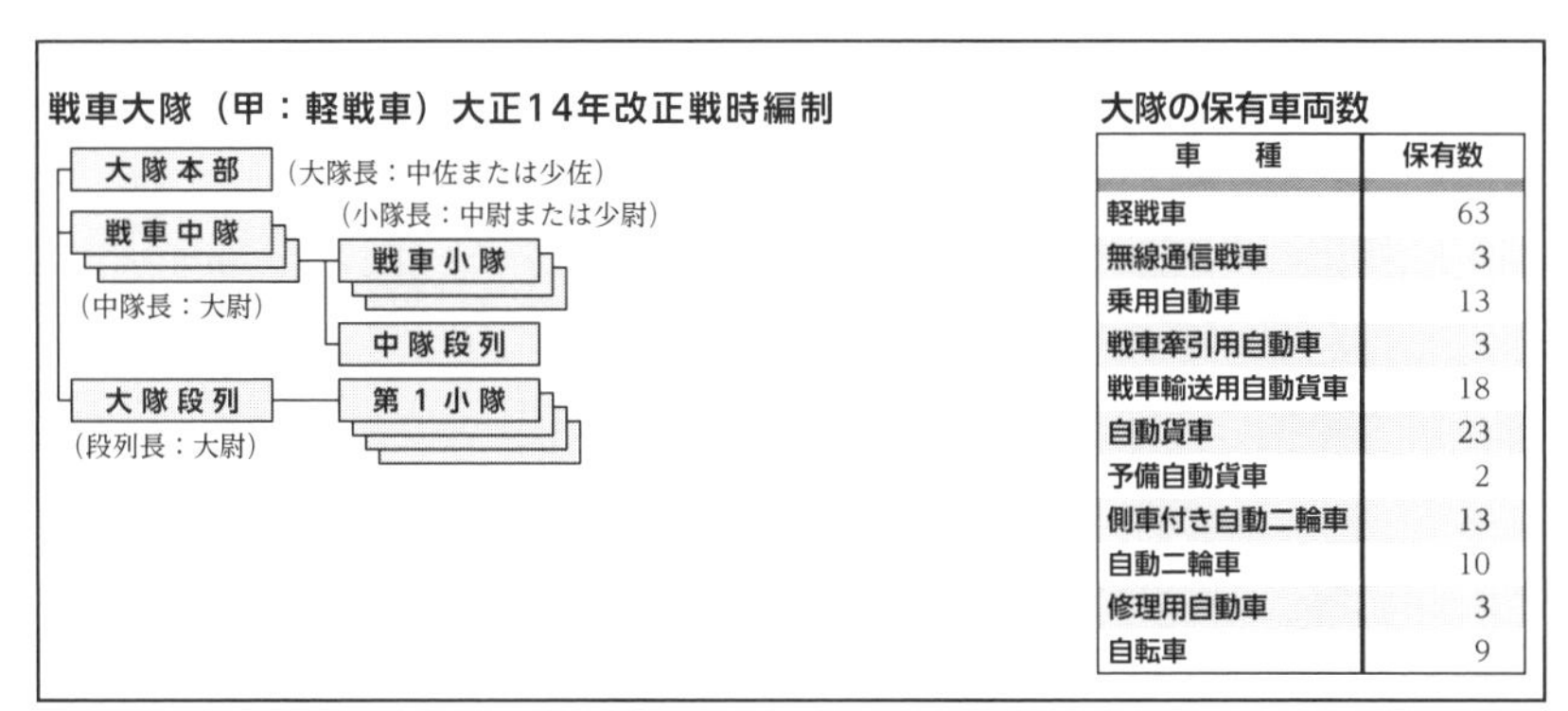

大隊の保有車両数

車　種	保有数
軽戦車	63
無線通信戦車	3
乗用自動車	13
戦車牽引用自動車	3
戦車輸送用自動貨車	18
自動貨車	23
予備自動貨車	2
側車付き自動二輪車	13
自動二輪車	10
修理用自動車	3
自転車	9

（表3-7）

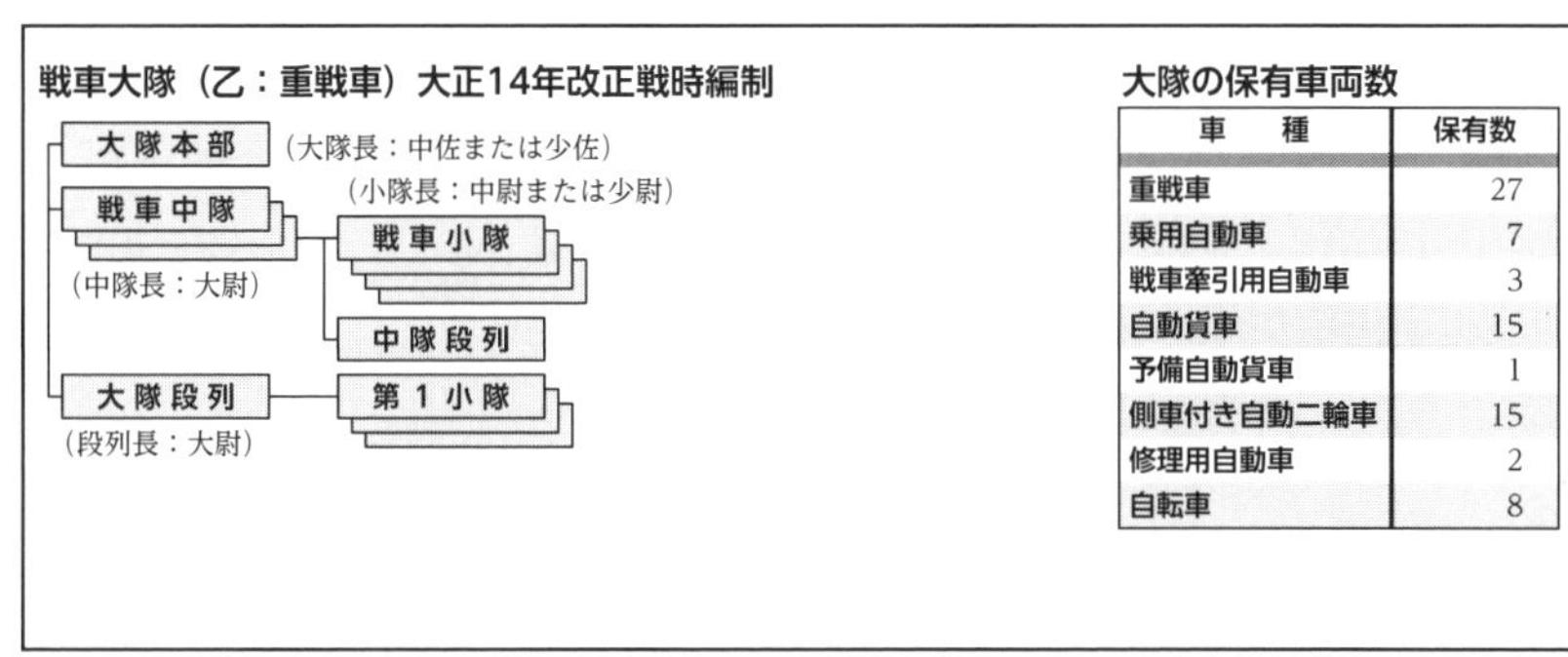

大隊の保有車両数

車　種	保有数
重戦車	27
乗用自動車	7
戦車牽引用自動車	3
自動貨車	15
予備自動貨車	1
側車付き自動二輪車	15
修理用自動車	2
自転車	8

（表3-8）

わせて四個戦車大隊を新編するものとされた。

　この軽戦車・重戦車からなる編制は当時のフランス陸軍の影響を受けたものといわれる。重武装・重装甲の重戦車が敵の防衛線に穴を開け、重戦車が啓開した間隙から歩兵と直協する軽戦車が前進する。そうした運用思想によるものだ。

　表のとおり、四個大隊の編制が完結した時点で、重戦車二七両、軽戦車は一八九両と戦車隊全体の戦車数は二一六両に及ぶ。乗用自動車にしても四六両、自動貨車で八四両となり、この二種類だけで一三〇両となる。乗用自動車から修理用自動車などの支援車両や側車付き自動二輪車までの自動車の総数は四個大隊で三〇七両を数える。したがって自転車以外の車両の総計は四個大隊で四三七両になる。

　ちなみに一九二五年は、日本国内の保有

自動車数がやっと三万台弱になった時代である。そして国産初の戦車の試作が完成するのは翌年のことである。単純計算で、この戦車大隊の戦時編制案が実現すると、日本国内の全自動車数の二パーセント弱が戦車隊により占められることになる。

言うまでもなく、この戦時編制案は一種の理想論であり、現実には年度毎の動員計画令で編成が行なわれる。ただこの編制案で興味深いの戦車牽引用や修理用など、後方支援のための車両が充実し、部隊ごとに無線通信機能が付与されるということだ。それが実現できるかどうかはともかく、戦車隊の戦時編制を立案した担当者たちは、戦車部隊の現実にかなり精通し、第一次世界大戦からかなり学んでいたのである。

ところが現実の日本陸軍の戦車隊はといえば重戦車・軽戦車合わせて二一六両どころではなく、わずか一六両だったのである。

陸軍の自動車化の進展

満洲事変で増強される自動車隊

日本陸軍の自動車化の大きな転換点になったのは一九三一年九月一八日に勃発した満洲事変である。この事変で大量の自動車が動員され、特に熱河作戦での自動車隊の活躍は有名である。ただ兵站という観点では、満洲事変における日本陸軍の態勢は決して十分なものではなかった。

満洲事変に派遣された師団の兵站輸送部隊のほとんどが輜重兵大隊ではなく、輜重兵一個中隊規模にとどまっていた。たとえば事変当時に満洲に関東軍の一部として駐留していた第二師団は、関東軍の総兵力が約一万五〇〇〇人に制限されていたこともあり、平時編制で、なおかつ規模が縮小されていた関係で、輜重兵大隊を欠いていた。師団司令部には軍司令部付の輜重兵少佐が配属されるが、それは事変後の一一月のことである。

このように事変勃発時の第二師団の兵力は将校二四一人、下士官兵四一〇八人であった。

満洲事変での自動車隊の活躍の一方で、自動車確保のために、時にかなり強引な手段で徴用が行なわれた。またこれに関連し関東軍自動車隊の新編・増強も相次ぐのだが、その理由の一つは、関東軍の兵站機能の脆弱さにあった。この当時、関東軍司令部には直属の自動車班があるにはあったが、その数は少なく、稼働車数はわずか六両にすぎなかった。とうてい事変に対応できる戦力ではない。

満洲事変勃発と同時に最初に送られた自動車部隊は陸軍自動車学校で編成された自動車班であった。まず満洲事変勃発後の一一月二日に陸軍自動車学校に対して、関東軍自動車班の編成派遣が下命される。

これに対して練習隊付の川野寛大尉を班長とする自動車班が練習隊を中心に編成される。編成完結後、六日には東京を出発した。この自動車班は班長以下四四人（下士官兵三六人といわれる）で自動貨車一五両、軽修理車二両の計一七両であった。

自動車班は第二師団のチチハル攻略に参戦するが、一一月二九日に奉天で、関東軍野戦自動車隊に編合される。

この関東軍野戦自動車隊も日本で編成され、満洲に派遣された。一一月二一日、東京目黒の輜重兵第一大隊に関東軍野戦自動車隊の編成が下命され、二三日には編成が完結した。隊長は落合忠吉少佐であった。

この自動車隊は隊長以下、総員一〇〇人ほどの規模で、二個小隊に修理班という編制であった。小隊は三個分隊からなり、一個分隊は自動貨車五両、修理班は三両であった。六個小隊で自動貨車は三〇両となる。これら自動貨車はスミダを主体とした。しかし、もともと関東軍の兵站機能が弱いこともあって、事変の拡大にともない、自動車隊の需要は急増するばかりであった。

一二月一七日になると、輜重兵第一大隊に対して関東軍第二野戦自動車隊の編成が下命される。隊長

満洲事変の勃発時に関東軍が保有していた自動車班の陣容は非常に貧弱なものであった。そこで陸軍自動車学校で編成された自動車班が満洲に送られ、さらに輜重兵第一大隊で関東軍夜戦自動車隊が編成され、先の自動車班と合併した。しかし、満洲事変における自動車需要は急増し、自動車班はその後も増えていく。

は北薗豊蔵少佐で、部隊編制は先の関東軍野戦自動車隊と同様であった。車両の中心はちよだ自動貨車であったという。

　ただ部隊に要員を供給してきた陸軍自動車学校も二か月足らずの間に相次ぐ自動車隊の新編に要員が足りなくなっていた。このため関東軍第二野戦自動車隊では砲兵部隊の自動車手からも人材を募り、編成を完結させたという。

　同隊は二八日には奉天に入り、関東軍司令官の隷下に入るとともに、先の落合少佐の指揮下に入ることになる。これら自動車隊は一九三二年二月の第二師団によるハルピン攻略時には関東軍野戦自動車隊として編成されたという。隊長は落合少佐で、北薗少佐は隊付となった。

　同隊は自動貨車五〇両のほかに、徴用した自動車一二両の合計六二両を保有していた。

　さらに一九三二年六月六日には関東軍野戦自動車隊の改編が命ぜられ（本土での編成完結は七月二五日）、ウーズレー自動貨車を主体とする三個中隊に材料廠を加えた編制となった。このように三個中隊に増強されたものの、中隊ごとに運用する車種が異なるなど、整備補給の苦労が察せられる。

　一方、満洲事変勃発の翌年の一九三二年一月から三月にかけて第一次上海事変が起こる。陸軍はこれに対応して二月二日に金沢の第九師団に動員を命じ

日中戦争の経過

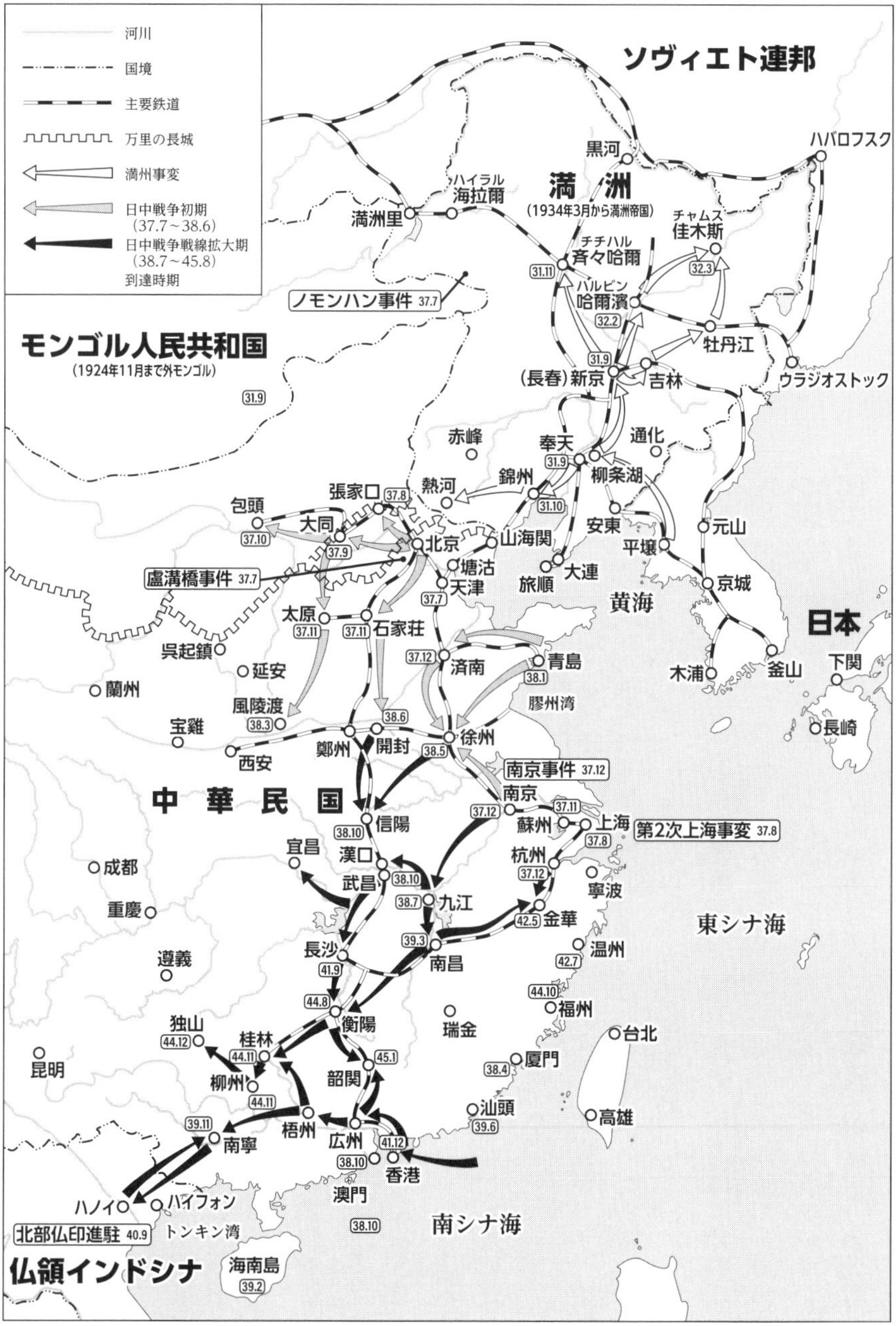

河川
国境
主要鉄道
万里の長城
満州事変
日中戦争初期（37.7～38.6）
日中戦争戦線拡大期（38.7～45.8）
到達時期

ソヴィエト連邦
満洲
（1934年3月から満洲帝国）
モンゴル人民共和国
（1924年11月まで外モンゴル）
中華民国
日本
仏領インドシナ
ノモンハン事件 37.7
盧溝橋事件 37.7
南京事件 37.12
第2次上海事変 37.8
北部仏印進駐 40.9

黒河
ハバロフスク
ハイラル 海拉爾
満洲里
チチハル 斉々哈爾
チャムス 佳木斯
ハルビン 哈爾濱
牡丹江
（長春）新京
吉林
ウラジオストック
赤峰
奉天
通化
柳条湖
錦州
熱河
張家口
包頭
大同
北京
山海関
安東
平壌
元山
塘沽
天津
大連
旅順
京城
黄海
太原
石家荘
呉起鎮
延安
済南
青島
木浦
釜山
下関
長崎
蘭州
膠州湾
風陵渡
宝雞
鄭州
開封
徐州
西安
南京
信陽
蘇州
上海
宜昌
漢口
武昌
杭州
成都
九江
寧波
重慶
金華
東シナ海
長沙
南昌
温州
遵義
福州
衡陽
瑞金
独山
桂林
台北
昆明
柳州
韶関
厦門
汕頭
高雄
梧州
広州
南寧
香港
澳門
ハノイ
ハイフォン
トンキン湾
南シナ海
海南島

（図3-9）

るとともに、久留米の第一二師団に師団の一部をもって上海派遣混成旅団の臨時編成を命じた。

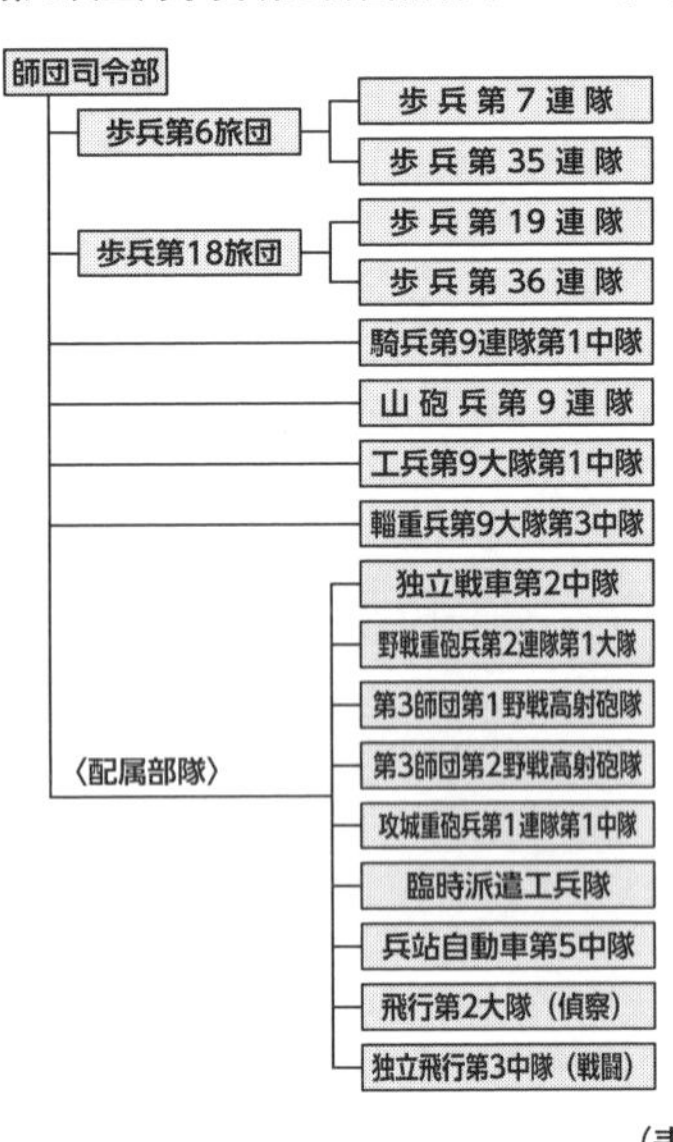

（表3-10）

上海事変の戦車部隊運用

一九三一年九月の満洲事変は、中国各地にいくつもの紛争を惹起させることになった。排日・抗日運動が激化する中で、上海でも各国委員で構成された共同租界工部局が一九三二年一月二八日に戒厳令を施行した。

このため日、米、英、独は担当区域の警備にあたることになる。日本も海軍陸戦隊を派遣することとなった。当時、租界に居住する日本人は約二万七〇〇〇人を数えていた。それを保護するには軍の派遣が必要ということである。

だが陸戦隊が上陸すると、中国軍と交戦状態に陥り、上海事変が勃発する。

戦場という観点で見るならば、上海の租界には近代的なビル群も多く、さらにクリークという運河網が発達し、ゲリラ戦には向いていても、正規軍が行動するには支障が多い環境であった。

さらに、海軍陸戦隊の一四〇〇人に対して、中国軍は三万人以上の兵力であった。このため陸軍は二月二日に第九師団に緊急動員を発令するとともに久留米の第一二師団に上海派遣混成旅団の臨時編成を命じた。その後も第一一師団や第一四師団が追加派遣されることになる。久留米の第一戦車隊からも臨時の独立戦車第二中隊（中隊長・重見伊三雄大尉）

が編成、派遣されるが、その戦闘序列は第一二師団ではなく、第九師団隷下であった。(表3-10、11)

上海事変の戦車部隊で特記すべきはその武装にある。まず一〇両あるルノーNC軽戦車のうち六両は砲塔の武装は火砲ではなく機銃であった。そして残り四両は三七ミリ狙撃砲が搭載されていた。さらにこの時の八九式軽戦車(当時)もまた五両とも三七ミリ砲ではなく五両とも三七ミリ狙撃砲を搭載していた。

戦車の車載機銃一丁あたりの銃弾は六四八〇発、狙撃砲一門あたりの砲弾は一六〇発が交付されたという。

さて、第九師団の兵站輸送を担任したのは、輜重兵第九大隊第三中隊と兵站自動車第五中隊であった。輜重兵第九大隊第三中隊は、動員命令から編成完結まで四日しかなく、関係諸機関の協力で、何とか出征できたというのが実情だった。

第三中隊は三個小隊で、

1932(昭和7)年の第1次上海事変に派遣された戦車隊。写真左はルノーNC(乙型)軽戦車、右の2両は八九式軽戦車。江湾鎮攻撃を待つ合間に乗員たちが休息と戦車の整備をしている。

独立戦車第2中隊の編制

- 中隊本部　ルノーNC(乙型)軽戦車 1両
  - 第1小隊　八九式軽戦車 3両
  - 第2小隊　八九式軽戦車 2両
  - 第3小隊　ルノーNC(乙型)軽戦車 5両
  - 第4小隊　ルノーNC(乙型)軽戦車 4両

車　種	大隊保有数
軽戦車	15
修理用自動車	1
修理用自動車付属車	1
乗用車	2
自動貨車(積載量1.5トン)	8
側車付き自動二輪車	3
自動二輪車	2

(表3-11)

各小隊は二個分隊、各分隊は四個班で、人員は四八八人であった。ただ人員はともかく、機材は何もないに等しかった。自動車はもちろん、馬さえ将校と指揮班の所要分を満たすだけだった。

　これはこの輜重兵大隊だけでなく、ほかの部隊でも似たような状況であったらしい。別の師団の輜重兵大隊などは、輜重車こそあったものの、輓馬がなく、リアカーを使うよう指示されたとの証言もある。この輜重兵第九大隊第三中隊も、師団経理部から背負子（しょいこ）を交付されたという。

　後から派遣された混成第二四旅団では、行李（こうり）要員を欠いており、このため第三中隊から一個小隊は、行李要員として混成第二四旅団に配属されたため、第九師団の輜重中隊の規模は実質的に二個小隊であった。

　陸軍のこうした対応は、上海という都市部であるから必要な人と物は現地調達が期待でき、なおかつ港湾都市なので兵站線が短く補給が容易と判断したのか、あるいは、単純に緊急動員なので、機材の手配が間に合わなかったのか、その辺の事情は定かではない。

　輜重兵第九大隊第三中隊においても、小行李に相当する弾薬・銃弾などを師団に配属された自動車中隊が集積所に輸送していた。そして部隊の行李は糧食などの大行李を主として担当していたため、輜重兵第九大隊第三中隊が集積所から前線までの直接輸送に従事することとなった。

　多くの機材を欠いていたため、輜重兵大隊は人力輜重に頼るよりなく、現地人を補助として雇用することもあったという。これらの人夫も随時増加していった。

　ただ戦闘は予想以上に激化し、前線では弾薬不足が深刻となり、海軍の巡洋艦から小銃弾を融通してもらうようなことさえ起きていた。この弾薬不足の一因は、戦闘の激化によることも大きいが、兵站という面では、自動車隊が思ったほど活躍できなかったという事情がある。

　問題は道路事情とクリークの存在にあった。自動車隊はこうした障害のために迂回しての行動を余儀なくされ、それが弾薬輸送を困難にしていた。そもそも兵站関係者に配布された地図は非常に粗雑で、

関東軍野戦自動車隊（関東軍自動車隊）の状況

■1932年5月

部隊	隊員	保有車種
第1中隊	四年兵	スミダ
第2中隊	四年兵	ちよだ
第3中隊	三年兵	ちよだ、ウーズレー
第4中隊	二年兵	シボレー
第5中隊	庸人	ダット
第6中隊	二年兵	フォード新車
第7中隊	二年兵	シボレー
第8中隊	初年兵	ウーズレー中古車
第9中隊	初年兵	各種中古車
第10中隊	庸人	不明
第11中隊	二年兵	ウーズレー中古車
第12中隊	庸人	不明
第13中隊	庸人	不明
材料廠		

各中隊の車両数は調達の関係で35両から55両と中隊ごとに異なる
第1から第3中隊には国防献金による装甲自動車を各1両支給されている

■1933年9月（第1次改変後）

部隊	保有車両数
第1中隊	2トン積　35両
第2中隊	2トン積　35両
第3中隊	2トン積　45両
第5中隊	1トン半積　45両
第10中隊	1トン半積　45両
第12中隊	1トン半積　30両
第13中隊	1トン半積　50両

塘沽協定（1933年5月31日）後の関東軍自動車隊（5月1日に関東軍野戦自動車隊より改称）の状況
7月1日の関東軍自動車隊第1次編成改編後の9月30日現在

■1934年11月（第2次改変後）

部隊	保有車両数
第1中隊	六輪自動貨車　45両
第2中隊	六輪自動貨車　45両
第3中隊	六輪自動貨車　45両
第4中隊	四輪自動貨車　45両

（表3-12）

航空写真によって上海のクリークの状況を知ったというのが実情だった。兵は拙速を旨とするとはいわれるものの、クリークに対する準備は十分ではなかった。

このことは自動車隊のみならず、独立戦車第二中隊にとって、さらに深刻な問題となっていた。上海事変では、対戦車壕やクリークのために、戦車は容易に前進できず、戦車本来の運用ではなく、移動トーチカ的な運用を強いられた。軽快な戦場機動など望むべくもなかった。

この上海事変は、戦車運用という点では、見るべきものはなかった。ただ国産の八九式軽戦車の性能がルノーNC型軽戦車より優れていることが証明できたことが、関係者を喜ばせたという。

また二月二一日の江湾駅周辺の戦闘において、少なからぬ死傷者を出した重見大尉は、以降の戦車戦では一か所に多数の戦車を集中させるのではなく、小隊ごとに戦車を分散させる方針に切り換えた。上海のように狭小な地形が続く戦場では、戦車は一

両、二両と分散させ、歩兵部隊の支援にあたらせるのが現実的との判断からだ。

それでも戦車隊の激闘は続き、末期には一五両あった戦車のうち、稼働する戦車は三両にまで減っていたという。

熱河作戦の兵站・輸送計画

満洲事変はさらに拡大し、関東軍は熱河作戦を企図し、それに合わせて自動車隊の増強が行なわれた。関東軍の兵站は、関東軍駐屯の根拠が南満洲鉄道の警備にあることからも、鉄道に大きく依存していた。しかし、熱河作戦はその鉄道路線から遠く離れ、なおかつ戦域が広大だった。このため大量の自動車が必要だったのである。

それまで三個中隊編制だった関東軍野戦自動車隊は、一九三三年二月九日にさらに四個中隊を増強して七個中隊編制にするよう命令が下り、二月一五日に完結した。

これらの部隊は奉天で編成されたが、人員提供などは陸軍自動車学校が行なったという。

しかし、いざ作戦が始まると七個中隊では足らず、三月下旬に第八から第一一までの四個中隊が奉天で編成され、同月末には熱河省に進出した。さらに第一二と第一三の二個中隊が四月下旬に追加で編成され、五月には熱河省に進出した。こうして関東軍野戦自動車隊は合計一三個中隊となる。

関東軍は南満洲鉄道の警備を根拠として駐屯していた事情もあり、その兵力は限られていた。また鉄道との密接な関係から、関東軍の平時編制では兵站機構は著しく圧縮されていた。

一九三一年九月に満洲事変が起きたときも、関東軍の兵站は極めて弱体であった。このため作戦部隊が戦時編制となるのにともない、多数の自動車が徴用されたことはすでに述べた。

こうした経験から満洲国建国後の一九三三年二月から行なわれた熱河作戦では、大規模な兵力動員のみならず兵站補給においても可能な限りの力が注がれた。これにより塘沽（タンクー）停戦協定にともなう停戦直前の戦闘序列は表（表3-13）のようになっていた。
依然として馬匹に依存していた当時の日本陸軍では、鉄道沿線の基地から二〇〇～二五〇キロが常識的に補給可能な兵站の距離と考えられていた。そして戦場となる熱河省は鉄道沿線より遠く、兵站を成立させるためには、大量の自動車が必要なのは明らかだった。

このため兵站の準備は入念に行なわれた。その一つの証左が、作戦の兵站業務を統括する兵站監部の兵站監事務取扱として関東軍参謀長小磯国昭（こいそくにあき）中将が就いたことだろう。同中将はシベリア出兵の時にも第一二師団参謀長として兵站監部を統括していた人物である。つまりこの人事からも、関東軍は兵站の問題を重視していたことがわかる。

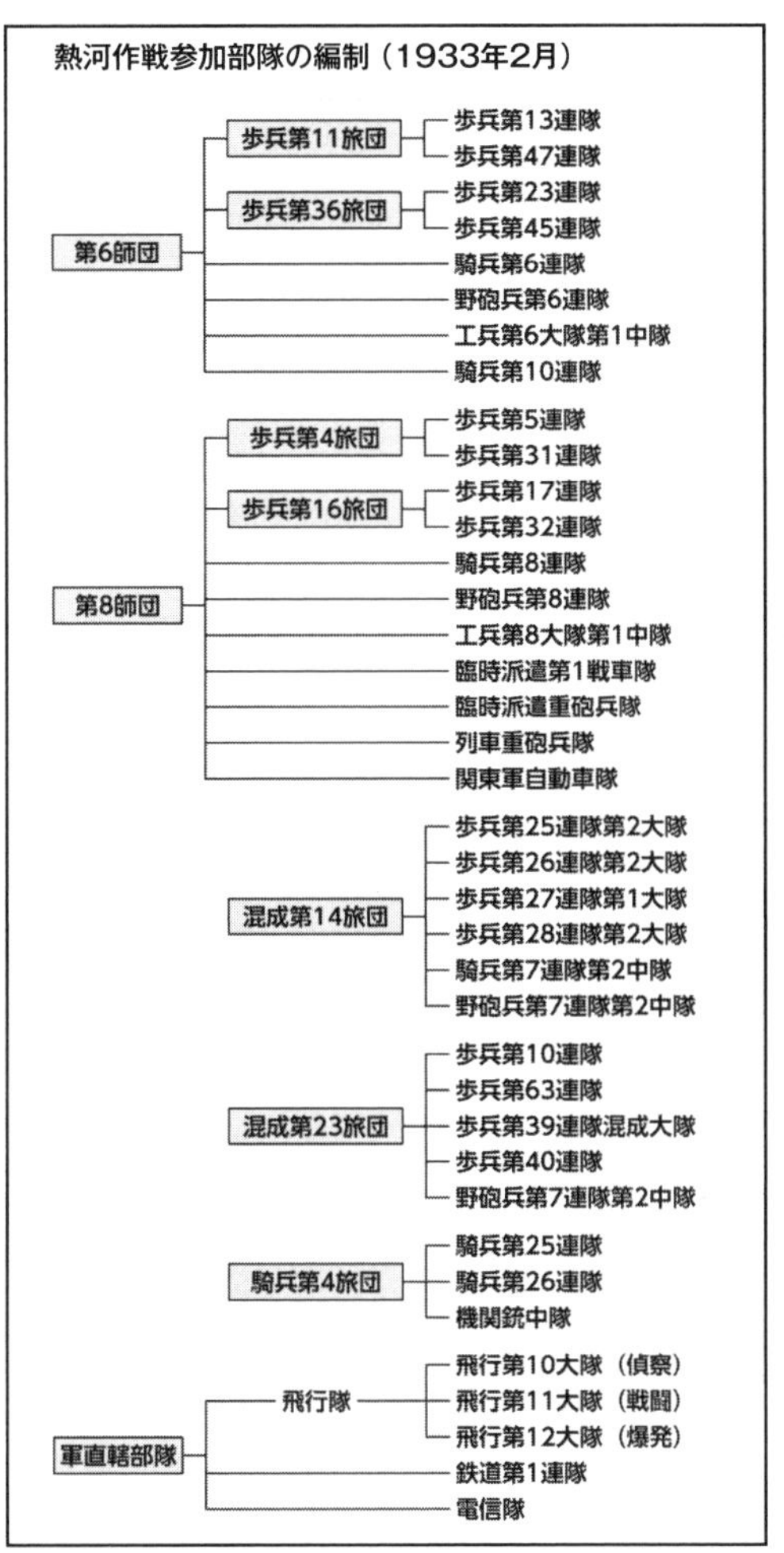

（表3-13）

ただ熱河作戦の兵站輸送は、大規模な自動車投入が実行されたものの、決して自動車だけによるものではなかった。軽便鉄道も敷設され、周辺地域から徴用した馬車だけでも八千台を数えたという。
武藤信義関東軍司令官が熱河作戦準備

を下命したのが一九三三年一月二八日、作戦開始が下命されたのが二月一七日であった。

この間に自動車隊の編制や師団への編入、野戦病院の設置、満鉄・泰山鉄道などを戦時態勢に移行させるとともに、鉄道連隊を動員、軍需品の集積と兵器廠や衣糧廠の支廠を前進させるなどの手配が行なわれた。また航空機八機による空輸も小規模ながら、この作戦では行なわれている。

こうした準備の末に、熱河作戦に関わる兵站関係機関（関東軍臨時兵站監部）は表（表3-14）のようになった。これらの中には熱河作戦を担当した師団以外にも、満洲事変に参加している他の師団から抽出された部隊も含まれていた。

関東軍臨時兵站監部の編制

- 第一兵站司令部
- 第二兵站司令部
- 第六師団の歩兵約二個大隊
- 混成第一四旅団の歩兵約一個大隊
- 工兵第一〇大隊
- 第一〇師団師団輜重兵中隊
- 第一四師団輜重兵中隊
- 関東軍自動車隊の四個中隊
- 関東軍空中輸送隊
- 第一臨時野戦病院
- 第二臨時野戦病院
- 第三臨時野戦病院
- 第四臨時野戦病院
- 患者列車衛生員
- 第一野戦衣糧廠
- 第二野戦衣糧廠
- 第一臨時建築班
- 第二臨時建築班
- 関東軍臨時病馬支廠

（表3-14）

臨時兵站監部には歩兵部隊がいくつか含まれているが、それらは主として兵站線警備のために用いられた。

川原挺進隊の突進

熱河作戦の兵站線は、兵站主地が錦州であり、そこから赤峰と平泉が兵站末地となる。具体的には兵站主地の錦州から、兵站地の朝陽までは鉄道と軽便鉄道を用い、そこからの兵站線は自動車・動物輜重が用いられた。

第一兵站線は、朝陽に第一兵站司令部が置かれ、そこから赤峰道を経て、赤峰までが設定された。第二兵站線は第二兵站司令部を凌源に置き、朝陽から凌源を経由して平泉までを設定した。これら兵站線に沿って、いくつもの支廠や倉庫が設定された。

赤峰や平泉は兵站末地であり、そこまでは関東軍

熱河作戦の兵站施設

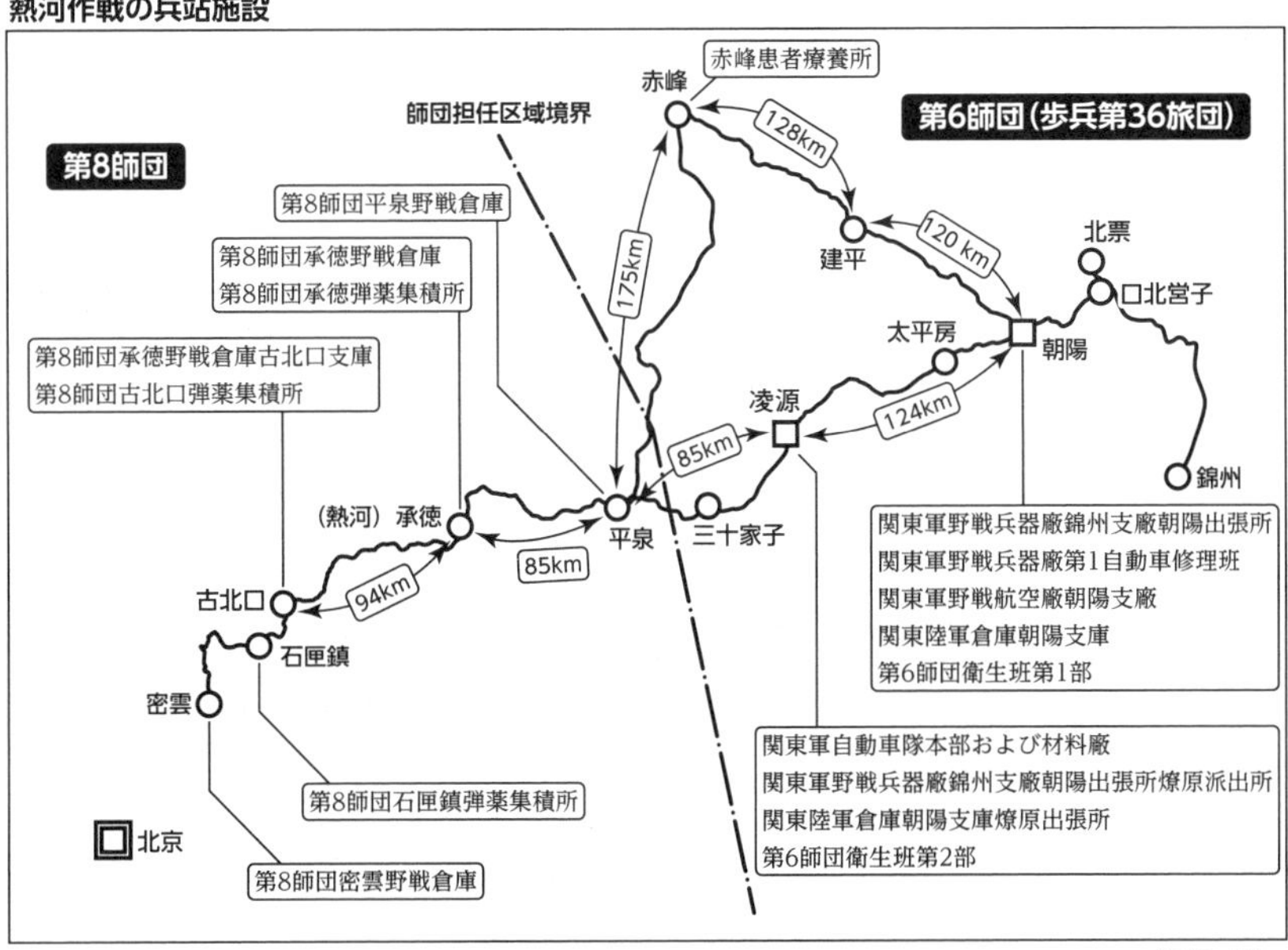

（図3-15）

の管轄だが、そこから先は該当する師団の管轄となった。ただ兵站末地（まっち）については、作戦開始段階の計画であり兵站機関を設定するためには、まず要地を占領する必要があった。

朝陽が第八師団の川原挺進隊により占領されるのが二月二五日であり、以降、第六師団が赤峰を占領するのが三月二日、川原挺進隊が平泉を占領したのが、同日夜半であった。

この川原挺進隊とは第八師団歩兵第一六旅団の旅団長川原侃（すなを）少将の指揮下に編成された諸兵科連合部隊である。

川原挺進隊の編制

- 歩兵第一七連隊
- 歩兵第三二連隊
- 臨時派遣第一戦車隊（一個小隊欠）
- 野砲兵第八連隊特設山砲兵一個中隊
- 工兵第八大隊（一個中隊欠）
- 第八師団通信隊無線電信二個分隊
- 第八師団衛生班の一部
- 憲兵隊の一部
- 関東軍野戦自動車隊一個中隊

（表3-16）

山間部の路上で休息中の川原挺進隊の自動車部隊。シボレーの４輪トラックと国産（日本車輌製）のアツタ四輪指揮官車などが見える。1932（昭和７）年２～３月の熱河作戦では、関東軍自動車隊が兵站輸送の任務ではなく機動戦闘に初めて運用され、日本陸軍の機甲兵団創設の端緒となった。

　この作戦で第八師団には関東軍野戦自動車隊から、第一、第三、第四、第六の四個中隊が配属され、熱河作戦に参加したのは混成第一四旅団に配属された自動車第四中隊を除く、第一、第三、第六中隊および材料廠が輸送任務にあたった。

　編成時の自動車隊の車両数は百数十両であったが、作戦の進行にともない、徴用や増援の自動車が送られた結果、最終的には自動車隊は一三個中隊を数えるまでになる。

　これらの中隊は二個もしくは三個小隊からなり、各中隊は可能な限り中隊内の車種を統一しようとしていた。ただ調達の関係で、雑多な車種で構成されていた中隊もあった。このため同じ野戦自動車隊所属でも、中隊によりその能力には大きな差があった。特に第八中隊以降は、部隊としての能力で、それ以前に編成された中隊と比較して見劣りがした。まず第八、第九中隊の要員は、陸軍自動車学校練習隊での速成教育を終えたばかり（卒業を待たずに配属されたとの証言もある）の初年兵であり、車両も雑多な中古車ばかりであり、故障にも悩まされたという。

　また第一〇から第一三中隊の要員は、第一一中隊を除いて要員の多くが軍人ではなく傭人（ようにん）によって構成されていたため、やはり運用面で制約があり、のちの改編でこれら中隊は廃止される。

自動車隊では、日本からの自動車の調達が間に合わないため、鹵獲車両や徴用車両で定数を維持することもあった。ときには満鉄に自動車の徴用を委託することもあったという。

こうした自動車調達に関して知られているのは熱河作戦における日中間のフォードトラック争奪戦であろう。この話は駐日アメリカ大使ジョセフ・グルーによる報告書（一九三三年五月二二日付）に記されている。

これによれば、同年二月に日本フォードが天津のフォード代理店に向けて貨物船で発送されたトラック一〇〇台が、船員のストライキで急遽、大連に送られることになり、最終的にこのトラックは関東軍が購入したというものである。

トラックの総数には諸説あり、また目的地変更は船員のストライキではなく、日本海軍の駆逐艦が強制的に誘導したとの説もある。当時、日本フォードは、日本のみならず極東からベトナムあたりまでを管轄していたため、こうした「事件」が起こる背景はあった。

一方、陸軍は自動車を確保しても操縦手が足りないという問題にも悩まされていた。たとえば関東軍自動車隊が奉天で、鹵獲されたルノー戦車を修理したときも、運用する歩兵部隊の兵士では、無蓋貨車の積載ができないため、自動車班の工員が作業にあたったという話もある。このため現場で自動車に関する速成教育が行なわれたといわれる。

百武戦車隊の戦果と教訓

さて、熱河作戦終了までの関東軍自動車隊は以上のような状況であったが、ほかの部隊はどうであっただろうか？

関東軍第二野戦自動車隊の編成が下令された一九三一年一二月一七日に、臨時派遣第一戦車隊が新編される。これは久留米の第一戦車隊と千葉の歩兵学校教導戦車隊により編成されたもので、数両のルノーFTとルノーNC戦車の一個小隊からなり、隊長は百武俊吉（ひゃくたけしゅんきち）大尉であった。

臨時派遣第一戦車隊の編制

隊長	百武俊吉大尉	
本部		八九式軽戦車一両
第一小隊	小隊長永山仙一中尉	八九式軽戦車三両
第二小隊	小隊長堀場蔵三中尉	八九式軽戦車三両
第三小隊	小隊長米田玄日章中尉	八九式軽戦車三両
第四小隊	小隊長神田利吉少尉	九二式重装甲車二両
段列	長今井特務曹長	八九式軽戦車一両

（表3-17）

しかし、臨時派遣第一戦車隊も野戦自動車隊と同様、事変の拡大により戦車が八九式軽戦車（当時）に換装されるなど、増強が続いた。この臨時派遣第一戦車隊も一九三三年三月頃には兵力の増員がなされ、四個小隊に段列が付属した。

八九式中戦車は、この時期には軽戦車と呼称されていた。戦車隊全体では一一両を有していた。

このほかに側車付き自動貨車三両、乗用車一両、装甲車一両、自動貨車七両、修理車一両が部隊に付属していた。兵員の総数は一〇一人だった。

この中で第一小隊だけが混成第一四旅団に編合されたため戦車隊長の百武俊吉大尉は残存小隊を指揮することとなった。

川原挺進隊の戦車部隊は二月二八日に朝陽を出発したが、故障車の発生で前進が遅れる小隊が出るなど、必ずしも行軍は順調ではなかった。

しかも整備されていない街道を多数の自動車や馬車も移動するため、追い越すこともできず、戦車の機動力を発揮することもままならなかった。

さらに中国軍は道路を破壊し、百武戦車隊も朝陽に予定どおりに集結するための強行軍であったため、戦車にも故障などが多発していた。三月一日の時点で百武大尉に追躡しているのは八九式軽戦車と九二式重装甲車各一両というありさまであったが、この二両で部隊は敵陣に突入し、歩兵部隊が前進するための突破口を開くことに成功した。

ここで百武大尉は命令を受け取るが、それは無線によるものではなく、文書による命令を伝令が届けたものであった。日本軍の戦車運用には、まだ解決すべき問題が山積していたのである。

戦車隊の平泉突入は三月三日であったが、その戦力は、兵員一七人に九二式重装甲車二両、あとは乗用車、自動貨車がそれぞれ一両という極めて小規模なものであった。ただこのときの戦車運用の実績は陸軍上層部には強い印象を与え、それがのちの独立混成第一旅団創設へとつながることになる。

積雪の中、朝陽を出発する臨時派遣第一戦車隊（百武戦車隊）の八九式軽戦車。朝陽から川原挺進隊の占領目標だった承徳までの距離は約300kmあった。しかも前進経路は山岳地域も多かったため、速度の遅い八九式軽戦車は途中の平泉に進出するまでに全車が落伍してしまった。

一方、こうした百武戦車隊の戦果を可能とした背景には、諸兵科が同等の機動力を有していたことや、燃料・オイルなどの消耗品の補給や修理・整備が適切に行なわれたことは見逃せない。

こうした増援により、中国軍は三月九日より後退していき、それと同時に、自動車隊はただちに追撃部隊の輸送を命じられている。

関東軍自動車隊は三月一日の朝陽出発から二五日までの間に、延べ二二五〇〇キロ以上の距離を移動し、一日平均一〇〇キロを走破したという。熱河作戦における兵団の移動には、自動車隊の主力もしくは一部が常に配属されていた。日本軍は三月一〇日には長城線を制圧し、その後も重要拠点を確保する。

どの作戦でもそうであるが、兵站機構は作戦の進捗による部隊の移動にともない、その拠点も移動し、態勢も変化する。熱河作戦でも長城周辺の要衝（ようしょう）が確保できるとの情勢判断から、関東軍兵站部の機構は三月末までに次のように改編された。

一、錦州・朝陽間の兵站業務を兵站監部錦州出張所に実施させる。
二、朝陽より西側の補給業務は軍兵站部から第六師団および第八師団に委譲。
三、第一、第二兵站司令部を解散し、司令部隷下の兵站部隊は第六師団もしくは第八師団に編合する。

一見すると、こうした処置は兵站末地の大幅な後退のように見えなくもない。だがこれは第六師団や第八師団の移動にともなう影響が大きい。つまり従来の師団の移動にともない、消費される軍需品の増大により従来の兵站線が飽和状態になったためだ。一本道で、部隊も物資も移動し、自動車以外に馬車も移動するという状況では、兵站業務の安定のために然るべき処置が必要だった。

このため四月以降は本兵站線とは別の兵站線が用意されたほか、同月の関内作戦では、第六師団に対する補給は錦州よりも近い山海関に軍需品が集積された。これにより山海関から長城線南側までの兵站線が設定され、側面からの補給が行なわれた。これ以外に工兵による本兵站線の道路整備や補助兵站線の活用が行なわれた。

五月下旬になると、北寧鉄道を活用して間平に軍需品が集められ、長城以南の第八師団への補給が行なわれるようになっていた。

一九三三年五月末には塘沽停戦協定が調印されるが、それまでに熱河作戦を推進するための兵站業務は、単に自動車の動員だけでなく、工兵による道路整備や軽便鉄道の敷設、既存線の軍用鉄道化など複雑なマネジメントが実行されていた。

この熱河作戦における川原挺進隊や自動車隊の活躍は、陸軍における自動車に対する認識を一変させたといっても過言ではない。

戦車部隊のあり方、工兵や騎兵の機械化など、のちの機甲軍創設につながるさまざまな経験は、この熱河作戦が嚆矢であるといえよう。

独立混成第一旅団の新編

熱河作戦開始から半年後の一九三三年八月に久留米の第一戦車隊と千葉の歩兵学校教導戦車隊はそれぞれ、戦車第一連隊と戦車第二連隊に改編される。

戦車第一連隊の連隊長は大谷亀蔵歩兵大佐。連隊は二個戦車中隊と一個材料廠からなり、一個中隊は八九式中戦車が一〇両で構成されていた。

戦車部隊の改編は国産戦車の生産数増大と軌を一にするものであったが、ただ同年末でも累計生産数はやっと百両になるかどうかという水準であり、大規模な戦車部隊編制は難しい現実があった。

千葉の戦車第二連隊は、関亀治歩兵大佐が連隊長で、同連隊は練習部を設けており、ここでは戦車に関する研究を行なうほか、将校・下士官の戦車教育も担当した。この練習部は一九三六年には陸軍戦車学校へと発展することになる。

戦車第二連隊そのものは、軽装甲車隊と装甲自動車隊、材料廠からなり、八九式中戦車が三～四両、九四式軽装甲車が一六～二〇両、九二式重装甲車が六～八両を保有していた。

また材料廠に自動貨車が四～五両あるほか、連隊本部にはフォードの乗用車が二両、側車付き自動二輪車が二両が配備されていた。

この二つの戦車連隊では、第一連隊から一九三三年一〇月に戦車第三大隊が、第二連隊から同年一二月に第四戦車大隊がそれぞれ編成され、どちらも満洲に駐屯することになる。

戦車第三大隊の編制は戦車連隊と同様、八九式中戦車一〇両の戦車中隊二個と材料廠一個からなっていた。連隊と同じ規模で大隊と呼称されたのは、この時期、戦時編制では連隊番号が定められていない（戦車第一、第二連隊は平時編制）のと、将来的な連隊への昇格を視野に入れた便宜的な措置だった。

現実に久留米の第一戦車連隊は二個中隊に材料廠という規模でしかなく、千葉の第二戦車連隊も八九式中戦車、九二式重装甲車、九四式軽装甲車の各中隊に材料廠一個という規模であった。だから連隊より大隊と称する方が部隊の規模としては適切だったかもしれない。

　同時に戦車に関する教育・訓練の修了者の絶対数が少ない当時の日本陸軍では、規模の拡大はこのあたりが限界であった。

　この戦車第三大隊と戦車第四大隊を中核として一九三四年三月、独立混成第一旅団が満洲の公主嶺で

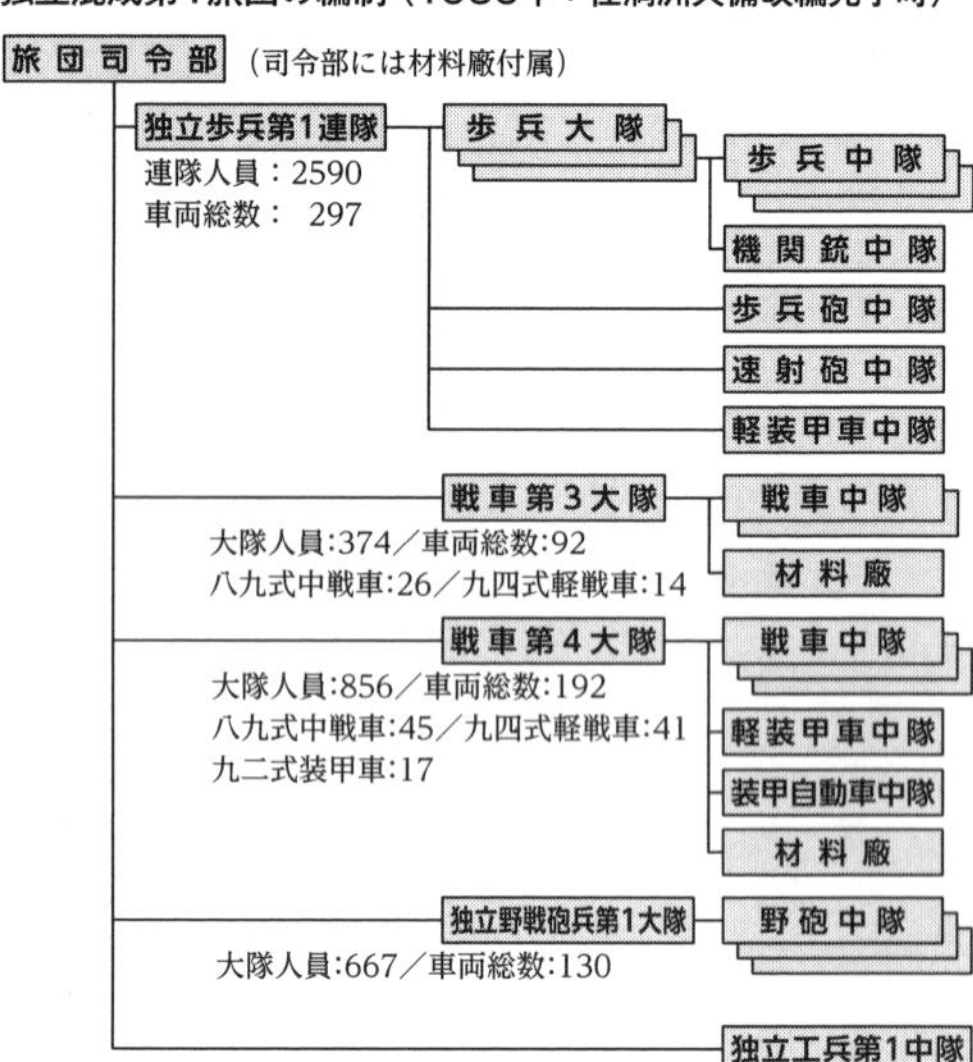

（表3-18）

新編され、同年四月三〇日に編成完結した。

　この独立混成第一旅団に限らず、陸軍の部隊には「独立○○」と冠号する部隊が編成されていくが、この「独立」とは特定の師団には属さず、軍や方面軍の隷下にある部隊を指す。このため各師団の担任する戦域に全部隊あるいはその一部が配置され、支援や増援任務に用いられることが多い。

　この時の陸軍の戦車に対する認識は、たとえば一九三五年の渡辺錠太郎（じょうたろう）教育総監の「そもそも国軍の戦車は一般歩兵との協同を緊密にし、歩戦一体よくその威力を発揮して全軍戦捷の途を開拓するをもってその本質とす」との発言にあるように、歩兵の（火力）支援を主たる役割と認識されていた。

　この独立混成第一旅団は「機甲師団の雛形」として認識されることが多いが、それが混成戦車旅団ではなく、混成旅団であるのは、あくまでも歩兵主体の部隊だからである。陸軍中央の認識としては、戦車を含む「自動車化された諸兵科」という、運動戦を意識した部隊編制こそ本質であったと解釈するの

が妥当と思われる。

「独立」という部分から見て、この部隊の特徴は、輜重兵大隊などを欠いていることにある。つまり兵站補給は関東軍自動車隊などに委ねられていたわけである。実際、独立混成第一旅団の出動に際しては、関東軍自動車隊が兵站担当として編合されていた。

ただ独立混成第一旅団が、一つの戦略部隊として実戦に投入されたことはなく、所属部隊は分散して、各戦線の支援に送られた。

このことは「戦車戦の特性を理解していない」と後世酷評される部分ではあるが、独立混成旅団という性格からすれば、分散して支援戦力として用いられるのは、当時の陸軍ではむしろ自然な発想といえよう。

さらにもう一つ無視できないのは、陸軍初の「自動車化」された「独立混成旅団」という性質そのものが抱える問題である。

たとえば一九三四年八月に関東軍の西尾寿造(としぞう)参謀長が陸軍次官宛に提出した意見書には、「独立混成旅団は創設日なお浅く、未だ十分なる経験を有せず。また諸兵科の関係よりこれが訓練運用等にはなお研究の余地あるも、旅団内各部隊の戦術上の指揮、運用を適正ならしむるを第一義として現編制を強化するの要あり(原文に筆者が適宜句読点などを入れた)」と記されている。具体的提言としては旅団司令部の機能強化や増員(特に修理廠)がある。

これは自動車化され、機動力を持った諸兵科部隊の統一指揮運用や通信面に問題があったことと、入念な整備・修理が必要な自動車に対して、それを適切に運用できる人材不足およびその教育の不備という現実を意味していた。

これに関連して、独立歩兵第一連隊の編制に疑問が生じるかもしれない。それは乗車歩兵を輸送する自動貨車はどこにあるのか？　それを誰が管理するのか？という問題だ。

この独立歩兵第一連隊では、従来のように関東軍自動車隊が歩兵を乗車させるというかたちではな

独立混成第一旅団は1934年3月に満洲の公主嶺で編成され、同年4月30日にそれを完結した。「独立」とは特定の師団に属さず、軍や方面軍の傘下にある部隊を意味する。このため部隊独自の輜重兵連隊などは持たず、独立混成第一旅団も兵站は関東軍の自動車隊などに依存することとなった。

く、歩兵連隊が自前の自動車を保有する編制をとっていた。残念ながら連隊内の自動車隊の編制についての詳細は不明だが、機材や人員、整備関係の書類他を見ると、中隊内に二〇人弱の操縦手がおり、また訓練内容にも操縦手の訓練が言及されている。

また独立歩兵第一連隊には軽装甲車中隊が付属するが、同中隊の材料廠が連隊内の車両の整備・修理を行なったものと思われる。

のちに独立混成第一旅団は廃止されるが、独立歩兵第一連隊は乗車運用から徒歩運用へと転換され、自動車担当の要員は除隊しない者に関しては、ほかの自動車隊の要員として配属された。

また同連隊は徒歩運用への転換にともない馬匹を受領することになる。自動車から馬匹への転換に関しては、馬匹運用の教育も施されたという。

忘れてはならないのは、この旅団が編成されたのは、日本の自動車産業が、ようやく自立できるかどうかという時代であり、日本陸軍は馬匹の軍隊であったという事実だ。

つまり独立混成第一旅団は、その構想こそ諸外国に劣らない先進的なものであった反面、それを一つの部隊として運用できるほど、その背景となる日本の工業技術水準は至っていなかったのである。さらに未だ脆弱な国内自動車産業を前提としたとき、陸軍全体で見るならば、機甲師団の建設より先に、歩兵師団の自動車化こそ優先されるべき課題だった。

さて、独立混成第一旅団の編制に、輜重大隊などが欠けているのは、兵站に関しては関東軍の支援を受けられるからだが、この編制にはもう一つ欠けている兵科がある。それは騎兵科である。

騎兵第一旅団の編制

旅団司令部
騎兵第一三連隊
　本部
　第一中隊
　第二中隊
　第四中隊
機関銃中隊（二個小隊・機関銃一六）
騎砲兵中隊（二個小隊・騎兵砲四）

装甲自動車中隊（九二式装甲自動車三両とカーデンロイド装甲車一両、自動車若干数）騎兵中隊の第三が欠番なのは四個中隊のうちの一個を留守隊として日本に残していたためである。これが本隊と合流するのは1935年からである。

（表3-19）

前述のとおり騎兵科は一部に自動車化の動きはあったものの、全体としては、そうした機械化には消極的だった。装備の水準も、シベリア出兵時と大差ないのが実状である。満洲事変時も師団騎兵隊はこうした状態で出動し、のちに編成され、出動した騎兵旅団だけが、装備の強化がなされていた。

満洲事変に派遣された騎兵旅団は、一九三二年六月戦時編制の騎兵第一旅団を例にとると、従来の旅団主力部隊に加え、装甲自動車中隊が実験的に編合されている。

この騎兵旅団装甲自動車中隊は当初は装軌式の九二式重装甲車を配備する予定だったが、参謀本部より定数の問題などから見送られ、装輪式の陸軍騎兵学校の試製九二式装甲自動車三両などが送られることとなった。装輪式装甲自動車は部隊のチチハル到着とともに、関東軍よりさらに装輪式装甲自動車四両が配属されたという。ほかの騎兵旅団についても、おおむね類似の編制であった。

一九三三年四月には騎兵集団司令部が編成され、五月には関東軍隷下に入った。この騎兵集団は第一、第四騎兵旅団を合したものである。騎兵集団の編制にともない、旅団の騎兵砲中隊や装甲自動車隊は集団直轄部隊とされた。

満洲事変以前の騎兵は偵察が重要な任務とされていたが、満洲事変では飛行機による偵察が本格的に行なわれたために、その分野での騎兵の役割は大幅に縮小し、主として機動戦闘兵種として活動した。とはいえ、例の騎兵無用論の影響もあり、騎兵も徒歩戦闘が中心となり、必要なときだけ乗馬戦闘を行なった。満洲事変の戦場は第一次世界大戦のヨーロッパとは異なり、軍閥や中国軍などは機械化もされておらず、騎兵が活躍できる余地が大きく、そのおかげもあって多くの戦果を上げたという。

このように騎兵科は満洲事変においては、機械化の必要性をそれほど感じておらず、自動車運用も実験段階であり、独立混成第一旅団に編合する必要がなかったのである。

騎兵連隊の多くが九五式軽戦車や装甲車を主体とした師団捜索連隊として機械化されるのは日華事変を待たねばならなかった。

第四章　日本陸軍機械化部隊の興亡

陸軍の自動車運用の実際

兵站輸送での自動車運用

すでに述べたように運動戦を重視していた日本陸軍は、歩兵師団の自動車化を進めていた。そのため満洲事変から日華事変の頃には、自動車はすでに当たり前の存在になりつつあった。それにともない自動車の運用についても、実験段階から実用段階を迎えていた。彼らは具体的に自動車をどのように運用しようとしていたのだろうか？

陸軍の自動車開発・研究が輜重兵主体の陸軍自動車学校によって行なわれたことからもわかるように、陸軍にとっての自動車とは、何よりも軍馬に代わり得る兵站輸送の手段だった。

ただいうまでもないことだが、陸軍の兵站は自動車だけで完結していなかった。表4－1は陸軍における兵站線の概略を示したものである。

概略だけでもこれだけのプロセスが必要であり、しかもこの図には描かれていないが、それぞれの過程で、後方では経理部により予算と軍需品などの需給調整が行なわれ、前線ではやはり経理部により、部隊の作戦進行に合わせた補給計画が立てられる。

この図を見てわかることは、島国の日本では、本土で軍需品などの調達をして、それを主に鉄道で港に輸送し、港から船舶輸送しなければならないということだ。そして船舶輸送された軍需品などは外地の港で降ろされ、鉄道で運ばれ、さらに作戦地の近

兵站線の組織と輸送手段

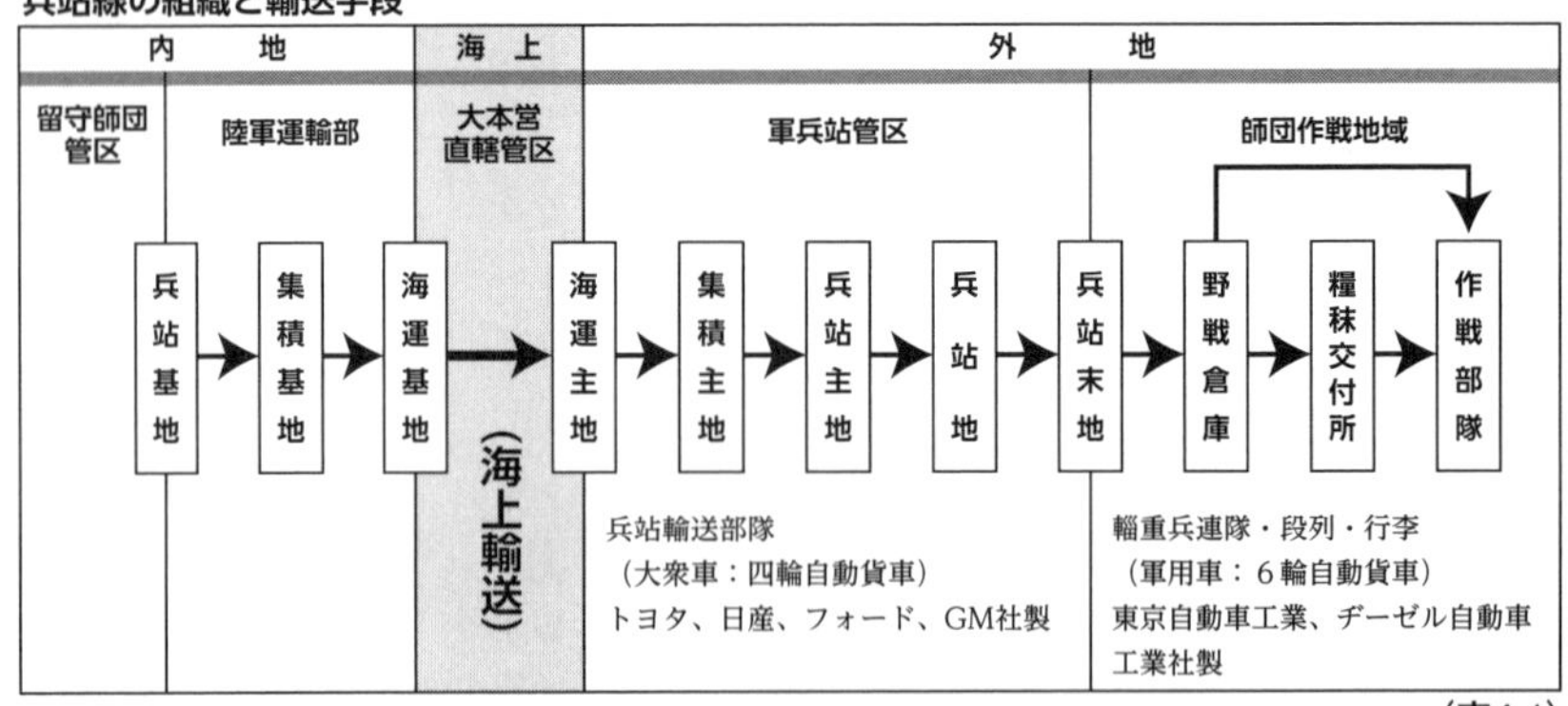

（表4-1）

くから自動車（と馬匹、ときには人力による）輸送となる。

つまり日本陸軍の兵站線は基本的に鉄道と船舶こそが動脈であり、港や駅から作戦地域までの輸送を担う自動車輸送は末梢血管に相当する。

ここで若干用語の説明をするならば、兵站主地・兵站地・兵站末地（まっち）とは『作戦要務令』（日本陸軍の作戦、戦術、部隊運用に関する基礎的事項を示した教範）の記述によれば以下のようになる。

まず「兵站主地」とは「軍作戦地域内の交通便利なる地点に設け、同地に通常兵站司令部、軍補給諸廠、兵站衛生諸機関その他必要の機関を置き、軍需品の集積、管理、前送、後送及び修理、傷病人馬の収療等の業務を実施し軍補給の原点を成形す」である。

この「兵站主地」から軍需品などが送付される先が「兵站地」となる。

「兵站地」とは「兵站地区司令部、同支部又は出張所の位置するところにして輸送機関その他通行人馬の宿泊、給養及び診療、警備、交通、通信施設の保護等の業務に任ず」とある。

そして「兵站末地」は「兵站地」の一種で港湾・道路・兵站駅とも呼ばれる。「兵站末地その他必要なる兵站地には、所要に応じ軍補給諸廠の支廠又は出張所、兵站衛生機関、通信所、野戦郵便局又は同分局等を開設する」とある。

これをわかりやすく現代の商品配送システムに置き換えるなら次のようになる。

配送網には大都市近郊に工場などから商品を集め、分類し、保管する物流センターが置かれる。これが集積主地に相当する。

商品は物流センター担当区域内にあるいくつかのトラックターミナルに運ばれ、そこでさらに目的地別に仕分けされる。これが兵站主地に相当する。

トラックターミナルからは、さらに最寄りの営業所あるいは店舗に商品が運ばれるが、この営業所・店舗に相当するのが兵站地・兵站末地である。

だから陸軍の場合、物流センターからトラックターミナルを経て営業所・店舗までが軍兵站管区であり、その先の配達が師団兵站管区となるだろう。

ちなみに商品配送などで、返品は営業所・店舗経由で行なわれるが、軍の兵站でも余剰の軍需品などは兵站末地を経由して戻される。

このように陸軍では、前線における兵站の終着点は、軍などの兵站部隊が師団の輜重兵連隊に業務を移管するまでの地点であり、それを兵站末地と呼んだ。兵站末地は港湾・道路・停車場に設定され、野戦倉庫や関係機関の支廠などが置かれるのを常とした。

この兵站末地から集積所や師団倉庫・師団交付所までは師団の輜重兵連隊が担当し、交付所から先は輜重兵連隊や大行李などが担当するのが模範的な流れであった。

ちなみに行李（こうり）とは部隊が給養上必要な糧秣・荷物・機材などを直接輸送する組織をいう。それは輜重兵連隊ではないかとの疑問が生じるかもしれないが、それは正解であり、また正解ではない。

中支戦線の野戦倉庫に集積された物資と、この運搬にあたる兵站自動車中隊のトラック。写真の車両はトヨタトラック。

　行李は平時には編成されず、戦時編制で人員が動員されてから大隊本部などの隷下に編成される組織であるからだ。ただ行李は動員された輜重兵連隊から配属された輜重兵と輜重輸卒（輜重特務兵）により構成される。つまり行李は輜重兵連隊とは組織としては別だが、要員の多くが輜重兵科ということになる。

　簡単にいえば、兵站末地から交付所までが輜重兵連隊の担当で、交付所から先が行李の担当となる。ただこのあたりの役割分担は固定されたものではなく、戦場の状況により変えられた。なお行李には大行李と小行李がある。糧食などの生活必需品を輸送するのが大行李、弾薬や戦闘に関わる物品の輸送するのが小行李である。

　このような兵站末地は戦闘正面の後方二四〜三二キロ、つまり一日行程の場所に置くのが通例とされた。おおむね日本陸軍では鉄道沿線の基地から二〇〇〜二五〇キロが補給可能な兵站常識と考えられており、自動車輸送が担うのも主としてこの部分である。

　後方で使用される量産車、すなわち大衆車と前線に投入される軍用車の役割分担でいえば、兵站末地から前線までが軍用車の担当となる。言うまでもなく、この役割分担は絶対的なものではなく、現実には臨機応変に運用された。

それでも陸軍で部隊が新編される場合、それぞれの部隊に期待される役割があり、車両と部隊の役割分担は無視されるべきものではなかった。また部品の補給や整備、運転の教育などの面でも部隊ごとに車種を揃えることは必要なことである。

ただ、こうした原則と戦時での役割分担が崩れること、あるいは崩れたことは、また別の話である。戦時における自動車運用の一例として第二次ノモンハン事件の自動車隊を考察したい。

この武力紛争に関係する自動車隊は六個ある。まず歩兵師団である第七師団に属する輜重兵第七連隊と第二三師団に所属する輜重兵第二三連隊の二個、残り四個は関東軍に属する自動車第一連隊から第四連隊までの四個自動車連隊である。

ここで自動車運用の典型例として自動車第四連隊を見てみよう。同連隊は第一から第四までの四個中隊で編成されていた。この四個中隊のうち、第一から第三まではフォードの車両（一三〇両）、第四中隊が日産の車両を装備していた。

つまり関東軍自動車隊の自動車第四連隊は、すべて大衆車クラスの自動貨車を装備していたことになる。ちなみにほかの自動車連隊も大衆車クラスが中心であるが、自動車第一連隊などではスミダ、チヨダの六輪自動貨車を使っていた自動車中隊も存在した。

また自動車第四連隊にしても、フォード車装備の三個中隊は出動命令後、直ちに移動できたが、日産車装備の第四中隊は、生産数の関係で定数を揃えるのに時間がかかり、遅れての移動となったという。

まず第三と自動車第四連隊はこの時点で安岡支隊に編入されていた。これは安岡支隊が属する第二三師団の輜重兵連隊には自動車中隊が一個しかなかったためだ。作戦規模に比べて師団の輸送力があまりにも貧弱という判断から急遽、第三、自動車第四連隊が編合されたのである。

こうして作戦地域では六輪自動貨車と大衆車クラスの自動貨車が混在することとなる。

自動車第四連隊は、出動が下令されると、奉天からハイラルまでは自走ではなく、鉄道輸送されて移動した。そうしてハイラルから兵站末地の将軍廟まで輸送任務につき、さらに編合された第二三師団の命令により、将軍廟において歩兵第二六連隊を乗せ、第一線部隊を追及、連隊の歩兵を降ろした後、渡河機材を搭載し、渡河点まで移動、そこで工兵に機材を交付する。

このとき自動車第四連隊の第一中隊は、師団司令部により師団直轄となるべく命令を受け、工兵隊と行動をともにし、任務終了後に連隊に復帰したという。

このほかノモンハン事変のときには中支戦線より転進してきた兵站自動車第五一中隊が、自動車第四連隊の指揮下に入ることもあった。

こうした実例が示すように、前線と後方の自動車の役割分担も、肝心の前線を担う歩兵師団の自動車化が完成しないならば、後方を担うはずの自動車隊を前線部隊に編合せざるを得なかった。

結果としてこうした大衆車と軍用車による後方と前線の役割分担は（自動車製造事業法や軍用自動車補助法などの法整備まで行なったのに）総力戦という現実の前に画餅に終わった感は否めない。そして日本陸軍の自動車輸送は後方も前線も生産数で勝るトヨタや日産のトラックを中心に動いていくことになる。

自動車隊の指揮統制

自前の指揮系統が明確な戦車隊はともかくとして、ノモンハン事件でもわかるように、編制や配属の変更の激しい自動車隊の指揮系統はどうなっていたのだろうか？

たとえば歩兵中隊が自動貨車で移動するとする。この場合、移動する歩兵中隊の車列は誰の命令で動くのか？　結論を先にいえば、こうした具体的な手順は規則により決められている。

まず規則の基本として、自動車による部隊移動の原則・総論は『作戦要務令』に記され、乗車してからの各兵科の具体的行動については、それぞれの兵

作戦経過と兵站推進

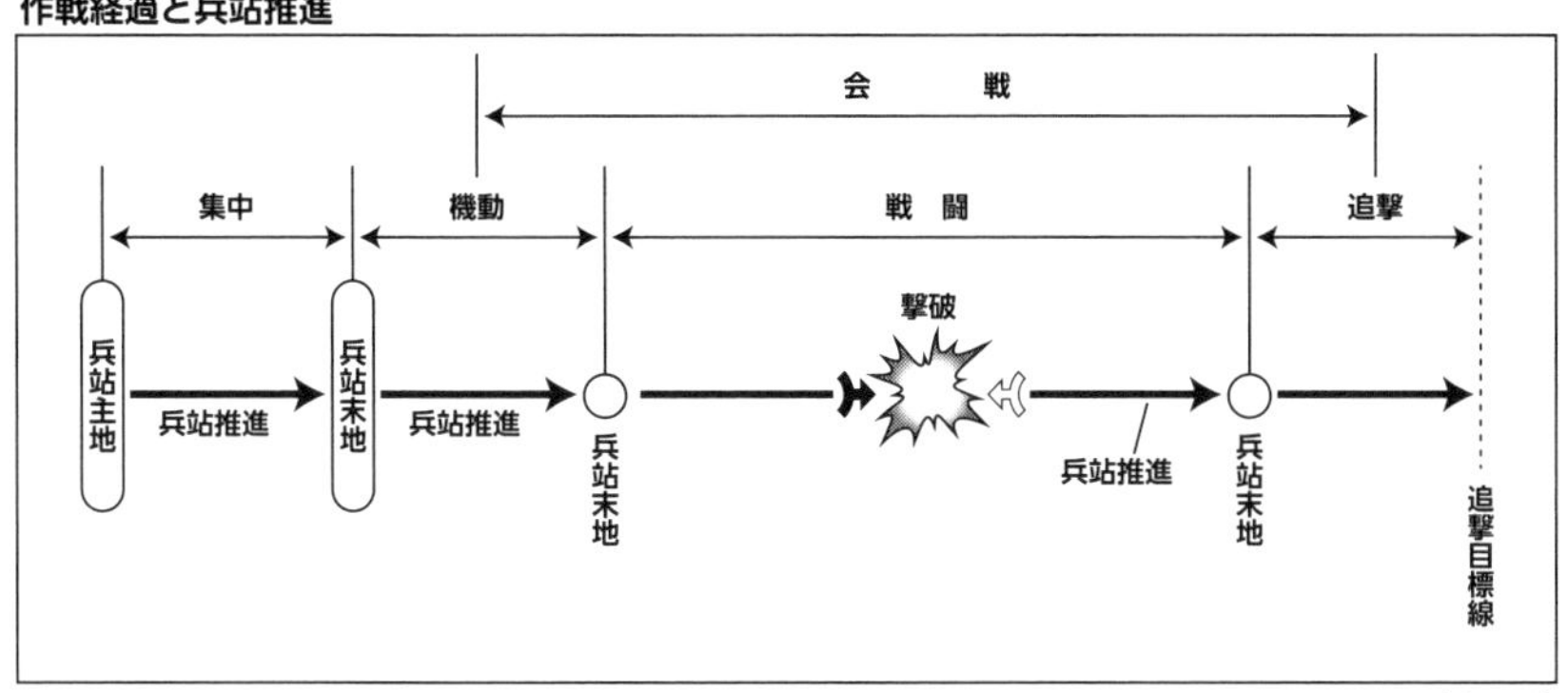

（表4-2）

科のマニュアルである『操典（歩兵では歩兵操典）』に準拠することになっていた。

ここで自動車による部隊の移動を考える場合に忘れてはならないのは、それは兵站にかかわる問題であり、兵站には計画が不可欠という事実である。

『作戦要務令（第三部）』の中でも「軍隊移動のため自動車部隊を使用するに方（あた）りては全般の状況を考慮し乗車部隊の兵力・編組・輸送距離・道路の選定等を適切にし以て之が利用の真価を発揮せしむるの着意特に緊要なり」と記されている。要するに環境を含め、利用可能なリソースを前提に、最適な計画を立てねばならないということだ。

表4-2を見てわかるとおり、作戦において部隊が前進する位置と時間が計画されている。同時にその計画に合わせて、兵站計画も立案されている。この両者は不可分である。

したがって自動車による部隊輸送もまた、こうした作戦計画に則って実行される。これが重要であるのは、「誰が」「どこで」「誰の」「指揮下にある」かという問題と関係するためだ。

自動車部隊が兵站末地などで物品を受領する、あるいは歩兵部隊を乗車させるというような作業についても、軍隊組織である以上、所掌が決まっている。そうでなければ軍組織の命令は機能しないし、部隊は動けない。言い換えるなら、部隊が烏合の衆ではなく軍隊組織であるのは、まさに所掌が明確で統制が機能しているからである。むろん教範などでも「臨機応変に」と記されている場合もあるが、この「臨機応変」の範囲も定められている。

それでは部隊を輸送する「自動車隊」と、自動車隊に輸送される「乗車部隊」の指揮系統はどのようになっていたか？

これについては状況の違いにより、二つに大別される。一つはノモンハン事件の自動車隊のように「戦闘を予期する場合」、もう一つは「その他の場合」である。

まず前者の「戦闘を予期する場合」については『作戦要務令』によれば、「臨時編成せる機械化部隊に於いてその自動車部隊は搭乗すべき各兵種の中隊（中隊に準ずる部隊を含む）に至るまで之を分属しその意図の如く使用せしむるを通常とす」とあり、さらに「自動車部隊の配属を受けたる中隊長等はこれを直轄使用するを可とすると雖も要すれば更に搭乗すべき小（分）隊等に至るまで分属するに躊躇すべからず」ともある。

日本陸軍における機械化部隊とは「自動車化された部隊」という意味である。したがって「臨時編成せる機械化部隊」とはノモンハン事件の第二三師団のように、作戦のために急遽、自動車隊などを編合した部隊となるだろう。

このような部隊では、歩兵中隊などに自動車部隊（自動車中隊など）が編合され、自動車部隊の指揮官は、搭乗している歩兵中隊長の命令により、隷下の自動車隊の指揮を執る。また歩兵中隊長は必要に応じて、配属された自動車隊を隷下の小隊や分隊に分属させることも可能であった。

では「その他の場合」はどうなるのか？　これは

簡単で、『作戦要務令』では「自動車部隊を乗車部隊に配属せざるを通常とす」とある。

たとえば自動車中隊が歩兵中隊を乗車させたとして、歩兵を輸送する自動車中隊は、歩兵中隊に編合されるわけではないのだ。出発地から目的地まで乗せて・移動して・降ろして終わりである。

九四式六輪自動貨車の車上から射撃態勢をとる歩兵部隊。荷台の側面には歩兵が携行する背嚢が固縛されており、乗車移動中の襲撃に対処する訓練の様子であろう。

もちろん歩兵中隊の指揮は、乗車している歩兵中隊の中隊長が執るが、自動車中隊の指揮権までは持っていない。だから歩兵中隊の中隊長が、勝手に自動車中隊を各小隊に配属させるようなこともできない。

ただ教育総監部の教範に「乗車せる中隊の運動は中隊長の命令に基づき通常自動車隊の長をしてその号令又は記号により実施せしむ」と記されているように、自動車隊の指揮は自動車隊の長が執るとしても、その行動については乗車部隊の長の命令に従うことになる。

この部分については多少説明がいるだろう。「(乗車部隊の)中隊長が命令を出す」といっても、自動車隊が実現不可能な命令を出しても意味がない。逆に命令を受ける側も、それが実現可能な命令であったとしても、命令の意図が理解できなければ効果的に自動車を運用することは難しい。また想定外の事態が起きたとき、適切な行動をとれることは期待できない。

『作戦要務令』では、この問題に関して、乗車部隊指揮官と自動車部隊指揮官が輸送計画などに基づいて、事前の協定を行なうために次のように記している。

- 乗車部隊の集合に関すること
- 自動車部隊の進入および進出に関すること
- 搭載の方法および搭載地点について
- 搭載開始および終了の時刻
- 勤務員に関して
- 警戒に関して
- 連絡手段など

これらの項目について事前に意思疎通を図ることで、命令は実効的に機能する。

これに関しては『輜重操典』においても「乗車部隊に配属せられたる中隊長は、当該部隊の任務、敵情、地形、所属指揮官の企図、部下各小隊の能力等を考慮し、行軍の計画及び実施、降下地、空車の処置及びその警戒、諸般の偵察などを補佐す」とある。

だから「戦闘を予期する場合」にしても「その他の場合」にしても、部隊移動を実行するためには、まず「計画」が存在し、それに則って、乗車部隊・自動車部隊間で入念な打ち合わせが行なわれ、そこで初めて部隊が乗車して、状況に応じた指揮権が行使されるわけである。

連絡・調整の手段と方法

この命令や指揮について、組織面からもう少し考察したい。

今日の軍隊ではITの進歩により、すべての戦闘車両が戦術データリンクで連接され、車両のモニターで情報共有することも当たり前になりつつある。

しかし、一九三〇年から四〇年代には車両の相互通信手段は無線機しかなかったし、それもすべての車両に搭載されていたわけではない。

こうした条件下で、機械化部隊の指揮はどのようになされていたのか？　それは自動車中隊などの編制の中に織り込まれていた。（表4・3）

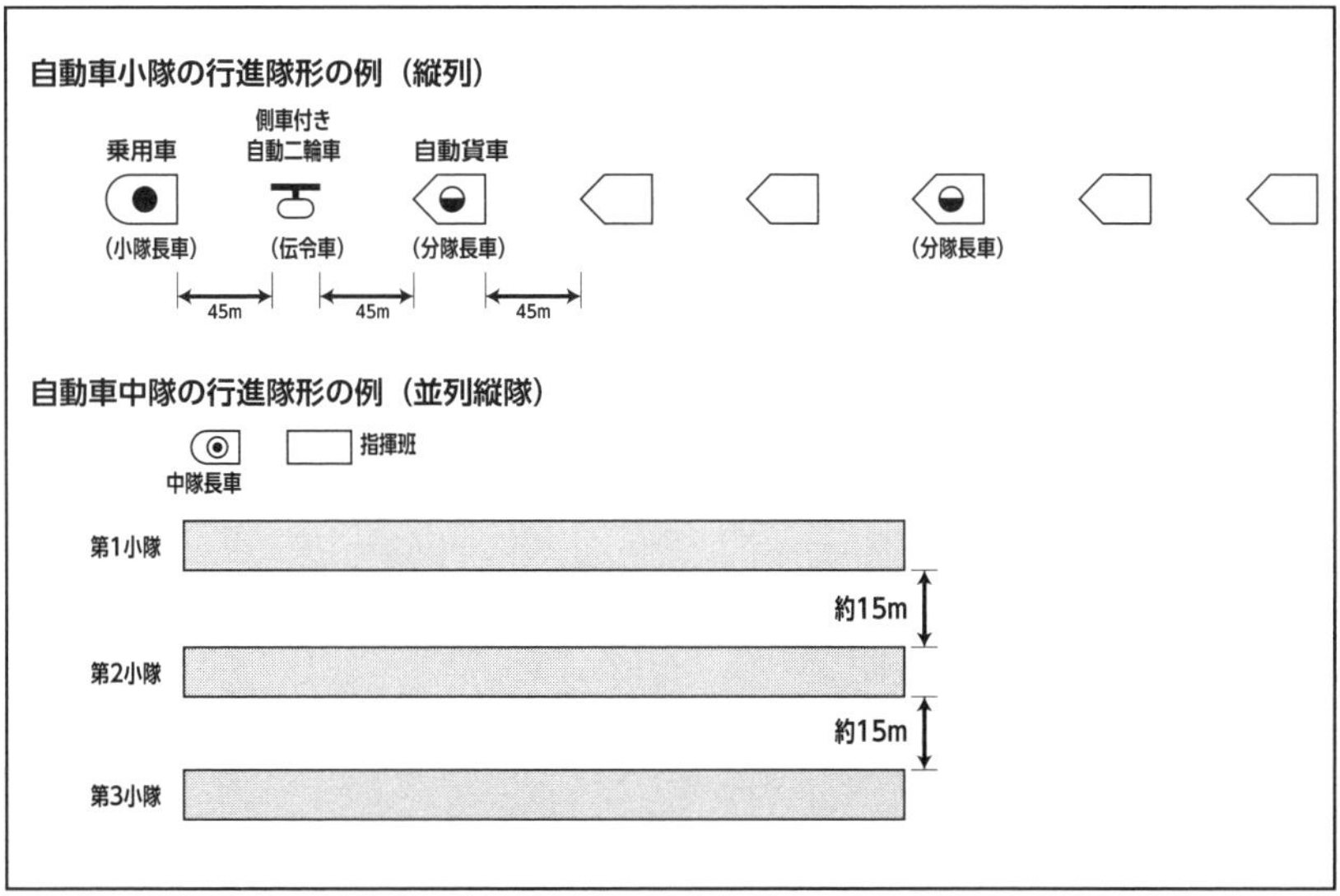

自動車小隊の行進隊形の例（縦列）

乗用車（小隊長車）　側車付き自動二輪車（伝令車）　自動貨車（分隊長車）　（分隊長車）

45m　45m　45m

自動車中隊の行進隊形の例（並列縦隊）

中隊長車　指揮班

第1小隊
約15m
第2小隊
約15m
第3小隊

（表4-3）

ここで自動車隊の編制を見て疑問が生ずるであろう。つまり物や人を輸送する部隊なら、自動貨車だけがあれば十分なのに、どうして乗用車と二輪車（あるいは側車付き自動二輪車）が必要なのか？その点にこそ、指揮・命令の問題がかかわってくる。

まず自動車隊や輜重兵連隊に属する中隊（輓馬中隊を含む）では「中隊長は准尉または曹長を長とする若干の人馬、機材を以て指揮班を編成し指揮の的確を期するものとす」とされていた。

つまり中隊長のスタッフとして指揮班が編成され、命令の伝達はもとより、状況により大隊長（輜重兵連隊は連隊本部以下、四個輜重中隊編制が一般的だったが、時期などにより大隊編制をとった輜重兵連隊もあった）や隣接部隊との連絡にあたっていた。

たとえば合計五四トンの輸送能力がある自動車中隊で一・五トン積自動貨車の必要数は単純計算で三六両。自動貨車の全長を六メートルとし、一個小隊一二両、一個中隊三個小隊編制の自動車中隊が縦列移動中する。縦列の各車の車間距離は二八メートル（縦列における行進中の車間距離は自動貨車の全長＋三〇歩と表記されている）であるから、中隊の縦列は全長一〇〇〇メートルを超える。

無線機が装備されていない環境下で、それらの先頭から最後尾までの状況を自動車中隊の長が把握するためには、伝令となる側車付き自動二輪車や指揮班が必要になるわけだ。

通常、各車（乗用車・自動貨車）には操縦手と助手の二人が配置され、部隊間の連絡に用いる側車付き自動二輪車には、操縦手が一人付属する。そして、伝令を命じられた者が側車に乗る。

中隊長車は通常は乗用車で中隊長（自動車隊長）と副官が同乗し、これに伝令として側車付き自動二輪車が付属する。同様に指揮班もまた指揮班車に同乗し、側車付き自動二輪車が付属する。ただ中隊本部のスタッフはほかにもいるわけだが、彼ら、将校以下の本部要員が乗車する車両は中隊長が適宜割り振った。

また物品の輸送ではなく、歩兵中隊などの移動の場合には、乗車部隊の中隊長と自動車隊の中隊長は、指揮車に同乗するのが原則であり、「戦闘を予期する場合」「その他の場合」にかかわらず、乗車部隊の長（必要ならその幕僚）と自動車隊の長は指揮車に同乗するものとされた。

これは両者の意思の疎通を図るためで、大陸など道路が整備されていない地域での自動車による移動では、どうしても「臨機応変の処置」が必要な場面が生じてしまうためである。

たとえば前進経路の偵察の結果、道路の補修が必要な箇所を発見したとする。これも補修の規模が小さければ、移動中の部隊で臨時に工事隊を編成して、自前で補修し対処するのが通例だ。この人員の手配についても乗車部隊などとの協議が必要になる。さらに自前の工事隊では対処できないような損壊なら、工兵隊などの応援を得るために、上級部隊などへの報告・要請が必要となる。

予定した道路の通行が不可能となれば、迂回路の検討も乗車部隊と行なわねばならず、ときには車両や物品を残置し、徒歩移動の決断もしなければならなくなる。このように道路輸送一つとっても、自動車隊が検討・計画・調整すべき内容は少なくない。

また道路とは別に自動車隊で常に考慮すべき問題は車両の故障である。

まず末端では自動車隊には中隊長の命令により、小隊ごとに車廠が設けられる。これは必要に応じて分隊ごとに設けられることもあった。車廠で行なうのは、燃料補給（原則として小隊で同時に行なう）や整備・調整などである。車廠の設置には次の要件が定められていた。

一、地上および上空の敵に遮蔽し警戒および援護に便にして火災の恐れなきこと
二、地積十分なるとともに地面平坦堅硬にして気象の影響少なく進入、進出容易なること
三、休宿地に近く休養に便なること
四、水を得やすく修理所の設置に便なること
五、冬期にありては自動車の保温設備を為すに便なること

これらとは別に自動車中隊には修理機関が付属していた。交換部品搭載車、予備車、伝令車をはじめとする所要の人員と車両より編成される収容班がそれである。収容班は自動車中隊の行軍に際しては、

作戦中、野外に開設された自動車修理所。車載された機材を用いて溶接作業を行なっている。野戦自動車廠移動修理班や、機械化部隊の整備中隊など重修理を担任する組織には、工作機械を搭載した機工車や発電機など各種の機材を装備するとともに、車両整備・修理の特技をもつ兵員のほか、民間の関連企業から技師や工員が軍属として配属されていた。

後尾に位置し、落伍車があれば、応急修理を施して所属小隊に復帰させるためのチームである。

場合によっては簡単に終わらない修理もあり、そうした場合は故障車を牽引し、より大きな修理機関に送付・委託するとともに、中隊長に報告することになっていた。ただ牽引が不能のために、収容班が留まらねばならないような場合には、中隊長が別途、援護や休養、さらにはその後の手配などをしなければならなかった。

自動車中隊の上級部隊である自動車連隊や輜重兵連隊（大隊）の指揮官は、そうした中隊所属の修理機関の一部あるいは大部分を直轄で管理することができた。また必要に応じて、それら連隊長（大隊長）は、修理所を設けることができた。

こうした作業にも各級指揮官の指揮・統制が不可欠であり、やはり伝令車や側車付き自動二輪車がその任にあたっていた。

連隊長（大隊長）の場合、修理の内容によってはより上位にある兵站自動車修理機関への委託や援助を求めることができた。これら一連の修理作業の中には、燃料やオイル、部品の補給などの問題が生じるが、それこそ兵站業務にほかならなかった。

そうした修理業務一つとっても、中隊内、連隊（大隊）内での連絡調整が必要であり、連隊（大隊）内で解決できないものに関しては、さらに上級組織との連携が必要となる。こうした連絡業務のため、乗用車や側車付き自動二輪車などの車両が必要となるのである。

砲兵部隊との連携と要領

部隊移動をともなう部隊間の連絡や故障車の扱いなどの問題を解決した自動車隊が目的地に到着後の行動を見ていこう。乗車部隊は降車し、あるいは機関銃や野砲などを降ろし、それぞれの位置につくことになる。

さて、部隊を降ろした自動車隊は、その後、どうするのか？

まず、あらゆることが規則で動く軍隊であるから、部隊を降ろすにも、降車場所にも一応の基準があった。

●自動車の進入容易で適宜散開できること
●下車後や以降の行動がしやすく、遮蔽できること
●警戒しやすく、敵の奇襲を防げること

などの条件を満たす場所である。部隊輸送では降車の段階が最も脆弱であるから、奇襲を防いだり、散開可能であることは重要であった。

乗車部隊が降車すると、自動貨車は空車となる。このとき乗車部隊の指揮官は自動車隊の指揮官を空車指揮官として、降車地点付近でその後の行動が容易な場所に自動車隊を隠蔽する。

乗車部隊は所定の位置で、戦闘なり機動に移るわけだが、その後の状況の変化によっては、空車指揮官は再度自動車隊を移動させ、適時、部隊を乗車させ追撃を行なう。当たり前のことだが、降車した部隊は、それが追撃であれ、撤収であれ、再び自動車隊により乗車移動する必要があるということだ。

もちろん、ノモンハン事件の自動車隊のように状況によっては、部隊が降車したら、すぐに軍需品輸送にあたらなければならないとか、別の部隊を輸送するような局面もありうる。だが基本的に乗車部隊が降車した後は、彼らがどう動くかによって、自動車隊の動きは定まる。

それもまた事前に乗車部隊・自動車隊の指揮官相互の、あるいは上級部隊との調整・連携があればこそ円滑に作業は進められる。こうした空車指揮官が留意すべきこととして、以下の五項目が挙げられている。

●戦闘一般の部署を考慮し空車の細部の位置を定めるとともに地形および隊形の利用による援護を確実にすること
●爾後の前進ならびに疎開を考慮した空車の配置
●中隊長（乗車指揮官）との緊密なる連絡の保持
●進路の偵察および必要ならその補修
●車両の整備

安全の確保と移動のしやすさは当然として、ここでも乗車指揮官との意思の疎通と整備の必要性が指

摘されているのは、自動車隊にとって、いかにそれが重要であったのかの証左といえよう。

ここまでの自動車隊による部隊移動は原則的に歩兵部隊（中隊）を例示してきたが、ほかの兵科についても基本的には同じである。

ただいささか独特なのは、砲兵である。これは第二章の牽引車の解説でも述べたが、砲兵が扱う火砲が師団砲兵と、それより上級の軍レベルの砲兵によって異なるからだ。装軌式牽引車を扱うような砲兵と自動貨車に車載で火砲を運ぶ砲兵とは、任務や運用に違いがあることは理解できよう。

牽引車も含め、砲兵隊の自動車運用が特殊なのは、砲列の展開や移動に機動力が要求され、さらに弾薬の補給にも同様の機動力が要求されるため、自動車・牽引車との関係がより密接になるためだ。

『砲兵操典』によると、自動車による砲兵の移動速度は野砲で時速一八キロ（毎分三〇〇メートル）が標準であり、それ以上の火砲では時速一二キロ（毎分二〇〇メートル）が標準であった。言うまでもなく、この数字は標準であり、状況により変化した。

ここで砲兵の中核となる、砲兵中隊を例に一般的な編制を述べれば次のようになる。

まず砲兵中隊は指揮小隊、戦砲隊、中隊段列に区分される。

指揮小隊は文字どおり、中隊の指揮中枢で指揮官（中隊長）の乗車する乗用車をはじめ通信隊など複数の乗用車や自動貨車・牽引車からなる。

戦砲隊とは、砲車（火砲）と弾薬車を一つの単位とする組織をいう。中隊の戦砲隊は第一と第二の二個の小隊からなる。それぞれの小隊は二個の分隊からなり、この分隊は火砲（砲車）一門と弾薬車一両からなる。

このように戦砲隊には二個の小隊・四個の分隊から構成される。分隊は第一から第四まで番号が振られ、第一小隊は第一と第二分隊が属し、第二小隊には第三と第四分隊が属する。戦砲隊に属する砲車と弾薬車は分隊と同じ番号が付与される。つまり第一分隊の砲車と弾薬車は第一砲車、第一弾薬車である。

段列とは広義の補給部隊であり、主として弾薬を輸送する。このことからわかるように、砲兵中隊の段列は、輜重兵部隊との関係が深く、状況によっては輜重兵部隊が段列の役割を担うこともある。

このため砲兵連隊の中には、連隊・大隊段列を持たないものもあった。たとえばノモンハン事件の第二三師団では、編成の時点で輜重兵連隊の自動車化が進んだ反面、野砲兵連隊の連隊・大隊段列はなかった。両者はトレードオフの関係にあったことになる。

段列の編制は扱う火砲や機材の状況でも変化するが、自動車編制の野砲兵中隊の場合だと、中隊段列には自動貨車四両が配属されたという。段列の自動車は弾薬輸送にあたるので、弾薬車となる。重砲などでは、自動貨車ではなく牽引車を用いることもあった。これら弾薬車にも戦砲隊の弾薬車と同様に連番が付与された。つまり戦砲隊の第四分隊の弾薬車が第四弾薬車であれば、段列の弾薬車は第五弾薬車から通しで番号が振られるのである。

さて、軍隊の行動・作戦の基礎となる重要な要素のひとつが、そこで消費される物品の所要量や経費の算定である。砲兵の作戦も事前に必要な砲弾数の見積もりをして、そこから兵站計画が立案される。

この兵站計画には「会戦分」という概念が用いられる。これは銃火器などが消費する弾薬量の基準であるが、「会戦一回分の軍需品の量」というよりも、「軍が一定期間（概ね三か月程度）作戦に従事するために必要な軍需品の量」の意味である。（表4-4）

こうした基準が決められているのは、動員される部隊と作戦期間により、必要な所要量を割り出すためである。

それはそのまま兵站計画にかかわるだけでなく、作戦に関する会計処理の問題もあるからだ。基準が定まっていなければ、予算措置も兵站計画も立てられない。

日本陸軍の『作戦要務令』などでも、砲弾・弾薬

一会戦分の弾薬所要量

	火力種別	弾薬数（1挺・1門あたり見積り：発）
小火器等	小銃	歩兵:300、騎兵:140、その他:40
	軽機関銃	歩兵:8000、その他:4000
	重機関銃	普通弾:20000、徹甲弾:4000
	車載重機関銃	普通弾:2000、徹甲弾:2000
	拳銃	40
	手榴弾	歩兵:1200、その他:400(1個中隊所要数)
	擲弾筒	200
	発煙筒	歩兵:200、その他:100(1個中隊所要数)
	信号弾	300(1個連隊、1司令部の所要数)
火砲	速射砲	徹甲弾:200、榴弾:500
	大隊砲	榴弾:1000
	連隊砲	1000
	野（山）砲	榴弾:1200、榴霰弾:500
	10センチ榴弾砲	榴弾:800、尖鋭弾:100
	15センチ榴弾砲	榴弾:700
	10センチ加農砲	尖鋭弾:600、榴弾:200
	高射砲	600
	軽迫撃砲	榴弾:300、特殊弾:500
	戦車砲	榴弾:500、徹甲弾:100

（表4-4）

の消費量は、「作戦に必要な量」であることが奨励され、「あればあるだけ撃つ」ような無駄な消費は戒(いさ)められている。

兵站が重要なのは歩兵科や騎兵科でも同様だが、弾薬の消費量が大きく、火砲も砲弾も重量物であるという砲兵では自動車による機動力と兵站は特に重要になる。つまり砲兵の場合は、単に部隊を陣地に運ぶだけでなく、段列との関係も考慮しなければならないからだ。

師団砲兵の場合、まず師団長の命令により輜重兵連隊は弾薬交付所を開設する。これは必ずしも砲兵だけでなく歩兵その他の部隊にも弾薬などの補給にあたる。この弾薬交付所は、固定の施設ではなく、前線部隊の移動にともない位置を変える。ただこの移動も（原則として）決して行き当たりばったりではなく、作戦計画に基づく部隊の移動を考慮し、さらに地形や輸送手段などの条件を考慮して、交付所の適地を事前に選定し、兵站計画を立てることになる。

しかし、機動力のある自動車隊では、やや事情が異なる。まず自動車隊については、師団の編制に入っている自動車段列は、弾薬交付所から補給を受けるだけでなく、状況によりその後方の積み換え所や兵站末地からも弾薬の補給を受けることができた。

これはわかりやすくいえば、馬匹輸送より自動車輸送が一行程あたりの兵站線を長く確保できるということだ。馬匹輸送では移動距離が短いため、交付所や積み換え所など中継点が必要になる。しかし、自動車ならより遠くから補給ができるわけである。それだけ時間も節約できる。

一方で、ノモンハン事件のときのように自動車隊が師団に編合された場合はこれとは少し異なる。師団に配属された自動車編制の段列は、兵站末地から直接補給を受けるのを通常とした。

さらに状況により急な追撃が必要な場合などには、中隊段列ではなく、輜重兵部隊が直接、第一線の砲兵中隊に補給を行なうことも必要とされた。こうしたことを可能とするためにも、周辺部隊との乗用車や二輪車などによる連絡手段が重要となる。

ちなみに自動貨車への搭載時間の標準は、人員で五分なのに対して、火砲・弾薬車では二〇分とされていた。もちろん降ろす場合は、それよりも短時間である。残念ながら日本陸軍は、物資輸送がすべて自動貨車で完結せず、馬匹は重要な輸送手段で、数からいえば、こちらのほうが多かった。このため自動貨車で馬の輸送も行なわれたが、二ないし四頭の馬を搭載するためには、火砲以上の時間がかかり、三〇分が標準であった。

自動車編制の砲兵段列などは、下車後、砲兵隊を輸送してきた自動車隊の空車指揮官の指揮下に入る。つまり火砲や兵員、弾薬などを降ろした自動車部隊は、所属が同一の自動車隊の場合はもちろん、そうでない場合にも、一人の空車指揮官の統一指揮の下に入るということだ。そしてその後の弾薬輸送に関しては、空車指揮官の担当となる。

砲兵隊を乗車させた自動車隊（牽引車により移動した火砲も基本は同じだが）は、砲兵が計画した砲

陸軍自動車導入の黎明期より砲兵の自動車に対する関心は高かった。馬匹による運用との最大の違いは、火砲の牽引であれ、車載であれ、砲兵もまた自動車に同乗することで高い機動力を確保できることだった。また火砲の分解輸送が不要であるため、山砲を分解して運ぶと10頭以上の軍馬が必要だったものが、車載ならトラック２両で完結できた。

列を展開する陣地まで砲兵や火砲・弾薬を輸送する。また陣地への進入や転換時には、状況により人力によらず、自動車が火砲を牽引することもあった。この場合、火砲の移動位置は、砲兵指揮官の命令ではなく、「意図に基づき」行なわれることが原則だった。この点は自動車隊の安全も考慮して、降車地点を選び、徒歩移動できる歩兵中隊などとは異なる。

もちろん砲兵隊の移動でも降車時に自動車隊の安全は無視されるわけではないが、それでも砲列の展開が優先される。可能な限り陣地まで進出することが求められた。このため危険が予想されるときなどは、一部の兵員を乗車させた状態で、状況の変化に対応することも求められた。

また兵員の乗降は原則としては停車してから行なわれるが、緊急の場合には時速五キロ以下なら移動中の自動車からでも行なわれた。

砲兵もほかの部隊も空車の安全確保についての原則は同じであるが、砲兵陣地は敵軍の砲撃を受ける可能性が高く、空車は分散配置することも多い。この場合、空車指揮官が全車両の掌握が困難になるため、事前の調整や連絡手段の確保がより求められた。

さらに砲兵の場合は陣地変換も多いため、空車は安全を確保できる範囲で可能な限り陣地近くの場所で待機する必要があった。さらに追撃が必要な場合に、乗車部隊指揮官や上級部隊、関係部隊との連絡を密にすることも自動車隊では重視された。

総じて自動車隊指揮官の仕事は、輸送が半分、関係組織との連絡調整が半分といってよいだろう。

人や物の移動に組織間の調整が不可欠であることを思えば、実際に輸送を担任する自動車隊で組織間の連絡・調整業務が重要となるのは、当然のことである。したがって自動貨車が足りないにもかかわらず、そうした連絡に用いられる自動二輪車や乗用車は総計で万単位の生産が必要だったのである。

さて、師団における砲兵部隊（重機関銃中隊にも共通するのだが）の輸送がほかの部隊と異なる点として、降車しない状態での攻撃、つまり車上射撃があることだろう。

トラックに車載した状態での砲撃であるため、これが可能な火砲は限られる。大隊砲、連隊砲、速射砲、山砲（野砲も山砲同様に車載されるが、車上射撃は行なわれなかった）などである。

車上射撃が必要な状況とは、戦闘が急迫している状況であるため、この時点で自動車隊は乗車部隊の指揮下に入っており、乗車している砲兵の分隊長は、自動車隊の操縦手に対して、自動車を射撃に適した方位に向けるよう命じることができる。

さらに車上射撃をする場合には、荷台での操作を容易にするため、乗車中の砲兵の何人かは下車することになった。このとき自動車の助手は後輪に車止めを施すことになっていた。自動車の管理はあくまでも自動車隊の要員が行なったのである。

陸軍がトラックに車載した山砲などで砲撃することは、満洲事変後の一九三二年頃から行なわれて、簡易自走砲的な運用が可能であることは確かめられている。また一九四一年頃の教範には、砲兵による車上射撃についても記されている。ただ、こうした車上射撃が実戦でどの程度行なわれたのかは定かではない。

自動車部隊の拡充

日華事変と自動車隊の改編

日華事変の前年、一九三六年一二月に関東軍自動車隊は関東軍自動車第一連隊に改称・改編され、さらに関東軍自動車隊の一個中隊を基幹に、関東軍自動車第二連隊が新編された。

自動車第一連隊は四個中隊と材料廠一個、自動車第二連隊は二個中隊編制で材料廠一個からなっていた。

車両の定数は自動車第一連隊が二六八両、自動車第二連隊が一四二両、兵員の総数は前者が約一四〇〇人、後者が約七五〇人であった。（表4 - 5）

だが日華事変が始まるとすぐに自動車第一連隊にも出動命令が下る。そしてこれにともない、同連隊は徴用自動車のほかにトヨタの自動車三〇〇両を受領し、輸送力の増強を図った。同連隊の六輪自動貨車の定数が一九二両であることを考えるなら、この

（1936年12月編成時）関東軍自動車連隊の自動車定数

『満洲駐屯陸軍部隊の新設及び編制改正完結の件』より著者作成

■自動車第1連隊

	六輪乗用自動車	小型乗用自動車	六輪自動貨車	側車付き自動二輪車	軽修理自動車	所属別保有数
連隊本部	2	1	2	4	0	9
1個中隊／4個中隊計	4／16	1／4	48／192	6／24	1／4	60／240
材料廠	3	0	8	4	4	19
車種別合計	21	5	202	32	8	総数：268

■自動車第2連隊

	六輪乗用自動車	小型乗用自動車	六輪自動貨車	側車付き自動二輪車	軽修理自動車	所属別保有数
連隊本部	2	1	1	2	0	6
1個中隊／2個中隊計	4／8	1／2	48／96	6／12	1／2	60／120
材料廠	2	0	8	4	2	16
車種別合計	12	3	105	18	4	総数：142

（表4-5）

輸送力の増強がいかに急激であったかがわかる。

このように日華事変を契機に部隊には多数の自動車が前線や後方に投入されるようになったが、それは関東軍や師団所属の輜重兵連隊自動車中隊だけではなかった。日華事変の拡大で師団などの増派・新編が行なわれるが、それは必然的に兵站の増強を要求した。このため軍司令部に兵站担当の部局や司令部が新設され、新編された自動車部隊は、そうした上部組織の下で活動することとなる。

ただ自動車隊の自動車は増やせても、運転手は簡単には増やせない。このため徴用した者に速成教育(軍属に一週間の自動車教育を施し、徴用自動車を運転させたという証言もある)を施して、やっと自動車連隊を維持するようなことも行なわれた。

ところが、十分な教育訓練を施す余裕もなく自動車部隊を増設したことは、のちに自動車の故障・事故の増大と稼働率低下となって跳ね返ってくるのであった。

こうした自動車隊の改編の動きの具体例として、複数の兵站自動車中隊が自動車第三二連隊に再編されるまでを見てみよう。

まず一九三八年六月二〇日に満洲鉄嶺において兵站自動車第一六八から第一七二までの五個中隊が編成される。これらの兵站自動車中隊は、基幹要員は関東軍自動車第一および第二連隊から提供され、それ以外の下士官兵は内地の各師団管区より動員管理者(多くは留守師団司令官)よりの召集者により賄われた。

五つの兵站自動車中隊は、第一六八中隊は名古屋、第一六九中隊は大阪、第一七〇中隊は熊本、第一七一中隊は久留米、そして第一七二中隊は京都が、それぞれの師管区となっていた。

兵站自動車中隊の標準的な編制は、中隊長以下、一九四人、乗用車四両、側車付き自動二輪車が六両、自動貨車が六七(輸送用は五四)両、さらに軽修理自動車が二両となっていた。また独立して活動することも考慮して、経理と衛生機能も備えていた。単純計算で、五個中隊で乗用車二〇両、側車付き自動二輪車三〇両、自動貨車三三五（輸送用二七〇）両、軽修理自動車一〇両となる。

なお自動貨車に関しては、すべてが国産ではなく、依然としてフォードやシボレーも多用されていた。さらに、これらはあくまでも定数であり、常にそれが満たされていたわけではなかった。特に軽修理自動車の配備は部隊編制より遅れがちであったという。

ちなみに自動貨車の五四両とは、一トン車で五四トンを輸送することを基準とするもので、配備された自動貨車が一・五トン車であれば三六両となる。実際、のちの独立自動車中隊なども、配備される自動貨車の積載量増大にともない、輸送力は五四トンながら、車両数は三六両が基準となっている。

これら五個兵站自動車中隊は、急激な師団の増加の影響を受け、召集の予備役・後備役の下士官が主力で、二年兵もいない新兵ばかりの部隊であったという。このため編成は六月であったが、まず新兵としての訓練を受け、その後に大連で車両を受領したのが八月、そこから自動車隊としての訓練を行ない、八月末頃に中支派遣軍の隷下の第一一軍に配属された。ただ五個兵站自動車隊は、第一一軍司令部の直接の隷下に入ったわけではない。

まず兵站部門としては、第一一軍司令部に属し、兵站を担当する第一一野戦輸送司令部が、第一一軍の輜重兵部隊としての最上級指揮機関であった。この時期は武漢攻略戦が行なわれ、野戦輸送司令部はこの作戦から置かれるようになった。

この司令部は少将もしくは大佐の司令官以下、さらに副官、部員、部付きなど三七人の人員が配置されていた。ほかに自動車六両を有するのが標準であった。この第一一野戦輸送司令部の隷下に第二二兵站自動車隊本部が置かれ、これが兵站自動車中隊五個の直接の上部機関である。

ちなみに同様の部隊に兵站輜重兵隊本部があった。これは中佐もしくは少佐を長とした一七人が配置され、四個から六個の馬匹編制の兵站輜重兵中隊を管理するものとされた。

兵站自動車隊本部は、この兵站輜重兵中隊を兵站自動車中隊に置き換えたものである。したがって編制は兵站輜重兵本部に準じている。戦闘序列としては、この第二二兵站自動車隊本部と五個兵站自動車中隊を合わせて兵站自動車隊として扱われた。

このように第一一軍の中で兵站自動車隊は輸送任務についていたが、一九四〇年に改編される。兵站自動車隊五個中隊に兵站自動車第五中隊が加わった六個中隊から、連隊本部、四個自動車中隊、材料廠からなる自動車第三二連隊が編成される。一九四〇年一〇月二三日に同連隊は編成を完結した。

人員は連隊長以下約七六〇人、自動車は約三〇〇両を保有していた。

興味深いのは、満洲の関東軍と中国の支那方面軍とでは中心となる自動車隊の編制が異なることだ。

関東軍の自動車連隊は日華事変により七個連隊にまで増強されるが、一九四一年の関東軍特種演習を契機に独立自動車大隊に改編されることになる。

改編された独立自動車大隊も本部、四個自動車中隊と、材料廠一個の編制で、人員は八〇八人、自動車二二八両となっていた。これら独立自動車大隊は終戦までに四〇個以上が編成された。

自動車中隊の輸送能力（積載量）は四五トンが基準で、このため車両数は中隊の自動貨車の積載量が一トンか一・五トンかで異なり、前者なら四五両、後者なら三〇両となる。

ところでここで疑問が生じるかもしれないのは、ほとんど同じ組織をどうして連隊から大隊へと改編したのか？　またどうして改編した大隊を束ねる連隊が編成されなかったのか、ということだろう。

これは先の人材不足に起因する。自動車連隊編制にすると、連隊長として輜重兵大佐、中佐を充てることになる。しかし、急増する自動車隊を連隊編制にすると、そのための指揮官が足りなくなるのだ。だから輜重兵少佐あるいは大尉を指揮官とできる大隊編制となったのだ。

こうした大佐・中佐クラスの指揮官不足は、自動車隊だけの問題ではなく、陸海軍の多くの部隊で見られた問題だ。たとえば海軍設営隊なども、海軍の飛行場など建設需要の急増から、次々と新編されたものの、この指揮官不足から予備役、後備役の人間を現役復帰させることも珍しくなかった。

輜重兵科の自動車化とその限界

一方、支那方面軍は従来の兵站自動車隊を一九四〇年二月頃から順次、自動車連隊へと改編している。最終的に一九個自動車連隊が編成された。

自動車連隊（大隊）の編制は、複数の自動車中隊を統合することで、材料廠の共通化など組織の無駄を省く利点があった。ただ関東軍とは対照的に支那方面軍などで自動車連隊の編制を採用した理由はよくわからない。連隊長に輜重兵中佐も多いことから、少佐・大尉の昇進が早くなり、ある程度は人材供給にめどが立ったこともあるのかも知れない。

これら一九個の自動車連隊は、新編時の連隊長は大佐一人、少佐二人をのぞき一六個連隊で中佐であった。さらに終戦時には、六個連隊で少佐、一〇個連隊で中佐、残り三個連隊で大佐であるものの、輜重兵科ではなく、歩兵科であった。自動車連隊の指揮官を担える輜重兵大佐の不足がうかがえる。

実際、終戦までに兵科の中で最も膨張したのは輜重兵科であった。これは単に部隊の数ばかりでなく、自動車、航空機などの機械装備の部隊が増えたことで、兵站補給で担うべき物量が増大したためである。結果として輜重兵科の幹部が払底し、輓馬編制の部隊では騎兵科が、自動車部隊では歩兵科や機甲科の将校が輜重兵連隊の連隊長となることも増えていた。

一方で、一九四〇年七月以降は、独立自動車中隊が終戦までに一二一個が編成され、終戦時には八九個が残っていた。部隊の編制や輸送能力は兵站自動車中隊とほぼ同じである。自動車連隊は、一九四二年七月に第三八と第三九自動車連隊の二個を最後に新編されていないのとは対照的だ。

これは独立自動車中隊を必要に応じて各部隊や兵団に配属する方が好都合であるためだ。現場の実情としては、第一線部隊の数は増えたものの、個々の部隊の自動車化は進まず、外部からの自動車隊の応援が必要だったということだろう。

日華事変より一年ほどの間に、推定数千両の自動車が主として兵站部門に投入されている。同時期の日本の自動車生産数を考えれば、民生用を除いた国産車は、完成するとそのまま戦場に送られているかのようである。だが現実には、師団輜重兵連隊でさえ完全な自動車化はできず、一個自動車中隊編制を実現できた師団にしても六割程度にすぎなかった。残りは依然として馬匹編制のままである。

このため自動車連隊や兵站自動車隊などが新たに編成され、必要な戦域に派遣され、兵站業務にあたっていた。

確かに戦場には、数千両の自動車が送られていた。しかし、師団数はそれ以上に増えていた。特設師団や三単位師団を含め、日華事変から一年ほどの間に三〇弱の師団が中国大陸各地に展開していた。だから日本陸軍の自動車化は進んでおり、（フォード・GMの工場は開店休業状態ながら）国産自動車の生産数も増大していたものの、増大する師団の需要を満たせる水準にはなかったのだ。

それでは関東軍・各方面軍に所属する自動車隊以外の自動車化、つまり主力である歩兵師団の自動車化、なかん

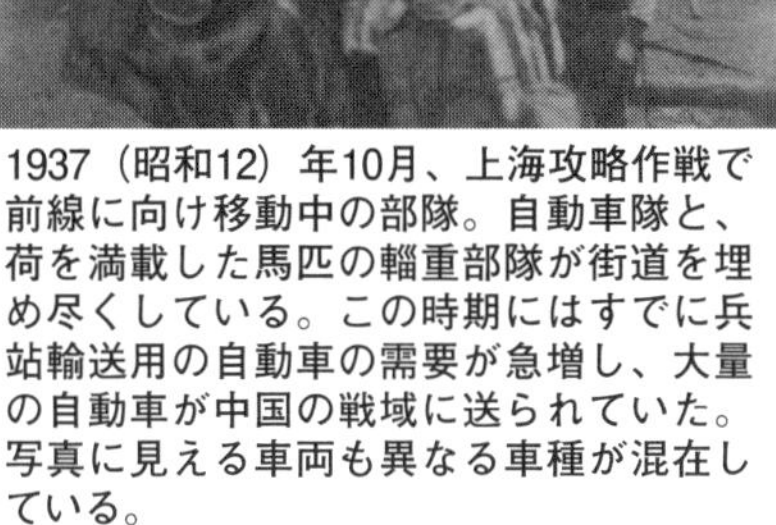

1937（昭和12）年10月、上海攻略作戦で前線に向け移動中の部隊。自動車隊と、荷を満載した馬匹の輜重部隊が街道を埋め尽くしている。この時期にはすでに兵站輸送用の自動車の需要が急増し、大量の自動車が中国の戦域に送られていた。写真に見える車両も異なる車種が混在している。

ずく輜重兵連隊の自動車化はどうであっただろうか？　これに関しては日華事変より一年の間に、日本から派遣された師団や満洲・中国で新編された師団から輜重兵連隊の自動車化が進められていった。

輜重兵連隊では、既存の馬匹編制による中隊が自動車中隊を編合して改編されたものや、特設師団の輜重兵連隊として、一個もしくは二個の馬匹編制の中隊と自動車中隊一個からなる連隊というかたちで自動車化された。

これは師団の中で最も多数の自動車を保有・運用する輜重兵連隊の例だが、砲兵段列などでも自動車化が進められた。

時期的にも自動車製造事業法による許可会社が、ようやく年産一万台を達成できた時期である。ただそれでも日華事変から一年の時点でも、すべての輜重兵連隊が自動車化されてはいない。

大陸に派遣されたほかの師団（第三、第五、第六、第一〇、第一四、第一六、第一八、第二〇、第一〇一、第一〇六、第一一四、第一一六師団）は、依然として自動車中隊を持たない馬匹編制の輜重兵連隊を有していた。

ここで考えるべきは、事変前と後では、師団数増加の意味が違うことだ。平時編制の師団が戦時編制に切り替わる時点で、師団の人員は倍増する。そして事変以降に動員・新設される師団は戦時編制である。だから単純計算で、平時編制の二倍の師団数になった場合、人員数は二倍ではなく四倍になる。

馬匹だけの輜重兵連隊が、日華事変後の一年足らずの間に急速に自動車化を進めていることがわかる一方で、その自動車化には限界があったのである。また急激な自動車化は操縦手不足という深刻な問題とも表裏一体であった。

人手不足の問題は、操縦手だけにとどまらなかった。各種自動車部隊の増加にともない、多数の野戦自動車廠が開設され、さらに新設されようとしていた。しかし、必要な修理・整備要員の不足は深刻で、徴用程度では確保が難しくなってきた。そうなると陸軍自らが人材の大量育成にあたる必要に迫られた。その教育を期待されたのは当然ながら陸軍自動車学校であった。主管である陸軍省整備局は三か月ごとに四五〇人（年間一八〇〇人）の修理工の教育養成を陸軍自動車学校に打診するが、すでに同校は自動車隊の編成に人材をとられ、そうした教育を実施する余裕はなくなっていた。

このため修理工の育成は整備局の強い要請により、教育機関ではない陸軍兵器本廠が行なうという異例の事態になった。こうして陸軍兵器本廠教育隊が編成されることになり、兵器本廠整備部輜重科長（輜重兵少佐）が教育部長となり、さらに教官としてトヨタ、日産、東京自動車工業などの技師や工員が徴用された。この異例の教育隊は一九三八年九月より終戦まで活動していた。

騎兵機械化への改編と問題点

日華事変後の自動車隊の状況はこのようなものであったが、では戦車隊はどうであっただろうか？

満洲事変に続いて、日華事変が勃発するが、この中で独立混成第一旅団は、いぜんとして集団としての作戦部隊ではなく、分散して支援部隊として派遣されるような運用が続く。

ここで日華事変の影響として歩兵師団が、それまでの歩兵連隊四個の四単位編制から、歩兵連隊三個の三単位編制に切り替わっていく時期であることは、戦車部隊とも無関係ではない。

最初の三単位師団である歩兵第二六師団が編成されたのが日華事変勃発直後の一九三七年九月三〇日であった。四単位師団から三単位師団への切り替えは、事変の拡大にともない、戦略単位としての師団の数を増やさねばならないという事情から行なわれた。ただ四個連隊を三個連隊と、部隊数を二五パーセントも減らしたことで、戦力の低下は否めなかった。

実際、第二六師団の初代師団長の後宮淳（うしろくじゅん）中将は、戦力の低下を理由に「三隊師団は不可なり」との意見書を師団新編から一週間もしない一〇月五日に提出している。この中で後宮師団長は、限られた兵力で、戦略単位たる師団数を増設しなければならない現実には理解を示しつつも、結局は外部からの支援部隊や増援部隊が必要なことなどから、三単位師団は必要最小限度にとどめ、陸軍全体の三単位師団化には反対している。

ちなみに陸軍中央の四単位師団から三単位師団の転換理由には「限られた兵力で師団数を揃える」という理由以外に「四単位師団が一縦隊で前進する場合の移動の困難さ」も挙げられていた。これは四単位師団では行軍長径が著しく延びてしまうので、部隊の展開に時間がかかるほか、補給も困難になるということが問題視されていた。

そしてこのことは複数師団で軍を編成するような場合にはより問題となる。よって三単位師団の方が都合がよいとの意見であり、陸軍大学校などの戦術研究では、すでにこうした編制が用いられていたという。こうした研究の結果が四単位師団から三単位師団への転換には含まれていた。

これに対して後宮師団長は、師団が一縦隊で移動することは稀であることや、部隊の機動や補給の問題は自動車の活用で解決できると指摘している。この点は陸軍上層部の自動車に対する一般的な認識として興味深い。

なお第二六師団は初の三単位師団であるだけでなく、先に述べた機械化された騎兵による師団捜索隊が初めて編成された師団であった。

自動車化に必ずしも積極的ではない騎兵科も、一部の働きかけで細々とだが自動車化に着手し始めていた。一九三三年にはそれまでの騎兵旅団に自動車班として付属していた装甲自動車部隊が、騎兵旅団装甲自動車隊として正式に編成される。このときの装甲自動車隊は九二式重装甲車七両に自動車若干を付属させたものであった。

一九三五年四月二一日になると騎兵第一、第四旅団の装甲自動車隊を統合し、騎兵集団装甲車隊が編成される。これは本部と、九二式重装甲車七両による二個の中隊と材料廠一個からなっていた。

一九三七年になると騎兵集団装甲自動車隊と騎兵

学校教導隊の装甲自動車隊が九五式軽戦車を装備する戦車隊に改編される。

こうした騎兵科の機械化を背景に、第二六師団に、それまでの騎兵連隊ではなく捜索隊として、機械化された騎兵科部隊が編成されたのでる。

編成時の捜索隊は乗馬中隊一個に装甲車中隊一個という編制であった。しかし、早くも翌年七月には、機関銃小隊や速射砲分隊を含む乗車中隊二個と、軽戦車一〇両からなる軽戦車中隊一個、さらに自動車中隊一個が新編される。この自動車中隊は乗車中隊の移動用で、当然ながら二個中隊を輸送する能力を要求されていた。つまり二個中隊は乗車編制中隊ということだ。

この捜索隊が三単位師団の第二六師団に編入されたのは偶然ではない。従来の四単位師団では騎兵連隊が編成されていたが、他兵科が自動車化を推進する中で、師団騎兵連隊のあり方はかねてより議論されていた課題だった。

つまり騎兵連隊が捜索隊に改編されたのは、師団の三単位化を契機に騎兵連隊改革も断行された結果なのであった。騎兵中隊と装甲車中隊からなる編制には、中途半端、あるいは互いの特性を活かせないなどの異論もあったが、有効な代替案もないため、この編制で決着したのである。

この第二六師団をはじめとして、日華事変で三単位師団が増えてくると、その戦力の低下を補う手段が必要になってくる。戦車部隊が分散して活用される背景には、歩兵師団の三単位化の推進と密接な関係があったのである。

こうして「戦車部隊等は必要に応じて師団に編組すればよい」という考えが主流となっていった。そして一九三八年八月一日に戦車第三大隊、戦車第四大隊がともに連隊に改編される中、同月一二日には独立混成第一旅団は廃止される。これにともない第一戦車団が誕生するのであった。

ここまで独立混成第一旅団の廃止としてきたが、正確には「在満軍備改編要領」に基づく部隊の改編である。一般に独立混成第一旅団の廃止は、関東軍司令部をはじめとして、陸軍上層部の機械化部隊に対する不見識が理由に挙げられることが多い。同時期に、その当事者であった将兵の手記の類にもそうした意見は多いし、現場だからこそ、そう感じることがあるのは理解できる。また、ほぼ同時期のヨーロッパにおけるドイツ軍の電撃戦との対比から、そうした意見が支持されることも多いようだ。しかし、「在満軍備改編要領」などを見ると、「独立混成第一旅団は役に立たなかったので廃止した」というような単純な話ではなかったことがわかる。

まず独立混成第一旅団を構成していた戦車第三大隊は一九三七年八月一日に大隊から連隊に改編されるが、これともない戦車第三連隊は旅団との編合を解かれることになる。これにより独立混成第一旅団の戦車部隊は一個大隊となっていた。そして独立混成第一旅団の廃止は日華事変後の在満軍備全体の中で、廃止の数か月前から準備され、計画されていた。

まず一九三七年一一月の時点で独立混成第一旅団については「戦車第四大隊の車両の将来の作戦に適する如く変更する要し、したがってその各単位部隊の名称を変更するを要あるによる」が理由としてあげられている。そして一二月の時点で、次のとおり変更事項が示された。

- 戦車第四大隊を独立混成第一旅団戦車隊と改称
- 軽戦車中隊のうち一中隊を中戦車中隊に改称
- 装甲自動車中隊を軽戦車中隊に改編
- 軽装甲車中隊を軽装甲車隊に改称

このように戦車大隊（連隊）の戦力そのものは、縮小や弱体化ではなく、改編によりむしろ強化されているのである。なお独立歩兵第一連隊所属の軽装甲車中隊は同連隊の廃止と同時に戦車第四連隊へと転入となる。それだけ装甲戦闘車両は集約化されるわけである。

ここで注目すべきは、一九三八年は日華事変の翌年であり、歩兵師団の三単位化が進み、自動車製造事業法により、自動貨車の量産が始まって二年目という事実である。陸軍にとっての自動車の需給関係は、独立混成第一旅団新編の頃と大きく変わりつつある時期だった。同時に独立第一混成旅団の三年に及ぶ運用の経験から、陸軍における自動車化の実績も蓄積されてきた。

その一つが、独立歩兵第一連隊に見られる乗車歩兵編制の適否である。満洲事変で関東軍自動車隊が増設されたように、日華事変でも自動車需要は急増する。こうした中で自動車化された歩兵連隊が自前の自動車隊を抱え込むのは、陸軍の自動車運用としては決して効率的とはいえなかった。

同じ関東軍隷下の部隊でも、自動車隊のように兵站から諸兵科の移動まで多目的な運用は同連隊には期待できなかった。なおかつ独立混成第一旅団は輜重部隊を欠いているのである。独立歩兵第一連隊は、旅団廃止後に自動車編制から徒歩編制に改編されるが、これにより余剰になった自動車と人員は自動車隊に編入となっている。

これに関連してもう一つの問題は、前述した自動車関連の人材不足の問題だ。

自動車化された独立混成第一旅団であるが、自動車の運転や整備を担う人員の不足には終始悩まされていた。部隊編成にあたり、必要な技能を持った人員を召集し、さらに兵役延長（三年兵）でやっと部隊を維持しているという現実があった。昭和初期の

独立混成第一旅団は日本陸軍にとっての大きな実験であった。３年に及ぶこの実験により日本陸軍は部隊の機械化に伴うさまざまな問題点を認識することになる。その一つは戦車を含めた自動車を良好な状態に保つための人材の重要性と慢性的な人材不足であった。独立混成第一旅団もまた、機械化部隊を維持するための人材不足に悩んでいた。

戦車第4連隊の保有車両数

	連隊本部	第1中隊	第2中隊	第3中隊	第4中隊	第5軽装甲車隊	第6軽装甲車隊	材料廠	合計
八九式中戦車					13			2	15
九五式軽戦車		14	13	12				10	49
九四式軽装甲車		2	2	2	5	17	17	7	52
六輪乗用車	2	1	1	1	1	1	1	1	9
六輪自動貨車（定数）	2	8	8	8	8	5	6	21	66
六輪自動貨車（教育用）	1	3	3	3	3	3		3	19
四輪起動小型乗用車		1	1	1	1		1	2	7
修理用自動車								3	3
（同付属車）								3	3
側車付き自動二輪車	2	2	2	2	2	2	2	5	19

（車両数合計：242）

（表4-6）

日本社会の自動車を取りまく環境を考えるなら、自動車も人員も不足している中で、独立混成旅団というかたちで後方支援の負荷の大きい機械化部隊を編成したことそのものに無理があったのである。

そして廃止された同旅団は決して、蓄積をゼロにされたわけではない。すでに見たように戦車第四大隊は、その戦力を強化され、一九三八年八月一日に戦車第四連隊として改編される（表4・6）。同時に独立混成第一旅団司令部は、若干の人員の異動により、第一戦車団司令部となったのである。

戦車第四連隊の改編が八月一日、旅団の廃止が八月一二日、第一戦車団司令部編成完結が八月二三日であり、この司令部の新編と同時に戦車第三、第四、第五連隊が編合された（なお戦車第五連隊だけは、この時点で第三軍司令部の隷下にあったので、編合時期は遅れている）。

新編時の独立混成第一旅団司令部は、旅団長に参謀二人、ほかは直属の材料廠という簡素なものであった。この司令部機能の貧弱さは早くから指摘され、若干の増員もされている。

そして旅団解隊時の司令部を強化して再編した第一戦車団司令部は団長（中将）以下、九人の幕僚からなる編制となっていた。

一方で戦車団司令部隷下の戦車連隊本部は、歩兵大佐の連隊長以下、本部要員の数は三〇人弱の人員を擁していた。このような指揮組織からわかることは、戦車団が隷下の三個戦車連隊を一元指揮することは考えられておらず、それぞれの戦車連隊は独立して運用できるということだ。言い換えるなら、戦車団とは、戦車部隊を組織面で一元管理する効率性を目的とした編制であり、部隊運用ではそれぞれの戦車連隊が個別に必要な師団などに配属されるかたちを想定していたことになる。

独立混成第一旅団から第一戦車団への改編には、自動車産業の現状などさまざまな要因があるだろうが、主たるものは、独立混成第一旅団の目指していた運用構想と、日華事変の現実の（主として技術的な）乖離があるだろう。

そもそも自動車化された諸兵科連合部隊である独立混成第一旅団は対ソ戦（一九三三年の時点で、ソ連陸軍はBT戦車だけで六六〇両を保有していた）を意識した部隊であり、戦車などないに等しい中国軍との戦闘に向いている部隊とは言い難いものだった。そうして日華事変の現実に合わせて、部隊は再編され、「使いやすい」部隊運用がなされることになる。

ただ、ここで陸軍中央が部隊の機械化に消極的で、戦車を軽視し、歩兵に固執したと結論するのは早計だろう。それは陸軍における戦車とは歩兵直協の兵科であり、あくまでも歩兵を支援する存在であった。これは旅団でも戦車団でも変わっていない。

そして陸軍は歩兵部隊の自動車化には積極的に取り組んでいた。戦車にしても、九五式軽戦車や九七式中戦車などは、自動車化された歩兵と協同できることが要求されている。何より無視できないのは、戦車は数は少ないながらも着実に増えており、部隊も増設されている事実にある。

すでに指摘したとおり、日本陸軍の前線までの「ラスト一マイル」は馬匹に大きく依存していた。この現実を放置して、機甲部隊を一つ二つ新編し、それが機動力で敵陣を突破したとしても、その戦果を確保すべき歩兵部隊が、徒歩と輓馬でしか移動できないなら、意味はない。機甲部隊が粉砕した敵陣は、歩兵部隊が確保する前に、奪還されてしまうからだ。それどころか機甲部隊の補給が後方で寸断されることさえ考えられる。

したがって、すべてとは言わないまでも、機甲部隊と行動をともにできる自動車化された歩兵部隊が迅速な土地の確保のために必要となるだろう。そうであれば、陸軍としては、歩兵師団の自動車化こそ急務となる。そもそも発達した自動車産業がその背景になければ、戦車部隊の増強など無理なのだ。だからこそ、陸軍は商工省などとともに自動車産業行政に深く関わってきたのではなかったか。

なお　参考までに記すと一九四〇年の西方作戦時のドイツ陸軍は一五七個師団を有し、機甲師団は一〇個、自動車化歩兵師団が六個、訓練中などを除く歩兵師団（徒歩）が一二七個であったという。

ノモンハン事件の敗北と教訓

日本陸軍が遭遇した初の近代戦

一九三九年五月から九月まで、二度にわたるこの武力紛争は、日本側から見れば、満洲国とモンゴルとの曖昧な国境線を巡る日満とソ蒙の戦いであった。一方のソ連側から見れば、前年のミュンヘン協定以降、英仏が独ソを戦わせ、共倒れさせようとしているという認識の中で起きている。

東でノモンハン事件の対処をしているスターリンは、西で独ソ提携交渉を進め、それは第二次ノモンハン事件がほぼ終了している八月二三日の独ソ不可侵条約として結実している。独ソ交渉の中で、ドイツのリッベントロップ外相は、交渉を有利に進めるべく、すでに日独防共協定などを締結している立場から、日ソ間の武力紛争の仲介も申し出ている。

対するスターリンは、ノモンハン事件の戦況から、ドイツの仲介を辞退していた。スターリンにしてみれば、交渉をソ連ペースで進めるためには、ノモンハンでの武力紛争は負けるわけにはいかないという事情があった。その意味では、この国境紛争は独ソ提携交渉で、ソ連がドイツに日本カードを切らせないためのものともいえた。

ノモンハン事件要図

（図4-7）

つまり紛争そのものは偶発的なものであったにせよ、日本は負けられない紛争だったのに対して、ソ連は勝たねばならない紛争であったのだ。

満洲とモンゴルとの間にかねてより国境線問題があった。日満がハルハ河を国境と主張するのに対して、ソ蒙側はハルハ河より東方二〇キロメートルを国境と主張していた。（地図4－7）

関東軍はすでに一九三九年四月の時点で、作戦参謀だった辻政信少佐（当時）が策定した『満ソ国境紛争処理要綱』を隷下の各部隊に示達していた。これは「国境線が不明確な地域では積極果敢に行動すること」を謳っていたが、一方で「侵さず・侵されず」を原則とすることも求めていた。

そうした中で一九三九年五月一一日、ハルハ河を越えた側、つまり日満が主張する国境線をモンゴル騎兵が越境してきたことから満洲国軍警備隊との衝突が起こった。

一三日には「処理要綱」に従い第二三師団長の小

松原道太郎（まつばらみちたろう）中将は師団捜索隊（乗馬一個中隊・軽装甲車一個中隊）を基幹とする東支隊（東八百蔵（あずまやおぞう）騎兵中佐指揮）をハイラルから出動させた。事件の矢面に立たされる第二三師団は、この時期の関東軍では唯一の三単位師団であった。

　この当時の日本陸軍の標準では、同師団は自動車化師団と認識されており、師団全体で乗用車一一両、自動貨車は輜重兵連隊の四五両を含めて、六四両、軽装甲車五両、修理車など特殊車両四両という、総計八四両の自動車を有していた。ただ人員は一万二八六九人、馬匹二三九〇頭と、自動車化は中途半端なものであった。輜重兵連隊の自動車隊は一個中隊にすぎない。

　このような状況であるから、捜索隊の戦力は軽装甲車が唯一の装甲戦闘車両であり、軽戦車もなかった。この東支隊の輸送にあたったのが輜重兵第二三

ノモンハン事件日本軍部隊編制

〈第1次ノモンハン事件〉

5月13日出動

- 東支隊
  - 歩兵第64連隊第1大隊
  - 捜索第23連隊主力
  - 満洲国軍興安騎兵団

5月22日出動

- 山縣支隊
  - 歩兵第64連隊（2個大隊欠）
  - 捜索第23連隊
  - 師団自動車隊
  - 満洲国軍興安騎兵団
  - 第12飛行団

〈第2次ノモンハン事件〉

- 第23歩兵団
  - 歩兵第64連隊
  - 歩兵第71連隊
  - 歩兵第72連隊
- 野砲兵第13連隊
- 安岡支隊
  - 第1戦車団司令部
  - 戦車第3連隊
  - 戦車第4連隊
  - 歩兵第28連隊第2大隊
  - 独立野砲兵第1連隊
  - 工兵第24連隊
  - 自動車第3連隊
  - 高射砲第12連隊（1個中隊）
- 須見部隊
  - 歩兵第26連隊
  - 第7師団速射砲（2個中隊）
  - 第7師団自動車（1個中隊）
- 第8国境守備隊速射砲中隊
- 兵站自動車隊
  - 自動車第1連隊
  - 自動車第2連隊
  - 自動車第3連隊
  - 自動車第4連隊
- 工兵隊
  - 工兵第23連隊
  - 第8国境守備隊速射砲中隊（1個分隊）
  - 兵站自動車隊（1個中隊）
- 砲兵団
  - 野戦重砲兵第3旅団司令部
  - 野戦重砲兵第1連隊
  - 独立野戦重砲兵第7連隊
  - 関東軍砲兵司令部
  - 重砲兵連隊
- 野戦高射砲隊
  - 高射砲第10連隊（2個中隊）
  - 臨時高射砲第5中隊
  - 臨時高射砲第6中隊
  - 第13師団第13野戦高射砲隊
  - 第14師団第14野戦高射砲隊

（表4-8）

連隊で唯一の自動車中隊であった相馬隊であった。

東支隊の輸送に一個自動車中隊では不足と、ハイラルで現地の自動車を約一〇両徴用して一個小隊を編成し、相馬隊に配属するようなことも行なわれた。運転手も徴用自動車の運転手であった。ほかにも国境守備隊から運転手とともに自動貨車一五両、関東軍倉庫支廠の自動貨車五両が配属された。

東支隊が一五日に攻撃を仕掛けると、モンゴル騎兵はハルハ河西岸に戻り、小松原師団長も一度は東支隊に帰還を命じた。だが東支隊が帰還すると、今度はソ蒙軍が西岸に部隊を集結する。これを挑発と解釈した小松原師団長は、山縣支隊（山縣武光(やまがたたけみつ)歩兵大佐指揮）を編成し、二一日、これに攻撃を命じた。

東支隊は二七日夕刻に、山縣支隊は二八日から攻撃をかける。しかし、包囲殲滅戦に固執したこともあり、二九日には東支隊は孤立し、三〇日に夜襲を仕掛けるも、ソ蒙軍の砲火力の前に壊滅してしまう。山縣支隊は激戦の中、東支隊の遺体回収にあたり、五月三一日に帰還命令が出る。これにより第一次ノモンハン事件は終結を迎える。

激戦の中で自動車隊の車両も損傷を受けるが、のちの調査によると、砲弾の破片によるものは少なく、多くは銃弾によるもので、特に運転席を狙った銃弾による損傷が目立ったといわれる。

第二次ノモンハン事件は、一九三九年六月二七日よりヨーロッパで第二次世界大戦が勃発した直後の九月一五日の停戦協定により終結する。

六月の時点で、関東軍はハルハ河を越境してきたソ蒙軍に反撃する準備を進めていた。当初は精鋭である四単位編制の第七師団に戦車隊を配属した戦力での攻勢が計画されていた。しかし、関東軍司令官の「第二三師団に雪辱の機会を与える」という意向から、反撃の主体は第二三師団となった。このため作戦は、航空隊が敵陣を攻撃した後に、戦車部隊をともなう第二三師団が敵を一掃する計画であった。

しかし、三単位師団編制の第二三師団では戦力不足が明らかなため、師団主力の歩兵団に第七師団から歩兵第二六連隊や歩兵第二八連隊などのほか、第一戦車団や各種砲兵も編合されることとなった。三単位師団自体が、必要に応じて他部隊の支援により戦力を増強することが考えられていたので、こうした編組（へんそ）自体は不自然なものではない。

これにより第二次ノモンハン事件における第二三師団隷下の兵力は、歩兵九個大隊、火砲九二門（速射砲二八門、改三八式野砲一二門、九〇式野砲二四門、山砲二八門）、対空火器二四門、工兵三個中隊、飛行機一八〇機（偵察機一八、戦闘機九六、軽爆撃機一二、重爆撃機五四）、自動車約四〇〇両、戦車約七〇両となっていた。

最終的に歩兵は四単位師団相当に、火砲は二個師団に相当する戦力となり、第二三師団は通常の二倍の戦力を有するものと解釈されていた。ただ関東軍の認識としては、ハルハ河東岸の敵軍を壊滅させるには増強した第二三師団の戦力で十分ながらも「侵さず・侵されず」の方針を堅持したものであった。

ノモンハン戦の兵站と自動車運用

ここで第二次ノモンハン事件の兵站にも関係する地勢的な状況を概観する。まず国境線となるハルハ河とそれに連なるホルステン河の断面は図4‐9のようになっている。

ハルハ河は川幅約五〇メートル、水深は約二メートル以下、流速は毎秒一メートルで、渡河には然るべき準備が必要だ。ただ場所により徒渉可能で、そこが渡河点になり得る。

一方のホルステン河は、川幅も五、六メートルにすぎず、徒渉可能であった。ただどちらの河も、渡河中に対岸の高地より狙い撃ちされる危険性があった。また傾斜が急な場所では、仮設橋により渡河しても、河原を車両により登坂（とうはん）するのは困難であった。

自動車にとって重要な道路網はどうであったか？まず兵站主地のハイラルから物資集積所である将軍廟に至るルートは三つあった。

一つはハイラル—将軍廟道で、良好な自動車道で、補給幹線として活用された。ただ砂漠と草原のため樹木は少なく対空遮蔽は困難であった。このルートは全長約二〇〇キロである。

もう一つは、王爺廟―アルシャン―ハンダガヤ―将軍廟に至るルートである。アルシャンまでは鉄道が通じており、王爺廟―アルシャン間の約二〇三キロは車両の行動は比較的容易であった。またアルシャン―ハンダガヤの約四五キロとハンダガヤ―将軍廟までの約六五キロ（アルシャン―将軍廟間の約一〇キロ、ルート全体の三分の一）については、雨天時は泥濘になり、自動車の通行を妨げる箇所があったが、比較的小規模の工事で通行可能であり、先のルートより三割長いが、重要な戦略路であった。

三つ目のルートは前二者に比較して条件はよくない。ハイラルから甘珠爾廟を経て将軍廟に至るルートだ。ハイラルから甘珠爾廟まで約二〇〇キロ、甘珠爾廟から将軍廟まで約六〇キロの行程で、距離では前二経路の中間に位置する。

ただこのルートは草原と砂漠を移動するので自動車の走行は可能だが、流砂が堆積している場所もいくつかあり、それが車両運行の障害となった。また地形的に対空遮蔽は著しく困難だった。さらに、総距離二六〇キロの行路で、エンジン用の冷却水を入手することはほぼ不可能であった。

このように作戦実施には道路状況以外に対空遮蔽

ハルハ河とホルステン河の地形特徴

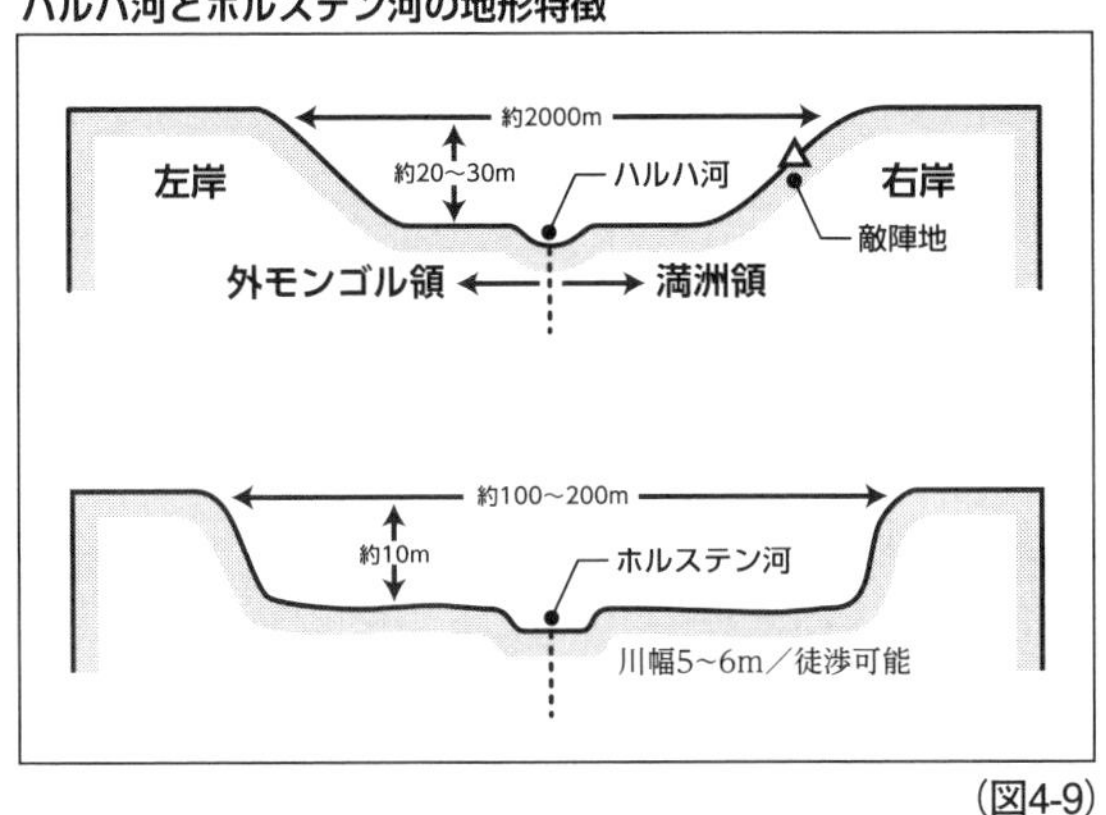

（図4-9）

1939（昭和14）年６～７月の第２次ノモンハン事件には、この前年に新編された第１戦車団の２個戦車連隊が出動した。写真は前進中の第３戦車連隊の八九式中戦車。戦場となったノモンハンは標高約700～800mの草原が数十km広がり、そこに高地や大小の湖沼が点在する地形だった。

が重視されていた。つまりそれを無視できない状況が生じていたことになる。実際、移動中の自動車隊がソ連軍機に襲撃された事例も報告されている。

これはノモンハン事件での主要な問題ではなかったものの、航空機の発達にともない、円滑な兵站輸送のためには、制空権確保が必要になってきたということだろう。

第二次ノモンハン事件に関係する主たる自動車隊は六個ある。

まず歩兵師団である第七師団に属する輜重兵第七連隊と第二三師団に属する輜重兵第二三連隊である。ただしどちらも第二次ノモンハン事件のときには輜重兵連隊の自動車中隊は一個だけだった。残り四個は関東軍に属する自動車第一連隊から第四連隊までの四個自動車連隊である。

これら自動車隊の働きにより、ハイラル—将軍廟間の輸送量は、八月中旬には徴用その他の動員もあって、約二千両が後方輸送を担当し、輸送量で一日一五〇〇トン程度を運んでいたという（ちなみにソ蒙軍は約八千両の車両を動員して、八〇〇キロにおよぶ兵站線を維持していた）。

教科書的な役割分担でいえば、ハイラルから将軍廟までの二〇〇キロあまりを関東軍自動車連隊四個が担当し、将軍廟から各作戦地までを輜重兵第七連隊と第二三連隊の自動車中隊が担うことになる。

しかし、現実にはそうはならなかった。第二三師団に多数の部隊を配属した結果、師団の行李輜重が、それら増強部隊の補給負荷に堪えられなくなったためだ。後方は自動車連隊四個だとしても、師団輜重連隊は第二三師団、第七師団を合わせても自動車二個中隊にすぎないのである。しかも、それら自動車隊は物資補給のみに従事していたわけではなく、頻繁に部隊輸送にも用いられた。

七月末に関東軍は第七師団主力の増強を検討したが、現状以上に輸送量を増大させるという理由から見送られている。

こうした行李輜重の貧弱さは、後方を担うはずの自動車隊の戦力を前線にも割くこととなり、自動車隊には少なからず負担を強いることとなった。兵站輸送は前線までの「ラスト一マイル」を達成して、初めて成功といえるからだ。

この第二次ノモンハン事件で特筆すべきは、部隊の稼働率が過酷な任務に比べて高かったことだろう。この当時、日本陸軍における標準的な自動車隊の行軍速度は、状況により異なるが、おおむね一日の行程は一〇〇から一二〇キロと想定され、速度は休憩時間込みで昼間は時速一二から二〇キロ、夜間無灯火で時速六から一〇キロとされ、さらに整備のため、五、六日に一日は車両を休止させる必要があるとされていた。

しかし、ノモンハンでの実戦は違っていた。自動車第一連隊の例では、一日の行程二〇〇キロは普通であり、二四〇キロに及ぶこともあった。時速は常に二〇キロを基準として行動していた。

陸軍の想定した倍の距離を実現した運用の実際は次のようなものだったという。

〇七〇〇　出発
〇七〇〇～〇八〇〇　時速二〇キロで走行
〇八〇〇～〇八三〇　休止、車両整備・調整
〇八三〇～一〇三〇　時速三〇キロで走行

一〇三〇～一〇五〇　休止
一〇五〇～一二五〇　時速三〇キロで走行
一二五〇～一三五〇　大休止
一三五〇～一五五〇　時速三〇キロで走行
一五五〇　　　　　　到着

　このように休息時間・整備時間込みで九時間で二〇〇キロを走破し、平均時速は二二キロほどになる。そして一回の走行距離二〇キロ・六〇キロ・六〇キロ・六〇キロと積み重ねて二〇〇キロを移動している。さらにこの自動車隊では五日に一日の休止は実行できる状況にはないため、全体の五分の四を稼働させ、残り五分の一を交互に休止させることで、車両の損耗を抑えることに成功していたという。

　同部隊は国産の九四式六輪自動貨車が配備され、作戦中の行動では地形の起伏もあり、最高時速は三五キロから四〇キロが限界であり、一か月ほどでスプリングの折損（せっそん）も起きていたという。これに対してアメリカのフォードやシボレーが配備されていた部隊では最高時速も五〇キロは出せて、スプリングの破損も少なかったという。この点は確かに日米の自動車技術（というよりももっと根本的な材料技術・冶金技術かもしれない）の差を見ることができる。性能、耐久性ではアメリカ車が勝っていた。

　しかし、日本陸軍では、最も自動車運用に長けていた自動車第一連隊であればこそ、国産車の性能を最大に引き出せたのも間違いない。

ソ連軍の機動力、火力に圧倒された日本軍

　第二次ノモンハン事件に関しては、大本営の統制は機能していないに等しかった。関東軍は陸軍中央に対して秘密裏にタムスクへの航空攻撃を計画していた。それは大本営も知るところとなったが、六月二四日に関東軍参謀長に対して、陸軍参謀本部次長名により、外蒙古爆撃の自発的中止を促した。

　しかし、それが中止命令ではなかった大本営の決断力の欠如を見透かされ、関東軍は六月二七日に一

○○機以上の航空機を動員してタムスクほかの奇襲攻撃を行なった。

第二三師団の小松原師団長もかねてよりの作戦案に従う命令を下した。それは七月二日に安岡支隊（右岸攻撃隊・安岡武臣中将指揮）がハルハ河右岸の敵軍を攻撃し、同日夜に歩兵第七一、第七二連隊基幹の部隊（左岸攻撃隊）がハルハ河を渡河して、越境している敵部隊の退路を断つとともに、右岸の安岡支隊と連携して敵部隊を殲滅、その余勢をかって歩兵第二六連隊がハルハ河を渡河して、戦果を拡張するというものであった。

これにともない安岡支隊はハンダガヤ方面から、左岸攻撃隊は将軍廟から機動を開始した。この時、第二三師団は攻撃意図の秘匿を優先し、航空偵察も控える傾向にあった。こうしたことがソ蒙軍の総兵力を大きく読み違える一因となっていた。

安岡支隊は七月二日に集結を終えていたが、師団参謀から三日払暁の攻撃命令とともに、敵部隊に退却の兆しがあるとの報告を受ける。さらに友軍機からも敵部隊が退却しつつあるとの報告を受け取った。

この状況に安岡支隊は三日払暁前に敵部隊の追撃に移る。それは独断専行ではあったが、陸軍の教育では、退却する敵部隊を追撃するのはいわば常識であった。ただ事前の偵察などを省いての追撃であったため、特徴のない地形や敵軍の砲撃で、戦車部隊に歩兵部隊が追躡できないなど、安岡支隊の各部隊はバラバラになってしまう。急な追撃で自動車隊の手配もできなかったのだろうが、戦車隊に対して、歩兵部隊は自動車移動ではなく徒歩移動であり、これでは部隊が一丸となって移動することはそもそも望めなかった。

さらにハルハ河の断面は両岸が高台であり、なおかつ左岸のほうが右岸よりも高かった。ソ蒙軍がこの高台に砲列を用意した場合、渡河部隊は砲撃にさらされることになる。

安岡支隊長は、それでも四日の攻撃を企図するも、各部隊との通信も思うに任せず、命令伝達もできなかったため、それも実現しなかった。部隊はソ蒙軍からの攻撃を防ぐのが手いっぱいという状況であった。一方、ソ蒙軍のジューコフ司令官は、安岡支隊の攻勢に対して、戦車旅団や自動車化狙撃連隊などの予備兵力を集結させていた。

この状況の中で左岸隊はただ一つの浮橋によりハルハ河を渡河していた。しかし、ここでも師団の行李輜重をはじめとする正面兵力と輸送力のアンバランスが支障となっていた。師団に配属された自動車隊（自動車第四連隊）は渡河機材を輸送すべく師団直轄となったため、自動車で輸送された歩兵第二六連隊は、一部を除いて徒歩移動となった。

この状況で、日本軍の左岸攻撃隊はソ蒙軍の装甲車隊などと遭遇戦となる。日本軍はこれら部隊を速射砲や野砲により撃退することには成功したが、基本は歩兵連隊であるため戦車などもなく、また自動車による機動戦もままならない状況であった。

それでも七月三日の戦闘ではソ蒙軍は一三三両の戦車のうち七七両を、五九両の装甲自動車のうちの三七両を失ったという説もある。

のちの関東軍のソ連軍兵器の分析によれば、ソ連軍戦車は三から五両が集団で行動するが、歩兵との協同はなく、さらに戦車相互の連携も不十分だったという。また戦車は夜間行動することが多かった反面、その際に前照灯を敵前でも点灯することもあったと報告されている。こうしたことから、極東ソ連軍の戦車兵の練度については必ずしも高かったとはいえないようだ。ただ戦車や装甲車が、地形を巧みに活用していたことも報告されている。これについては日本軍との戦闘により多数の戦車、装甲車を失ったことによる戦術の改善の結果と分析している。

このように日本軍は奮戦したものの、当初の作戦計画は実現できる状況にはなく、また大部隊を軍橋一つで支える危険性から、部隊は撤退して右岸攻撃隊との合流を果たすこととなった。しかしながら、一部の部隊は奮戦により分散し、撤退命令が出てもすぐには動けず、撤退完了は七月五日の朝となった。こうして左岸攻撃は失敗に終わる。

撤退した左岸攻撃隊と右岸攻撃隊により、再度の攻撃が行なわれるのは七月七日。しかし、戦車部隊の損耗も激しく、ソ蒙軍に打撃を与えたものの、激しい砲撃により、九日には元の位置まで追い返されてしまう。その後、第一戦車団は安岡支隊からの配属を解かれるなどして、関東軍はソ蒙軍に対する砲撃戦に方針を転換する。

しかし、この大規模な砲撃戦も開始から三日で中止命令が出る。のちの関東軍の分析では、ソ連軍の火砲については、一五センチ加農砲の長射程（二二〇〇〇メートル）と四五ミリ対戦車砲の威力の大きさを評価する一方で、ほかについては、火砲の質は日本軍と同等と評価していた。

実戦における日本軍の火砲については一五センチ榴弾砲、一〇センチ加農砲、九〇式野砲に関してはソ連軍に劣らない威力を持っていると結論されていた。ただ火砲の駐退機の信頼性については改善も指摘されている。これは液漏れなど、パッキングやスプリングをはじめとする基礎的な工業技術水準の問題である。

また速射砲の威力についての不満が述べられる一方で、ノモンハンの戦場では対戦車火器としては野砲以上の火器が活躍したことが報告されている。また戦車砲の信頼性は評価しながらも対戦車戦闘にはほとんど効果がないことも改善意見として挙げられている。

全般的に関東軍はノモンハン事件について砲火力の劣勢を痛感していた。しかし、日本陸軍の砲火力の問題は単純に火砲の数で解決できるものではなかった。ソ連軍砲兵と比較して、機械化の遅れから陣地変換が迅速ではない点、射撃観測の精度の問題、さらに速射砲などにおける砲弾をはじめとする兵器の質・工作精度の問題が挙げられている。

たとえば速射砲の砲弾径が合わないとか、敵戦車が対戦車地雷を踏んでも信管が起爆しないなど、兵器の精度管理に起因する問題もこの戦闘は明らかにしている。

このように砲撃戦も失敗に終わったことで、第二三師団はそれまでの攻勢方針から守勢に入り、関東軍命令により築城準備にとりかかることになる。しかし、八月に入ると、ソ連側の攻勢が激しくなり、部隊は防戦に追われ、築城はほとんど進まなかった。

こうして第二三師団の諸部隊は、ソ蒙軍の八月大攻勢を迎えることとなる。このときのジューコフ指揮下の兵力は兵員約五万七〇〇〇人、戦車約四三〇両、装甲車約三八〇両、火砲約四八〇門という強力なものであった。

関東軍はすでに述べたように、当時の兵站常識にとらわれ、長大な補給線により大部隊を支えることは不可能だと考えていた。このためソ蒙軍の攻勢については予測していたものの、その兵力見積もりを大きく誤ることになる。その防戦準備は不徹底なものであった。

結果として、八月一九日の夜間爆撃から始まるソ蒙軍の大攻勢に日本軍は、分断され各個に撃破され、ついに八月末の段階で、ソ蒙軍は彼らが主張する国境線内をほぼ制圧することに成功していた。

しかし、この間に情勢は大きく変わっていた。八月二三日には独ソ不可侵条約が結ばれ、二八日にはその余波を受けて平沼内閣が総辞職する。内外の情勢変化に日本もソ連も国境紛争を続ける意味を失っていた。九月一五日に停戦が成立し、一六日には戦闘停止と撤退の命令が下され、ノモンハン事件は終結するのであった。

日本軍にとっては、熱河作戦とは反対の立場で、機械化部隊の威力を痛感させられた戦いであった。

戦車部隊の改編・新編

一九三九年夏のノモンハン事件が終わる頃、日本陸軍は一〇個戦車連隊を保有していた。同年八月の時点で安岡支隊への配属を解かれた第一戦車団は第三、第四、第五、第九、第一〇戦車連隊を擁していた。この第一戦車団の改編そのものはノモンハン事件とは直接の関係はなく、それ以前の「昭和一四年在満軍備改編要領」に基づくものであった。

ただ現場では、第一戦車団隷下部隊の派遣による分散のため、原隊復帰や人員派遣などの改編作業の遅れも生じていた。その一方で、改編作業自体は春頃から準備されていたために、ノモンハン事件の影響はさほど大きくはなかった。むしろ改編作業がスケジュールどおりに進められたことが、各戦車連隊などには大きな負担となった。

たとえば戦車第一〇連隊は、ノモンハン事件の最中の八月一日に編成されていた。同連隊は戦車第四連隊と第五連隊より人員を提供されていたのだが、提供する側の両戦車連隊はそれだけ人員不足に陥ることになる。

実際、戦車第四連隊から関東軍に出された報告書では以下のような趣旨の実情が述べられていた。

「改編前の軍曹伍長の定員一六二名（本部・四個中隊・材料廠）に対して、（改編により）一個中隊を減じてもなお一七七名の定員を必要とする。

しかし、軍曹伍長の現員はわずかに六五名にすぎず欠員は一一二名である。本年度の下士官候補者が任官するが、それでもなお七〇名の欠員を生じる。

さらに初年兵の人員が減少し、甲種幹部候補生が多い結果、年が明けても適任者の補充の見込みが立たない」

若干補足すると甲種幹部候補生とは、旧制中学校以上を卒業し、選考試験に合格し、四か月以上在営し、幹部候補生の志願者の中から選抜される者をいう。該当者は予備士官学校で一一か月の教育を受け、見習士官勤務を経て予備役陸軍少尉となる（なお細部は時期や兵科で異なる）。初年兵から伍長になるにも一年以上かかるため、初年兵と甲種幹部候補生が多ければ、そこから下士官を補充することは期待できなかったのだ。

これら新編された戦車連隊は、いずれも既存の戦車連隊から一個中隊を抽出して部隊の核とするようなことが行なわれた。

戦車第九連隊の場合は、戦車第三連隊と戦車第五連隊から、戦車第一〇連隊は、戦車第四連隊と戦車第五連隊から人員や機材が提供された。しかも戦車

戦車第5連隊編成基準表

部隊	編成の基準
連隊本部	概ね現計画の通りとす
第1中隊	九七式中戦車:7両 九五式軽戦車:3両 自動貨車:8両
第2中隊	同上
第3中隊	同上
第4中隊	九五式軽戦車:13両 自動貨車:10両
連隊段列	予備戦車:若干 自動貨車:8両

（表4-10）

第一一連隊のように、新編から一年も経過していない戦車第九連隊から人員・機材が提供（第一一連隊には戦車第五連隊も人員・機材を提供）されるようなこともあった。

戦車第九連隊は編成されたばかりの八月一八日の状況では、人員は定数を満たしておらず、ほかに比べ軍曹・伍長の充足率が低かった。機材に至っては若干の自動貨車があるだけで、戦車連隊なのに戦車がない状態であった。もちろん戦車も後日配備されるのだが、戦車連隊への戦車の供給も困難になりつつあったことがうかがえる。

一方で、ノモンハン事件のための応急派遣部隊として戦車第五連隊には九月一日付で部隊編成（表4-10）の命令が出されている。四個中隊のかなり充実したものだが、これは関東軍がバックアップの上で、関係諸部隊より人員を手配するように連隊長に命令が出されていた。

このような状況のまま一九四〇年三月一日には第一戦車団から戦力を抽出して第二戦車団が新編され、第一戦車団は第三軍に、第二戦車団は第五軍に所属し、ソ満東部国境付近の配置についた。

第一、第二戦車団は次のとおりである。

第一戦車団

戦車第三連隊（一九三三年一〇月編成）

戦車第五連隊（一九三七年八月編成）

戦車第九連隊（一九三九年八月編成）

第二戦車団

戦車第四連隊（一九三四年四月編成）

戦車第一〇連隊（一九三九年八月編成）

戦車第一一連隊（一九四〇年三月編成）

これらの戦車連隊の編制を見ると、連隊本部・三個戦車中隊・材料廠の三個中隊編制は第四連隊と第五連隊のみであり、ほかの四個連隊は連隊本部・二個戦車中隊・材料廠という編制であった。

さらにその内情を見ると、第四連隊では一九三八年には四個中隊と二個軽装甲車隊があったものが、一九三九年には三個中隊編制になり、装甲車両も軽装甲車も含めて一一六両であったものが、一九三九年には中戦車はなく、軽装甲車隊は転用され、軽戦車が四七両という状態になっていた。戦車部隊の数は増えたものの、個々の部隊の戦力は、定数を満たせないことが常態化していた。

なお戦車団を新編したのは関東軍だけではない。たとえば一九三九年三月に第一一軍において、軍直轄の戦車部隊であった戦車第五大隊（戦車第五連隊とは別）と独立軽装甲車第九中隊、戦車第七連隊などに歩兵科、工兵科、輜重科などの部隊を加え第一一軍戦車団が編成された。

さて、ノモンハン事件が起こったのと同年の一九三九年九月、ドイツ軍のポーランド侵攻で第二次世界大戦が始まる。ドイツ軍のいわゆる電撃戦による怒濤の侵攻は、日本陸軍に少なからぬ衝撃を与えた。

日本陸軍にも、それ以前から装甲車両を中心とする部隊新編を主張する声がなかったわけではなく、また小規模ながら戦車部隊が活躍した戦例がなかったわけでもない。しかし、ドイツ軍のような大規模な機械化部隊による作戦の事例はなく、これが陸軍上層部に強い印象を与えていたのである。

そこで陸軍省軍務局軍事課の提案でドイツに視察団を送ることとした。これがいわゆる山下視察団で一九四〇年八月（東京出発は同年一二月二二日）のことであった。山下視察団は機甲部隊の視察だけでなく空軍の視察のほか、空軍と機甲部隊との連携の実情なども調査することとなっていた。視察を終えた一行がシベリア鉄道経由で帰国したのは、独ソ開戦の直前であり、一九四一年六月一九日にモスクワを出発し、ノボシビルスクで独ソ開戦の放送で知ったのが同月二二日であった。

視察団が帰国し、山下奉文中将が東条英機首相らを前に陸軍省会議室で報告を行なったのが六月二八日だった。山下中将は、ドイツの航空戦力、欧州戦域に投入される最新兵器、総力戦の実情などを報告した。また航空戦力と機甲部隊の飛躍的拡充の必要性も提言している。しかし、二時間にわたる山下中将からの報告後、出席者からの質問もなく会議は早々に散会したという。

このことも日本陸軍首脳の機甲部隊に対する無理解と説明されることが多いが、実際はそれほど単純な話ではなかった。

独ソ戦の勃発で、大本営も日本政府も対応に忙殺されていたためだ。

すでに六月二四日には「情勢の推移にともなう帝国国策要綱」が陸海軍省の部局長会議で採択され、翌日には南部仏印進駐などの諸計画を含む「南方施策促進に関する件」が大本営政府連絡会議で決定される（なお日本の戦争指導体制の欠陥により、大本営政府連絡会議には法的拘束力はなく、ここでの決定事項も持ち帰った各部局で覆すことも可能だった）。

そして二六日には、仏印進駐のための部隊編成などが始まっていたのである。さらに「情勢の推移に伴う帝国国策要綱」では、ソ連との開戦の可能性とその対応策も含まれており、その準備も必要だった。その一環としてのちに「関東軍特種演習」（関特演）が実施される。

このような独ソ戦という大事件の最中に山下視察団は帰国してしまったのである。こうした政府や軍部が独ソ戦という大事件に早急な対応を迫られていた政治状況を考えたなら、視察団の報告を聞くために陸軍首脳が揃ったというのは、視察団の報告への反応は薄かったとしても、報告を重視していたためといえるだろう。

この山下視察団の報告がどこまでその後の陸軍の出師計画に影響したかは疑問である。ただ山下視察団を送り出すきっかけとなった、ドイツ軍の快進撃は陸軍の機械化を進めようとしていた一部将校にも強く影響を及ぼしていた。

ただ、それはグーデリアン将軍の大戦果により、陸軍が機甲部隊の威力を知ったからではなく、陸軍の一部から理論としてその可能性を指摘されていたものが、ドイツ軍の快進撃で論拠を得たというのがより正確だろう。

グーデリアン将軍でさえ、ドイツ軍では長らく少数派であり、その彼もイギリスのフラー大佐の理論から機甲軍とその運用を学んでいた。当然、日本陸軍でもそうした理論を理解していた将校は賛成反対はともかく、一定数はいたのである。

機甲兵科の創設と部隊整備

一九四〇年四月に騎兵が廃止され、戦車兵と騎兵を統合した機甲兵科が創設される。この動きの中心人物は陸軍教育総監部で騎兵教育を担当する騎兵監の吉田悳(しん)中将であるが、彼とは別に同様のことを考えていた将校が陸軍省、参謀本部にいたのも事実であった。そうした人々には、ノモンハン事件での敗北とドイツ軍の電撃戦の成功という対比は、現状に危機感を抱かせるには十分であっただろう。

騎兵監である吉田中将が騎兵の廃止に尽力するというのは、そこだけ見れば奇異に映るかもしれないが、吉田中将はかねてから騎兵の機械化(自動車化・装甲化)に熱心な人物だった。騎兵監前の騎兵集団長時代には、彼の提言から騎兵第一旅団の各隊が自動車編制に改められている。

フランスがドイツに降伏する前日である一九四〇年六月二〇日、吉田中将は『強力ナル機甲軍ノ建設ト機甲本部仮称ノ特設ヲ必要ナリト為ス意見ニ就テ』を教育総監に対して上申書を提出する。

まずこの上申書で無視できないのは、「機甲兵団の建設は国軍の現状に鑑み単に我が国従来の騎兵改編問題の如き小範囲に限局せらるべきものにあらずして全軍的焦眉の問題として広く検討を加えらるべき重大事項」という部分である。

この「騎兵改編問題の如き小範囲に限局するものではない」とは、どういうことなのか？　それは歩兵師団に対する機甲兵団の優位という一般論の後に述べられる。

その趣旨は「海軍のように軍縮条約の制限もないのに極東ソ連軍よりも劣勢に甘んじているのはいまだに歩兵を中心とする偏見である」

「工業力の問題も、海軍が長年にわたり列強に互する造船能力を蓄積してきたことを考えれば、国防上必要な工業力は育成できる」

「ヨーロッパのような道路網が発達していないことを理由に、アジアでの輸送力の機械化を否定するのは誤りである。現に日本では自転車の利用は世界屈指であり、欧米にはない自動三輪車などが独自の発達をしている。よってアジアの戦場に適応した輸送力の機械化は可能である」

つまり吉田中将の提案は、機甲兵科を創設するという内容にとどまらず、機甲兵団を可能とする戦争経済にも言及したものだった。この問題により深く言及したのが四か月後の一〇月に提出した『装甲兵団ト帝国ノ陸上軍備』であった。

この中の「総力戦ノ見地ヨリスル装甲兵団」という節において冒頭、「総力戦の見地からする武力攻勢の要素は直接戦闘に従事する軍隊と之を培養する銃後の国力に分かつことができ、さらにその各々は人的要素と物的要素に区分できる」と述べている。

その上で吉田中将は、今後二、三〇年で急激な人口増加は期待できない反面、工業の発展により生産力を増大できることを指摘する。一方で、工業生産の生産量はそれに従事する人的要素の多寡に影響される。したがって戦争になったからといって、むやみに人員を戦場に送り出し、国内の生産人口が減少すれば、それは軍需生産や民需の減少を招く。

つまり現代戦では、いたずらに戦場の兵力の増大ばかりに専念すると、銃後の人的資源との協調を失い、戦力の低下は避けられない。近代軍を活動させるための産業基盤を維持するのにも人的資源は必要なのだ。

「戦争初動」のこの矛盾を緩和するためには、戦場要員を努めて減少させながらも戦力を維持する必要がある。そのためには軍を徹底して機械化する必要がある。その具体的な諸策が機甲兵団である。これが吉田中将の機甲軍創設のロジックであった。

これは企業などが生産設備投資で生産性を向上させ、人員を削減するのとまったく同じ考え方といえよう。つまり吉田中将の機甲軍創設とは、いわば「機甲軍という設備投資による陸軍の生産性向上」を意図していたともいえるのである。重要なのは、機甲兵団創設が戦争経済と不可分であり、なおかつ戦場要員は国民人口の問題からも、むやみに増やせないという認識だ。

実は経済力の観点で、日華事変とそれにより惹起された国際環境は日本の国力に深刻な影響を及ぼしていた。旧経済企画庁の統計によると、日本の経済力を一九三六年を一〇〇％として比較すると次のようになっていた。

一九三六年　一〇〇％
一九三七年　一二三・三％
一九三八年　一二七・三％
一九三九年　一二八・五％
一九四〇年　一二〇・九％
一九四一年　一二二・七％
一九四二年　一二四・四％
一九四三年　一二四・四％
一九四四年　一一九・八％

日華事変の軍需により一度は急上昇した日本の経済力は、一九三九年をピークとして、吉田中将が上申書を提出した一九四〇年に急落し、以後、一九四四年まで、ほぼその水準で推移する。

つまり太平洋戦争開戦の時点で、日本の生産力はすでにフル回転しており、長期持久体制のために南進策を実行したものの、結果として、生産向上にはほとんどつながらなかったことになる。

吉田中将が国内経済についてどこまで認識していたかは不明である。ただ彼は提言の中で第一次世界大戦における欧米の人口統計を日本に当てはめ、人口と戦争経済という観点から動員可能な人員数に限界があることを割り出している。彼の機甲兵団創設は、そうした考察から出発しており、単に「機甲師団という槍の穂先を作る」という単純な話ではなかったのだ。

彼の提言は必ずしも一度で了解されたわけではなく、支持者を増やしながら、ようやく機甲兵科誕生に至る。彼の提言がなかなか受け入れられなかったのは、ことが戦争経済、つまり現在進行形の統制経済についての問題であったためかもしれない。

こうして太平洋戦争開戦の年である一九四一年四月八日、『陸軍機甲本部令』が裁可される。

この中では機甲本部が新設された理由について「軍の機械化を促進し、機甲部隊の飛躍的発達を実現するために教育と資材行政を一元的に掌握する中央統轄機関として陸軍機甲本部を新設」とある。これはおおむね吉田中将の提言と一致するもので、機甲本部の初代本部長は吉田中将であった。

教育と資材行政の一元管理のために創設された組織であるため、陸軍大臣に属するとともに教育に関しては教育総監の管理下にも置かれていた。

具体的に担当する事項は主に五つあった。

- 機甲部隊および騎兵部隊の教育上の事項
- 戦車学校、騎兵学校、自動車学校に関する事項
- 戦車、装甲車、牽引車、自動車の整備の基本に関する事項
- 機甲部隊、騎兵部隊および戦車を主体とする諸兵科連合の部隊の調査研究に関する事項
- 戦車、装甲車、牽引車、自動車の燃料の調査研究に関する事項

これらを本部長以下の課長・付・部員・下士官および判任官が職務を遂行した。

これに関連して陸軍自動車学校は改編され、一九四一年八月一日から陸軍機甲整備学校となり、陸軍機甲本部長の隷下に入った。

陸軍機甲整備学校は「機甲車両の整備に必要なる基礎の学術及びその整備に伴う補給勤務に必要なる

学術を修得せしむると共に之を各隊に普及し併せてこれら学術の調査及び研究を行いかつ機甲車両の研究及び試験を行う所とす」と定められていた。また機甲車両の整備に従事すべき特技兵の教育も同校の担当である。なお機甲車両の整備に関する業務には、戦車、装甲車、牽引車、自動車はもちろん、燃料や油脂（グリスやオイルなど）を含むとされた。

陸軍自動車学校からの改編ではあるが、教育内容は基本的に戦車、牽引車などの装軌車両の整備に関するものが中心で、自動貨車などの教育は脇に追いやられた感がある。

そうした一般的な自動車に関する教育・研究は前年の一九四〇年一二月一日に開校された陸軍輜重兵学校に委ねられることとなる。同校では「輜重兵に関する兵器の教育・調査・研究」が扱われたが、この中に自動車も含まれていた。

機甲本部が創設されてから約五か月後の一九四一年九月六日、政府はアメリカ・イギリスなどとの戦争に備えた『帝国国策遂行要綱』を決定する。

これにあわせて九月一〇日に第三戦車団が新編された。戦車第一、第二、第六、第一四連隊と、自動車編制の工兵隊、通信隊のほか、材料廠が編合されていた。ただすでに機甲本部は編成されていたものの、これら四個戦車連隊は戦車団として集中運用されることはなく、連隊ごとに分散されて運用されることになっていた。事実、第一、第六、第一四連隊はマレー進攻作戦に投入されるが、第二連隊は一部がラバウルに、本隊はビルマ方面に投入されている。

戦車第一連隊および第二連隊は、軽戦車一個中隊（九五式軽戦車一三両）に中戦車三個中隊（九七式中戦車一〇両に九五式軽戦車二両）により編成されていた。

ただマレー戦において第一連隊が司令部分も含め、実際に保有していたのは、九五式軽戦車一七両、九七式中戦車三一両であった。

また第二連隊は軽戦車中隊を欠き、中戦車三個中隊であった。第六連隊も同様だったが、実際の戦車の数は軽戦車一二両、中戦車二五両であった。第一四連隊は軽戦車中隊のみ三個（九五式軽戦車一三両）であった。

太平洋戦争開戦時の輜重兵科関連自動車部隊数

	関東軍	支那派遣軍	南方軍	内地	朝鮮	合計
輜重兵連隊	13	22	10	4	2	51
野戦輸送司令部	3	1	3			7
兵站自動車隊本部			1			1
自動車連隊		16	1			17
特殊自動車連隊	1					1
自動車隊				1		1
独立自動車大隊	16		14			30
独立自動車中隊	21	4	29	2	2	58
兵站自動車中隊		9	8			17
牽引自動車隊		1				1
野戦自動車廠	6	4	4			14

（表4-11）

このように第三戦車団は出師準備として編成されたが、機甲本部が機甲兵団の編成に着手できるのは開戦後のことであった。

それでも陸軍の自動車化は輜重部隊を中心として着実に進んでいた。（表４‐11）

陸軍機械化部隊の太平洋戦争

マレー作戦—日本陸軍の電撃戦

時系列には太平洋戦争は海軍第一航空艦隊の真珠湾攻撃ではなく、マレー半島への進攻作戦から始まった。

マレー作戦を担当する陸軍第二五軍を構成する師団は近衛師団、第五師団、第一八師団の三個師団であった。この中で近衛師団と第五師団が自動車化歩兵師団であり、第一八師団は通常の徒歩編制の師団である。近衛師団で六三三両、第五師団では八五九両の各種自動車を保有していたが、第一八師団の自動車数は一〇〇両に満たなかったという。これら三個師団だけで、一六〇〇両以上の自動車を保有していたことになる。

　近衛師団と第五師団の自動車化は、おおむね一九四〇年末には着手されていた。最も自動車化が進んでいた第五師団（戦時編制で兵員は約二万五〇〇〇人）と車両数は表4-12のとおりである。同師団は歩兵連隊も乗車編制だった。

　第五師団の輜重兵連隊は、当初は輓馬六個中隊に馬廠一個という編制であったが、その後、輓馬五個中隊に自動車一個中隊編制に改められた。

　さらに一九四〇年末には自動車三個中隊編制となり連隊保有の自動車数は一二四両であった。

　近衛輜重兵連隊も自動車化にともない、同様の三個中隊編制に改編される。同師団の輜重兵連隊は、一九四〇年六月に日華事変のために臨時動員され、そのときの輜重兵連隊は、連隊本部・輓馬一個中隊・自動車二個中隊だった。人員は七四〇人、馬匹三二〇頭、乗用車一両・自動貨車（一・五トン積み基準）八〇両・四輪起動小型乗用車五両・軽修理車二両・輜重車二四二両であった。

　同時期の比較的自動車化が進んでいた歩兵師団でも輓馬一個中隊・自動車一個中隊であったので、近衛師団や第五師団は装備面で恵まれていたといえよう。

　これが一九四〇年末からの自動車化完了後には、連隊本部・自動車中隊三個（一個中隊は四個小隊）の編制となり、人員は四九四人と三分の二に減少する一方、乗用車は四両、自動貨車は一・五倍の一二

マレー作戦（1941年12月）の第5師団の編制

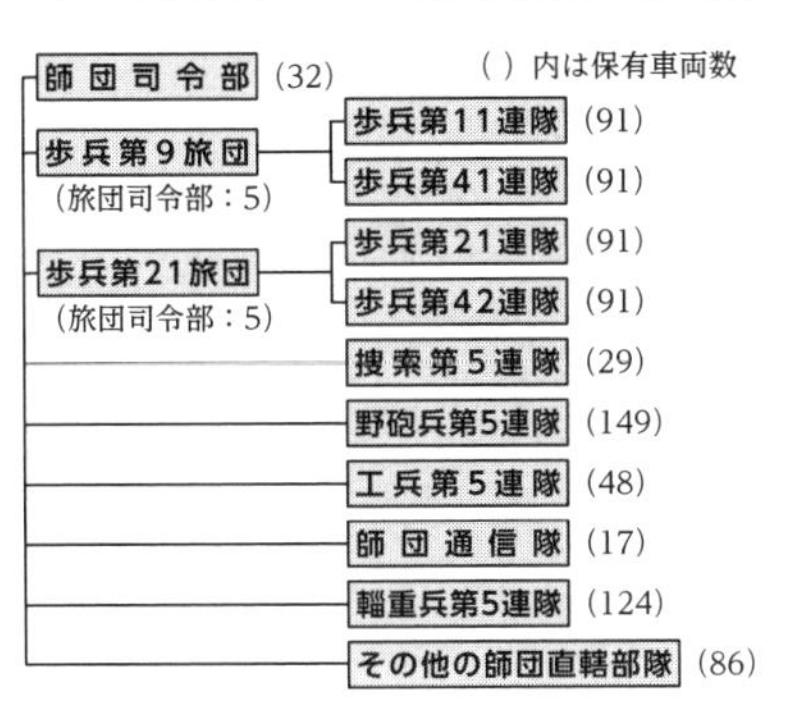

（表4-12）

マレー作戦での日本陸軍の快進撃を伝えるための宣伝用に撮影された有名な写真。マレー半島に進攻した第25軍の機甲戦力の中核であった第３戦車団に編合されていた第１戦車連隊の九七式中戦車が椰子林の中を前進していく。

○両に増えている。

輜重兵連隊の自動車化は、輸送力の増強もさることながら、輜重兵の削減による、人的資源の効率化という意味を持つ。これは全体的に経験を積んだ将兵不足に悩まされた日本陸海軍にとっては非常に重要な点であっただろう。なお近衛師団の輜重兵連隊の自動貨車はすべて日産の８０型トラックであったという。

前線は路外性能が期待できるディーゼルエンジンの六輪自動貨車を用い、その後方はガソリン車である量産された四輪大衆車に委ねるというかつての構想は、すでに有名無実化していることがわかる。

第二五軍はこの三個師団がすべてではなく、第二五軍司令部直轄の独立部隊も少なくなかった。これらのうち兵站関係の輜重部隊としては、第五野戦輸送司令部、自動車第二八連隊、独立自動車大隊（八個）、独立自動車中隊（一二個）、第二三野戦自動車廠、独立輜重兵中隊（二個）などがあった。

この第二五軍の車両の整備・補給を担当したのが第二三野戦自動車廠である。自動車の整備・補給はかつては陸軍兵器廠の所掌だったが、一九三六年に自動車廠として独立し、輜重兵科管轄となったものである。

マレー作戦時の野戦自動車廠の編制は、本部・副幹部・企画部・経理部・軍医部（衛生部）・補給中隊・第一修理中隊・第二修理中隊・勤務中隊となっていた。人員は野戦自動車廠全体で一六二四人に上る。保有自動車は乗用車二〇両と自動貨車が一〇六両であったという。

同部隊は、一般的な整備・補給任務のみならず、遺棄されたイギリス軍の備蓄燃料を押収・保管したり、現地の自動車を鹵獲し、修理するようなことも行なっていた。

このほか独立自動車大隊の定数二二八両、独立自動車中隊の定数三六両などから計算すると、第二五軍直轄の輜重部隊だけで二七〇〇両近い自動車が投入されたことになる（なお自動車第二八連隊はマレー作戦には間に合わず、ジャワ作戦から参加した。車両数は推定三〇〇両）。

つまり単純計算で、第二五軍の自動車総数は約四三〇〇両ということになる。さらにこれらとは別に南方軍直轄の自動車部隊もあるため、作戦全体で投入された自動車数は六〇〇〇両弱あったと推測される。なお日本軍が開戦時に保有していた自動車総数は、一九四一年三月末の時点で保有していた二万九〇〇〇両に、国内徴用分一万八〇〇〇両と国内生産分の一万六〇〇〇両の総計六万三〇〇〇両といわれている。

マレー作戦は戦車部隊と自動車化歩兵部隊による日本陸軍の電撃戦ともいわれる。

その電撃戦を可能にしたのは、五〇以上の陸軍師団の中で、たった三個師団基幹の作戦部隊に、全軍の一割近い自動車が集中して投入された、まさに選択と集中の結果ともいえるだろう。

マレー作戦とは「アジアのアメリカ、イギリス、オランダの拠点を破壊し、その要地を占領確保する」南方作戦の一部である。南方作戦では、まずフィリピンとマレー半島の先制奇襲攻撃が企図されていた。

マレー作戦の基本的な流れは、タイ領の飛行場を占領し、陸海軍の航空隊を進出させ、それらによる航空撃滅戦に続き、その航空支援の下で、マレー半

マレー作戦要図

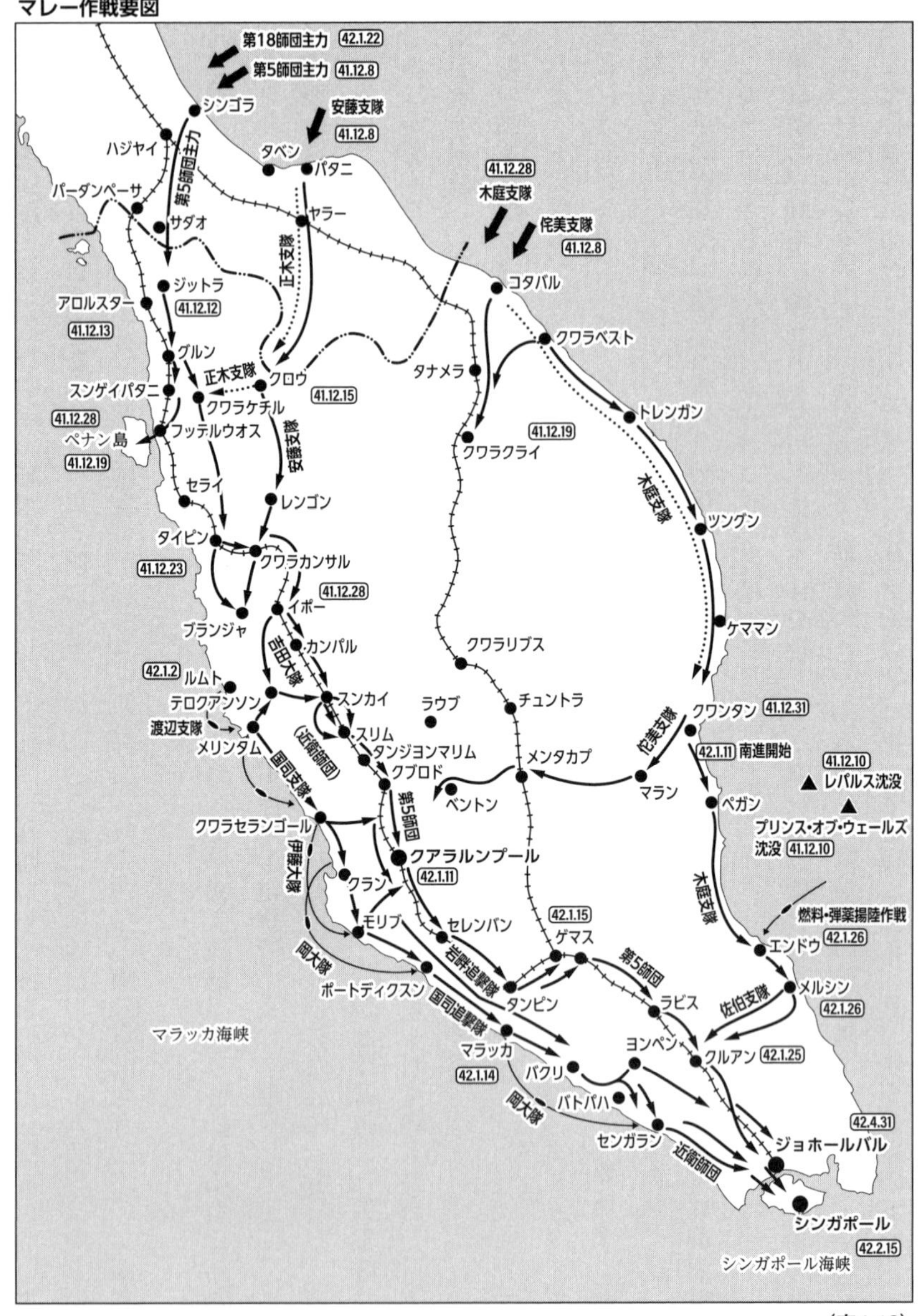

(表4-13)

島への上陸と以降の進攻作戦を実施するものだった。このためあえて危険を冒しても、シンゴラとコタバルへの同時上陸が行われることとなった。

マレー作戦の最終目的はシンガポールの占領にあったわけだが、作戦の成否を左右するのは、やはり補給問題だった。

イギリスの植民地であるマレー半島の交通インフラは未発達で、数少ない鉄道と道路に依存していた。したがってマレー作戦の兵站線は幹線道路の確保と、鉄道輸送が成功するかどうかにかかっており、この二点が成功しなければ、その後の部隊の進出も大きな制約を受ける。

つまりマレー作戦はシンガポール占領のために、電撃的な機動戦を行なわねばならず、それを可能にするためには、迅速な補給線の確保と同時にそれを維持する必要があった。

このマレー作戦の実戦部隊である第二五軍の戦闘序列は表4・14のようになっている。

開戦直前の時点で近衛師団のみは南部仏印に進駐していたが、第五師団は上海地区に、第一八師団は広東地区にあった。

実は第二五軍にはこのほかにも、第五六師団も編合されるが、同師団は開戦直前の一〇月に新編された師団であり、マレー作戦ではほとんど出番がな

マレー作戦時の第二五軍戦闘序列（開戦時）
近衛師団
第五師団
第一八師団
独立速射砲第一大隊
独立速射砲第一中隊
独立速射砲第二中隊
独立速射砲第四中隊
独立速射砲第五中隊
独立速射砲第六中隊
独立速射砲第七中隊
独立速射砲第一一中隊
独立速射砲第一二中隊
第三戦車団
独立山砲第三連隊
野戦重砲兵第三連隊
野戦重砲兵第一八連隊
野戦重砲兵第二一大隊
独立臼砲第一四大隊
第一七野戦防空隊
野戦高射砲第三三大隊
気球第一中隊
独立工兵第四連隊
独立工兵第一五連隊
独立工兵第二三連隊
独立工兵第五中隊
第二鉄道隊
第二五軍通信隊
迫撃砲第三大隊
迫撃砲第五大隊
架橋材料第二一中隊
架橋材料第二二中隊
架橋材料第二七中隊
渡河材料第一〇中隊
渡河材料第一五中隊
第六師団第二一渡河材料中隊
第二野戦憲兵隊
第二五軍直属兵站部隊

（表4-14）

く、一九四二年三月には第一五軍の指揮下に入り、ビルマ攻略戦に参加することになる。

すでに太平洋戦争直前の日本陸軍は五一個師団を有していたが、師団の大半は中国と満洲に配置され、南方作戦に投入できるのは一一個師団にすぎなかった。この一一個師団の中から第五師団、近衛師団、第一八師団の三個師団がマレー攻略作戦に投入されることになる。

この第二五軍の中で、機械化部隊は近衛師団と第五師団だけではない。第三戦車団もまた編合されている。（表4-15）

第三戦車団の正確な戦車数や自動車の数は資料により異なる。たとえば九七式中戦車八三両、九五式軽戦車八五両という資料があるが、この数字が不正確であったとしても、実数との差はわずかであろう。ただ同戦車団の戦車連隊はどこも定数を満たしていなかったのは確かなようである。これは日華事変やノモンハン事件の結果、戦車連隊を増設するために、既存の戦車連隊から兵力を抽出しなければならなかったためだ。

この第三戦車団は戦車連隊を集中運用するための組織ではなく、隷下の連隊をとりまとめる機関にすぎなかった。このため「マレー作戦は日本陸軍の電撃戦」などといわれるものの、投入された戦車連隊は戦場がジャングルだったこともあり、個別に運用されていた。戦車第一連隊は、開戦日に第五師団とともに上陸しているが、戦車第六連隊の上陸はその

第3戦車団の編制

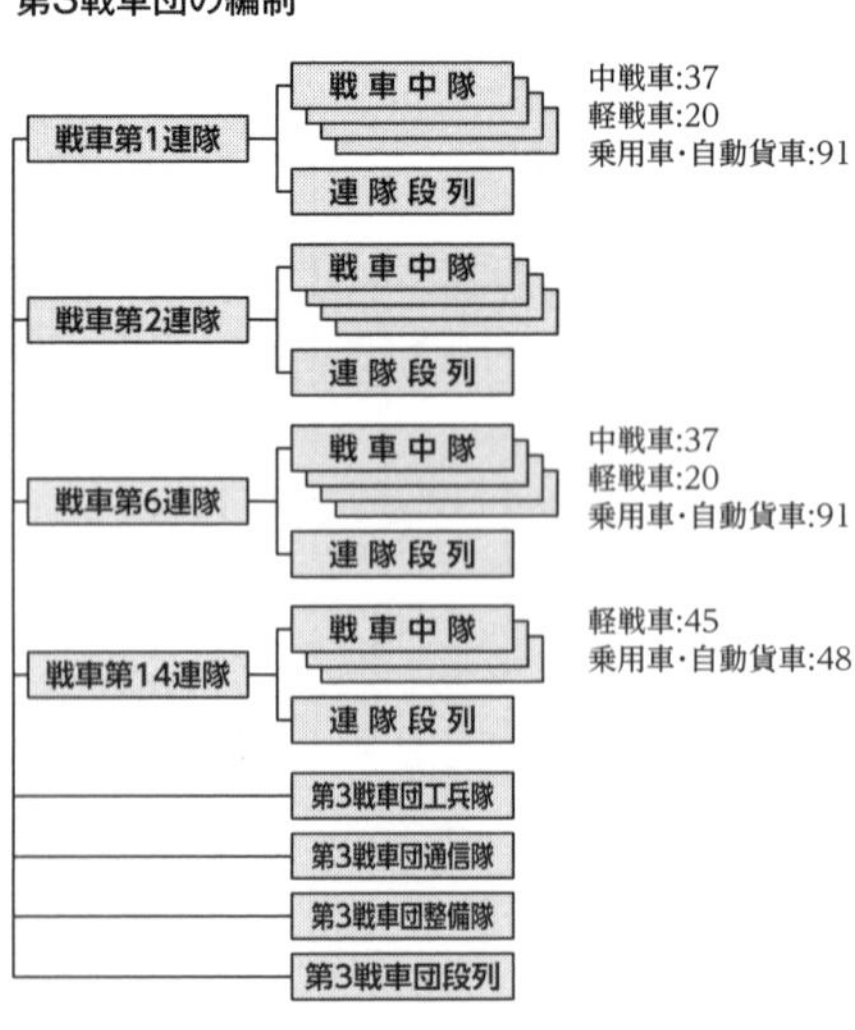

（表4-15）

八日後であり、戦車第一四連隊は近衛師団とともにタイからマレー半島を目指すという具合だった。

「電撃戦」の実相と生かされなかった教訓

マレー作戦では、開戦から当面の必要物資は海南島の三亜で提供し、以降の補給は南方軍の手持ちで賄うことが決められていた。

このための補給ルートはサイゴン港を中心とし、仏印・タイ・マレー半島の鉄道一貫輸送路の確保により、兵站を前進させる必要があった。タイに拠点を設けなかったのは、荷揚げに時間がかかると判断されたためだ。これにともない第二五軍は戦況に応じて、鉄道や道路網の要衝に適宜補給基地を推進し、第一線の急需に対応することとされた。

作戦計画に従い、マレー攻略部隊を乗せた船団が海南島の三亜を出航したのは一二月四日。船団は一二月七日にはそれぞれの上陸地点に向けて分散し、一二月八日には各部隊が上陸する。近衛師団は仏印からタイ領内に進攻し、第五師団はシンゴラ、パタニ、コタバルに上陸する。

このシンゴラ、パタニ、コタバルには飛行場があり、これらは仏印からの航空機の活動圏内にあった。このためこの三つの飛行場を早急に占領し、航空隊を進出させ、制空権を確保することが以後の作戦遂行上の前提条件であった。制空権の確保なしでは機械化部隊の行動が大きな制約を受けることは、日本軍もノモンハン事件などで痛感していた。シンゴラとパタニの上陸は順調に進展し、第二五軍の山下奉文中将も早々にシンゴラへの上陸を果たしていた。

対照的なのは、コタバルに上陸した第一八師団の侘美支隊（侘美浩少将指揮）であった。部隊は荒天に遭遇し、海上の侘美支隊は舟艇に乗り移るのも難しいような状況の中、上陸を敢行した。しかし、コタバル飛行場からのイギリス軍機の反撃に遭い、爆撃で輸送船一隻が沈没、二隻が大破する損害を出していた。侘美支隊自体も甚大な損害を受けたものの、翌九日にはコタバル飛行場とコタバル市街の占領に成功する。これと同時に陸軍航空隊がコタバル飛行場に進出した。

このようにして日本軍は上陸早々に航空優勢を確保することに成功した。対照的にイギリス軍機は、この一日の戦闘だけで、手持ちの戦力は半減し、稼働機は五〇機にまで減少していた。

日本軍の急襲的進攻で、イギリス軍は錯綜する情報に翻弄され、混乱していた。これは陸軍のみならず海軍も同様で、戦艦プリンス・オブ・ウェールズと巡洋戦艦レパルスは不確かな情報を頼りに日本軍の船団を求めて出撃し、戦果を上げられぬまま北上と南下を繰り返していた。そして一二月一〇日のマレー沖海戦によりイギリス海軍はこの主力二艦を失う。これによりマレー半島周辺の制空権・制海権は、上陸後三日にして日本陸海軍の掌握するところとなった。

マレー作戦には第三戦車団が投入されたものの、戦車団自体が戦車連隊を集中運用する組織ではないことと、満洲のような大陸ではないマレー半島では、大規模な戦車運用には適さなかった。

同作戦に参加した戦車第六連隊の島田豊作少佐も戦後の回顧録で、一九四一年八月に広東への移動を命じられてから、初めて作戦を知らされ、そこで南方向けの戦術を訓練したと記している。一本道での戦闘で、迂回して包囲するような大陸的戦術が通用しない地理的環境で、いかに敵軍に勝利するか。そのための訓練である。

興味深いのは「敵の意表を突いて戦車を用いない限り、対戦車火器の発達した今では、戦車の装甲も張り子の虎と同じなのだ」「隘路では敵の速射砲がたとえ一門でも路傍に姿を隠していれば、何台の戦車が飛び込んで来ても、つぎつぎと破壊されてしまう」などと記述している。

陸軍技術本部などで、ノモンハン事件後も既定路線のまま、新型戦車開発や、強力な戦車砲の開発が遅々として進まない中、現場将兵の自軍戦車への認識は、不十分な装甲を機動力で補わねばならないというものだった。陸軍の現場と中央には、戦車の実情に関して、かなりの温度差があったといわざるを得ないだろう。マレー作戦で敵陣に対する夜襲が幾度となく繰り返されたのも、そうした背景によるものだった。

このように戦車の大規模な運用が望めない地形であることに加え、そもそも戦車連隊が分散されて投入された結果、開戦早々にマレー作戦における機械化された諸兵科連合部隊の威力を発揮したのは、第五師団の捜索第五連隊を基幹とした佐伯挺進隊（佐伯静雄中佐指揮）であった。

編成時の捜索第五連隊は、本部・乗車兵中隊二個・装甲車中隊二個・通信小隊一個からなり、兵科が士官二一人、准士官・下士官六二人、兵三一五人の計三九八人に、技術部六人、経理部二人、衛生部一二人を加えた四一八人であった。同連隊は自動車化され、騎兵中隊はなく、自動車二九両に軽装甲車一六両を保有していた。

佐伯挺進隊はこの捜索連隊に戦車第一連隊第三中隊、山砲中隊、工兵小隊、通信小隊、衛生隊の一部、防疫給水部の一部を配属したものである。

戦車第一連隊第三中隊は三個小隊で、九七式戦車一〇両、九五式軽戦車二両を装備していた。このほか佐伯挺進隊は歩兵も乗車歩兵という小規模な機甲兵団のような編制となっていた。

マレー作戦における「電撃戦」では、戦車団・戦車連隊よりも各師団の機械化された捜索連隊に配属された戦車中隊などのほうが活躍した印象がある。

出陣にあたって佐伯中佐は「一車が止まれば一車を捨て、二車が止まれば二車を捨て、友軍であろうが敵軍であろうが、乗り越え、踏み越え、突進ができなくなるまで突進せよ」と訓示した伝えられている。一本道だから停止せずにひたすら周囲（後方・側背）の敵味方関係なく前進し続けろというのは、戦車第六連隊の島田少佐らも訓練していた戦術だった。

「包囲も迂回も許さない地形では、どうしてもすみやかに敵陣に穴をあけ、ぐんぐんと入っていって後方部隊に食らいつき、できれば退路上の要点を確保して退路を遮断してしまえば良いのだ」と島田少佐も述べている。

いわば、本来なら平野部など二次元で展開すべき電撃戦を、一本道の一次元で実行するような戦術である。この点でマレー作戦における戦車部隊にとって、それまでの大陸での戦闘経験はほとんど役に立たず、なおかつ実情に合った戦車戦術は現場の指揮官たちが考えねばならなかった。このため佐伯中佐も島田少佐も、同じ戦術を語っていながら、佐伯中佐が開戦前からいわゆる「錐もみ戦法」を構想していたのに対して、島田少佐はマレー戦の経験の中でこの戦術を編み出していた。

同じ作戦に従事する陸軍部隊でさえ、所属が異なれば、一方が得た貴重な戦訓をもう一方は知らず、いわば「車輪の再発明」を強いられたことになる。そして有効な知見を陸軍組織が共有できなかった不作為は、現場将兵の血であがなわなければならなかったのである。その責任は、現場指揮官より陸軍上層部こそ、自覚を持って負うべきものであったのだ。

佐伯挺進隊は一二月一〇日から第一一インド師団などが守る堅固とされたジットラ・ライン攻略に着手した。夜襲と戦車・軽装甲車の奇襲・追撃により一二月一二日には部隊はジットラ・ラインを突破。こうして第五師団は、一三日にはアロールスター飛行場を占領、さらに一六日にはスンゲイパイタニ飛行場を占領する。

さらにいくつかの戦闘の後、ときには海上機動による奇襲も行ないつつ、一九四二年一月一一日には、ついにクアラルンプールにまで到達するのであった。

兵站輸送と自動車の活躍

ここでマレー作戦全体の兵站を概観すると、それは二つに分けられる。一つは「マレー半島まで」の兵站、もう一つは「マレー半島から」の兵站である。

まず前者については、インドシナ・タイ・マレー半島までの一貫する鉄道網の整備がある。これを実施するために鉄道連隊などが動員されている。さらにサイゴンから南部タイへの海上輸送による物資集積所の設定や、さらにクワンタン占領後（一九四二年一月三日占領）は、物資をここに揚陸し、以後の作戦を推進することになっていた。つまり前者は戦略規模の兵站線であり、それは鉄道と船舶により賄われていたことになる。

そしてこれに対して、作戦の進行に追蹤する戦術規模の兵站に関しては第二五軍は二つの手段を想定し、第一線の急需に応じることとしていた。

一、戦況の進展に対応して補給基地を前進させる。

二、その補給基地から緊急を要する場所に対してトラックなどの輸送力を集中的に投入し、輸送を行なう。

つまり鉄道・船舶で集積された物資を自動車・鉄道（を中心とする陸上輸送）により前線まで輸送するのである。

まず補給基地の設定は、戦局の展開に応じて、つまり部隊の前進にともない、適宜行なわれることになる。これは当たり前のようであるが、実際にはマネジメントの面からも簡単な作業ではなかった。部隊の進攻が遅れても、また反対に前倒しになっても、計画を修正し、関係機関の再調整・再組織化が不可欠だったためだ。

たとえば鉄道はどうであったか？　この鉄道輸送に関しても、作戦の進行にともない、いくつかの変更が行なわれている。

仏印南部からタイ領内における鉄道輸送業務は、当初は第一五軍が担当していた。しかし、南方軍は一二月一一日付で、「一二〇日以降の仏印からタイ領、マレー半島にかけての鉄道による一貫輸送は第二五軍の担当」と命じた。

これに関しては鉄道第五連隊の働きにより、プノンペン―バンコク―マレー半島のハジャイに至る一貫輸送路が一二月一四日に完成している。だが第二五軍の前進が予定よりも早かったこともあり、前線と後方の距離が急激に開き始めた。

この状況により第二五軍が仏印からタイ領に至る鉄道管理は困難と判断され、南方軍は一九四二年一月四日付で、南方軍鉄道隊を編成し、後方の鉄道業務は同隊に委ね、第二五軍は作戦に直接協力する鉄道業務のみを担当することとされた。

また同日、第二五軍より鉄道第五連隊と鉄道第九連隊に対しては、「クアランプール以南、ジョホールバルに至る重列車の運行を確保」することを、さらに第四、第五特設鉄道隊に対しては、「マレー西部線を復旧・整備し、シンゴラ―クアラルンプール間の重列車運行を確保すること」という命令が出された。完了は二月一日中とされた。そして南方軍鉄道隊は一月二〇日頃にはクアラルンプールまでの鉄道運行にめどをつけることができた。

鉄道輸送がこうした状況の中で、補給基地は設定されていた。具体的にはタイピン、クアラルンプール、バツアナム（ゲマス東方）の三か所である。この三か所は鉄道と街道の要衝であり、兵站地として鉄道で輸送した物資を集積し、車両により部隊に輸送する拠点であった。

これらの拠点に日本軍が到着したのは、タイピンが一二月二三日、クアラルンプールが翌年の一月一一日、ゲマスが一月一五日であった。そして不完全ながらもゲマスに鉄道が開通したのが二六日である。

最終目標であるシンガポール攻略を成功させるためには、兵站準備として渡河機材や砲兵弾薬などの備蓄が不可欠だった。このためゲマス周辺で集積所としての適地の選定が行なわれ、バツアナムのゴム園が選ばれた。ここに物資集積が開始されたのは、鉄道開通後の一月二九日であった。このことからもわかるように、戦闘→占領→物資集積までの流れは、非常に急速だった。

第二五軍は鉄道隊や工兵、輜重部隊の働きもあり、順調に進撃を続け、一月末にはジョホールバルに集結することになる。一月三〇日には、シンガポール攻略計画が下達され、補給集積は次のように定められた。
一、攻略作戦のため集積すべき弾薬の標準はおおむね三分の二会戦とす。
二、弾薬等の輸送集積は作戦準備期間より逐次之を開始し、左記の中間集積を行い、作戦進捗にともない状況が許すに至れば、第一線の後方近くに集積す。

マレー半島の森林地帯をシンガポールに向け前進する機械化部隊。輸送部隊のトラックの脇を走り抜ける九七式軽装甲車（手前の車両は37mm砲搭載型）。

近衛師団　アエルヒタム・レンガム間
第五師団　クルアン・レンガム間
第一八師団　アエルヒタム・シンパレンガム間
軍砲兵隊　レンガム・シンパレンガム間
但し右の各村落及びその付近には集積せざるものとする。
三、弾薬の集積は軍のジョホール水道進出後約五日間におおむね半量を第一線後方に、その他を努めて中間集積地に集積し、爾後逐次前送す。
四、集積に際しては極度に分散配置し、且つ上空に対し遮蔽して敵の攻撃を避けるとともに、その被害を局限するものとす。

なおこの命令に示されているアエルヒタム、レンガム、シンパレンガム、クルアンなどはジョホールバル北部の地域に比較的集中しており、鉄道・街道の交差する地点である。兵站関係部隊の計画としては、バツアナムの集積所に二月三日までに軍需品の大半を集積し、次いでそれをジョホールバル付近の命令の各地点に輸送することであった。

未開通部分を自動車隊がピストン輸送したり、応急で鉄道橋に板を渡して自動貨車を通行させていた鉄道の問題も、二月に入ると著しく改善し、軍需品もクアラルンプールからゲマスまで一日千トンの輸送量が確保できるようになっていた。ゲマスからは自動車によりバツアナムの集積所に運ぶか、状況によってはジョホールバル付近の中間集積所まで直送された。

こうした中で第二五軍の自動車に関しては、部隊間でいろいろとやりくりが行なわれていた。

たとえば架橋資材などを輸送していた材料中隊の自動車を一時的に兵站に組み入れ、シンガポール攻略前の渡河機材輸送のために適宜原隊に戻すようなことも行なわれたという。

また自動車に関して無視できないのは、野戦自動車廠の働きであった。

ジョホールバル北方のクルアンを日本軍が攻略したのは一月二五日であったが、占領後にはここに燃料集積所が設定された。当然多数の車両が燃料補給にやってくる。それに備え、後方のタイピンやイポーから鉄道経由で燃料を送付させ、急需に備えるほか、施設に対空遮蔽を行ない、給油車両の流れが円滑になるように道路網や施設の整備も野戦自動車廠は行なってる。さらに数十もの交通整理班を組織し、大量の車両による道路の混雑防止に努めた。また友軍の戦車・自動車の整備は当然として、戦場のあちこちに遺棄されたイギリス軍車両を回収・修理し、自動車隊の戦力として活用した。

鹵獲車両の総数については諸説あるが、一九四二年だけでも一五〇〇〇両が各戦線で鹵獲されたという。野戦自動車廠は鹵獲車両の修理・整備だけでなく、管理も行なった。鹵獲された車両を周辺の航空隊などが必要とする場合、担当の野戦自動車廠から借り受けるかたちで受領する。このため同じ鹵獲車両が、野戦自動車廠を介していくつもの部隊を転々とすることもあった。

マレー作戦全体を通じて、自動車の活躍はめざましく、文字どおり休む間もなく輸送任務に従事していた。現場での課題は乗員の休養と車両の整備にあったという証言も少なくない。

なおシンガポール攻略が実行され、シンガポールが陥落したのが二月一五日。一方、マレー縦貫鉄道がシンガポールまで開通したのは、その約一週間後の二月二一日のことだった。

マレー作戦はイギリス軍の四倍に達する陸海軍航空隊による制空権の掌握もあって機械化部隊による電撃戦でシンガポールを予定よりも早くに陥落させることができた。ただ、その実相は、機械化された歩兵師団が主であり、戦車部隊はその支援という従来型のものであった。こうして第一段階の作戦はほぼ完了し、長期持久のための資源地帯の確保に成功する。

有効活用できなかった機甲戦力

マレー作戦に始まる日本陸海軍の第一段作戦が終了した一九四二年六月に、日本陸軍は『昭和一七年国軍軍容刷新新要綱』を決定し、日本陸軍初の戦車師団が満洲に二個、中国に一個新設されることが決まった。さらに同年九月に満洲に機甲軍司令部が創設された。この機甲軍司令官は機甲本部長だった吉田悳中将であった。(表4-16)

これは戦車連隊を組織管理上統合しただけの戦車団とは異なり、戦車部隊を中心とした自動車化された諸兵科部隊をともなう戦略部隊であった。独立混成第一旅団から八年目にして完成した日本陸軍の本的な機甲部隊である。

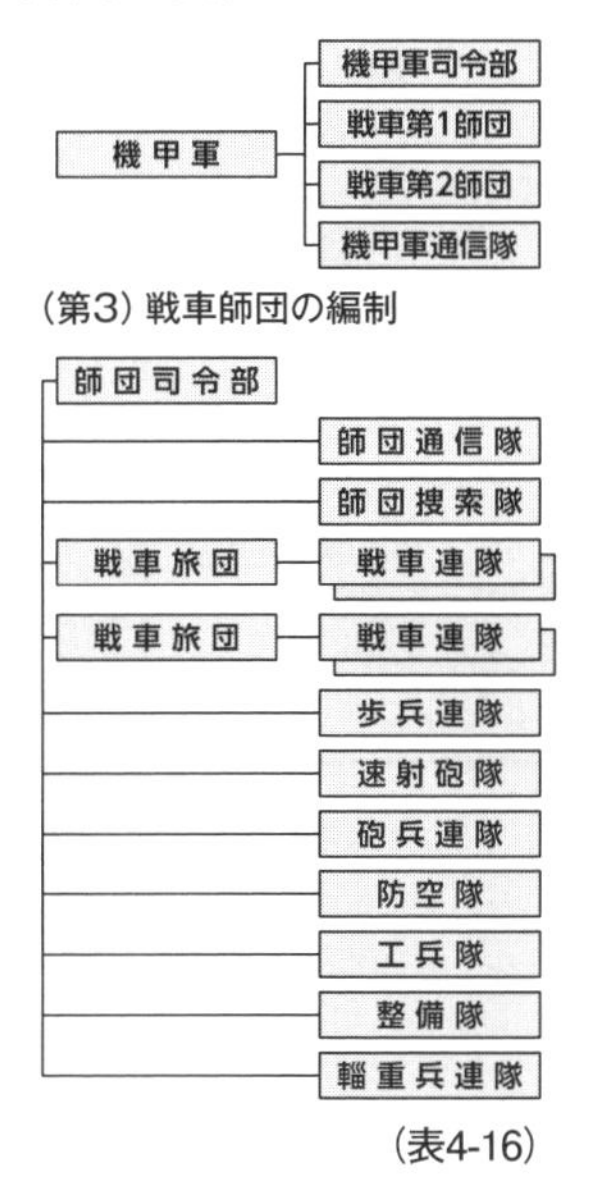

(表4-16)

そしてこの八年間に、国産車の生産力は年間一〇〇〇台程度だったものが、一九四一年には四〇倍の四万台を突破していた。自動車産業の発達という基盤がなければ、マレー作戦の電撃戦も機甲軍の実現も不可能であっただろう。

では、その機甲軍の具体的な編制はいかなるものであったか？

『昭和二七年　復員局資料整理課　満洲における用兵的観察　機甲軍編制当時における経験』（アジア歴史資料センターC13010191400）の資料からは独立混成第一旅団と比較して、規模の大きさと組織の詳細がわかる。「砲戦車を四七ミリ砲装備の九七式中戦車で代替する」など定数表ではなく、当時の実態に近い編制が示されている。補足すると、この資料で唯一、部隊編制や規模が不明なのが通信教育所として発足したともいわれる師団通信隊である。

ただ通信隊に関して、資料で興味深いのは「師団通信隊は無線通信網を構成する無線通信を主体とし、一部を有線とした」「師団内の各戦車は無線電話により各級指揮官が直接指揮を執れるように戦車その他の車両に無線を装備」などの記述である。

この通信隊の能力を理解するために、陸軍の車載無線機について説明しておく。

日本陸軍の通信は、海軍と異なり有線通信が中心で、無線通信は補助的な手段であった。通常の歩兵師団などの通信隊では、やはり編制上も有線通信の中隊などが中心となっている。しかし、航空機の発達などもあり、第一次世界大戦以降は陸軍でも本格的な無線装備の研究がなされた。

ただ無線装備は各部隊用として広範囲に研究されたが、教育総監部より「似たような目的の無線機が重複するのは教育面で効率が悪い」との指摘により、無線装置の型式はかなり整理されたという。

車載無線機に関しては、主として次の三機種が用いられた。（）内は電話の場合で通信距離、全備重量

- 九四式四号乙無線機（一キロ／四〇キログラム）
- 九四式四号丙無線機（一キロ／九〇キログラム）

●九六式四号戊無線機（一キロ／五〇キログラム）

九四式四号乙無線機は、九二式重装甲車用に開発されたが、重装甲車自体が無線機の搭載を想定していないため、車載自体に大きな無理があった。九四式四号丙無線機は、八九式中戦車など、中戦車用の無線機として開発されたが、やはり車載可能な大きさを実現するのに多大な苦労を強いられたという。九六式四号戊無線機は、本来は工兵用の装甲作業機の無線機だったが、中戦車にも搭載されるようになった。

これら車載無線機に対して、部隊の自動車化が進展する中で、特定の車両ではなく、いかなる車両でも簡単に装備できるものとして三式車両用無線機甲が開発される。これは電信も無線電話も使えるもので、行動間（移動間）通信では電信なら五〇キロ、電話なら一五キロが有効範囲で、停止間通信なら電信で一五キロ、電話で三〇キロの通信が可能であった。

ただ全備重量は四三〇キログラムあり、自動貨車などに搭載する各級指揮官のための車載無線機であった。

戦車その他の装軌車両用無線機としては三式車両用無線機乙があった。これは従来の九四式四号など三種の無線機を統合するという意図から開発された。さらに上級指揮官と下級指揮官の二つの通信系を必要とする中間指揮官の無線装置を、この無線機一種に集約するという意味もあった。

行動間（移動間）通信では電信なら一〇キロ、電話なら四キロが有効範囲で、停止間通信では電信で三〇キロ、電話で八キロの通信が可能であった。全備重量は二四〇キログラムである。

ただこれら三式車両用無線機は制式化されたのが遅かったため、配備数は少なかった。つまり陸軍部隊の多くは、九四式四号などの無線機を終戦まで使っていたのが実情だった。

さて、機甲軍は、その編制などを見ても、独立混成第一旅団などとは比較にならない強力な構成であることがわかる。

ただこうして編成された機甲軍の時代は短かった。ガダルカナル島からの撤退以降、ニューギニア方面の防衛が重要となり、満洲の機甲軍は一九四三年一〇月に廃止され、隷下の部隊は順次、各地の島嶼帯防衛のために引き抜かれることが続いたのである。

結果的に機甲兵科は機甲部隊としてではなく、戦車部隊として各地の戦場に投入されることになる。また一九四三年以降は、軍需生産も航空優先となり、戦車や自動車関連の生産は圧縮されて行く。こうして日本陸軍の機甲部隊は消滅し、火力支援のために分散されたまま、終戦を迎えるのであった。

大陸打通作戦

京漢作戦・湘桂作戦の企図と目的

一号作戦、いわゆる大陸打通作戦が検討され始めた一九四三年一一月は、戦局はもとより、占領中の資源地帯との海上輸送路の安全が非常に厳しい状況になりつつあった。この頃になると日本の輸送船舶の喪失量は月二〇万トンに迫る勢いになっており、さらに同月二一日にはタラワ環礁にアメリカ軍が上陸していた。

そうした中の一一月二五日、台湾の新竹が、中国大陸から出撃したアメリカ軍航空隊の襲撃を受ける。この事態は大本営に衝撃を与えた。まず中国から日本本土の攻撃の可能性が、プロパガンダではなく現実のものとなったのである。特にB29爆撃機が投入された場合、日本本土は深刻な脅威にさらされることになる。さらに東シナ海の船舶被害の増大も、大本営を憂慮させていた。船舶被害の多くは潜水艦によるものだが、中国からの航空機による被害も増大していたためだ。一一月二九日に大本営は支那派遣軍に対して大陸に展開するアメリカ航空兵力封殺のための作戦の研究を求めた。

これが一号作戦計画の原点になるのだが、そこには二つの目的があった。つまり中国大陸にあるアメリカ航空部隊の封殺および海上輸送路が使えない場合に備えた南方と日本との陸上輸送路、すなわち鉄道線の確保である。ただ鉄道線の確保は当初考えられていたほど容易ではなかった。まず既存線の相当な部分が国民党政府の支配下にあり、それを占領しても撤退時に破壊されるのはまず間違いない。ところがこの時期の日本陸軍には、破壊された鉄道線を復旧できるだけの人員もレールなどの資材も不足していた。このためさほど重要ではない支線や側線から資材を転用することさえ考えられていた。

さらに南方と華南との交通線の確保にしても仏印のランソンと華南の柳州の間に鉄道はなく、新規に敷設する必要があったが、これも資材と人員の問題がネックとなっていた。

このため当初の「鉄道による打通」は「陸上交通線」というかたちに後退するが、その陸上交通も子細にみれば河川交通なども含まれていた。

もちろん作戦ははっきりと二つの作戦目的を明記してあるわけではなく、「敵航空基地撃破」のために「交通線を確保する」というかたちで、南方との陸上輸送路は、航空基地撃破という目的達成の手段という体裁にはなっていた。実際、一九四四年一月に東条英機陸相より、「作戦目的が不明確」との指摘を受け、一号作戦の目的はあくまでも敵航空基地の撃破に絞られたかに見えた。だがその後の調整の中で、一号作戦は再び二兎を追い始める。中国大陸を南北に縦断するというこの一号作戦は、別名「大陸打通作戦」とも呼ばれている。

そして作戦目的の違いから、大陸打通作戦は、さらに二つの作戦に分けることができる。

前半の京漢作戦とその後に続く湘桂作戦である。京漢作戦の主要部隊は第一二軍（第二七師団、第三七師団、第六二師団、第一一〇師団、戦車第三師団、第七独立混成旅団、騎兵第四旅団）であった。

まず京漢作戦の目的は、黄河河畔から進撃を開始し、洛陽にある中国第一戦区軍を撃破し南京京漢線の打通が目的とされた。したがって京漢作戦そのものは、大陸打通作戦の主要目的であるアメリカ陸軍航空隊基地の覆滅を直接目的とはしていない。主た

京漢・湘桂作戦要図

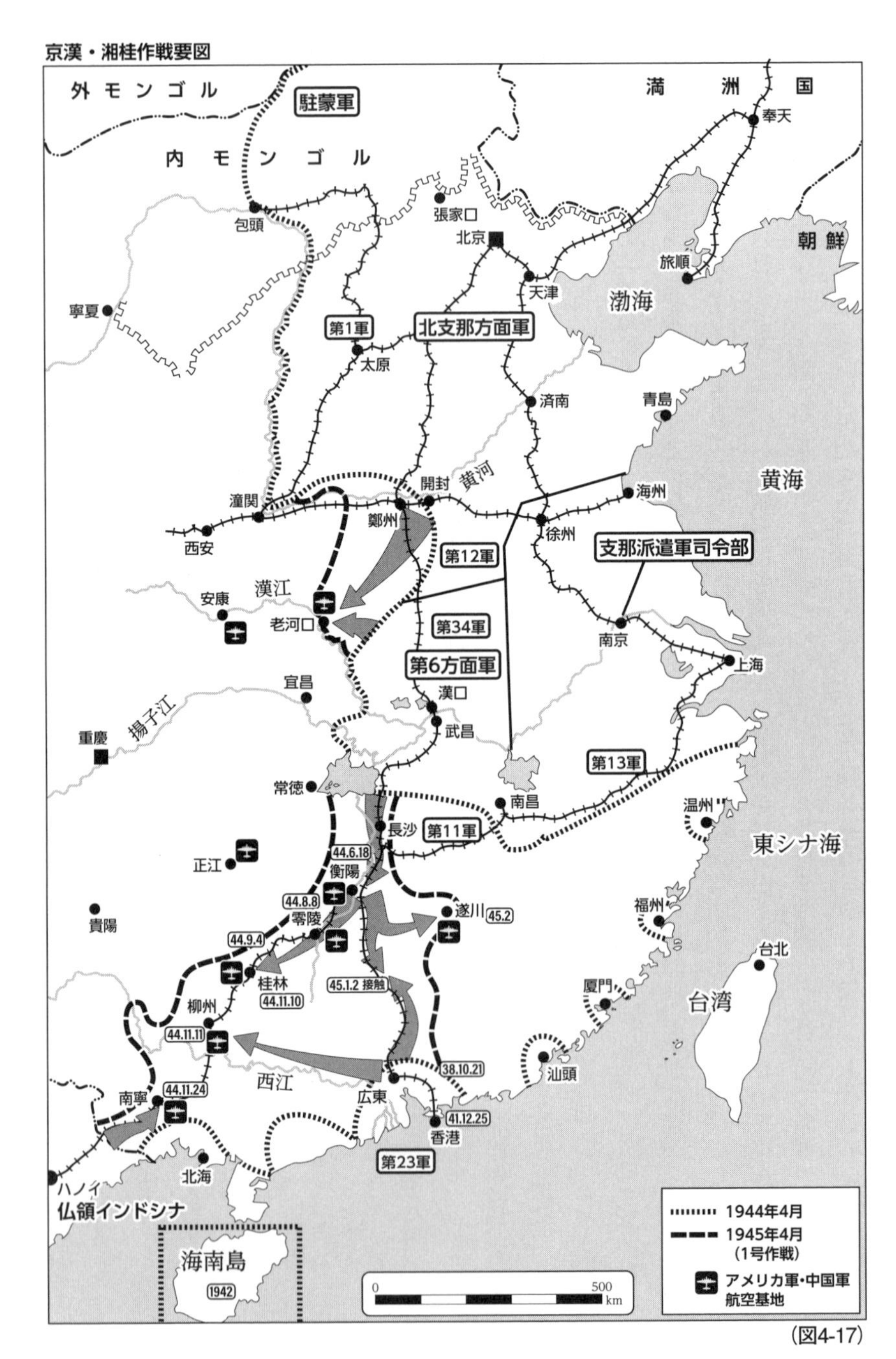

(図4-17)

る目的は以降の作戦のための、兵站線の確保とその維持にある。

地図上では華北と武漢（武昌・漢口）地区は占領地としてつながっているようには見えるが、実は両者の交通はかなり遠回りになっている。武漢地区への物資補給の大半は鉄道線が破壊されて以降、揚子江の船舶輸送のみに頼っていた。しかも、その頼みの船舶輸送は在中国アメリカ航空隊の攻撃で、途絶することもしばしばだった。したがって水運と陸運の二つのルートを開くことは、作戦遂行の前提となる補給線の確保のためにも欠かせなかったのである。こうして京漢作戦により補給線を確保した後、次の湘桂作戦が実行されることになる。

主要作戦部隊の戦力とその実情

京漢作戦に続く湘桂作戦は岳州近郊から奥漢線（広東―衡陽―漢口）を南進し、ここと湘桂鉄道（衡陽―桂林）沿線を確保することを目的としていた。主要な作戦部隊は第一一軍と第二三軍である。

この後半の湘桂作戦こそが大陸打通作戦の本来の目的である敵航空基地覆滅を直接追求するものであった。同時に京漢線の打通と合わせ、中国と仏印までの資源地帯の交通線確保という目的も含まれていた。作戦で計画されていた進撃経路には長沙、衡陽、遂川、零陵、桂林、柳州、南寧など敵軍の主要拠点や航空基地が存在していた。このため湘桂作戦では、こうした中国南西部に点在する中国軍、アメリカ陸軍航空隊などの拠点を一つ一つ攻略しながら前進して行く必要があった。

以上が、大陸打通作戦の計画概要である。

京漢作戦を担当する北支方面軍は、主として華北地域の治安維持を目的として駐屯していた。このため方面軍隷下の師団も装備面で劣る三〇番代の師団や特設師団が中心となっていった。さらに太平洋戦争開戦後には、第三二、第三五、第三六師団が他方面に移動するなど、戦力的にも厳しい状況にあった。

京漢作戦はそうした治安維持を担っていた北支方

面軍の半数の戦力を結集して行なわれた作戦であった。

ただ方面軍の半数を京漢作戦に投入する関係で、華北方面の治安維持には相応の影響が出ることはやむを得ないとされた。

京漢作戦の主要部隊の一つ、戦車第三師団の編制は資料によって車両などの数や内容に若干の違い（たとえば師団捜索隊の中戦車中隊が砲戦車中隊となっているなど。これは砲戦車を中戦車の代用としたためらしい）はあるものの、おおむね表4‐18のような編制であった。戦車第三師団は、定数では自動車約六〇〇両以上、戦車約二三〇両という堂々たる機甲師団であった。

編制に関しては、戦車第三師団と騎兵第四旅団の間には密接な関係があった。

騎兵部隊は機械化に着手していたことはすでに述べた。一九三九年に騎兵第四旅団も隷下の騎兵第七二連隊が自動車編制に改編された。一九四二年一二月の戦車第三師団の編成にともない、この騎兵第七二連隊の機械化部隊を中心に戦車第三師団捜索隊が編成されたのである。ちなみに騎兵連隊からの戦力抽出はこれだけではなく、機動歩兵第三連隊も、その母体は騎兵第一旅団の騎兵第一三および第一四連隊の改編で生まれた部隊である。こうした点で見れば、戦車第三師団は機械化された騎兵旅団から改編されたともいえるだろう。

一方で、自動車編制部隊を手放した騎兵第四旅団は、唯一の乗馬編制の騎兵旅団として運用された。戦車師団が平地や道路を進む中で、山地・路外不整

戦車第3師団の編制

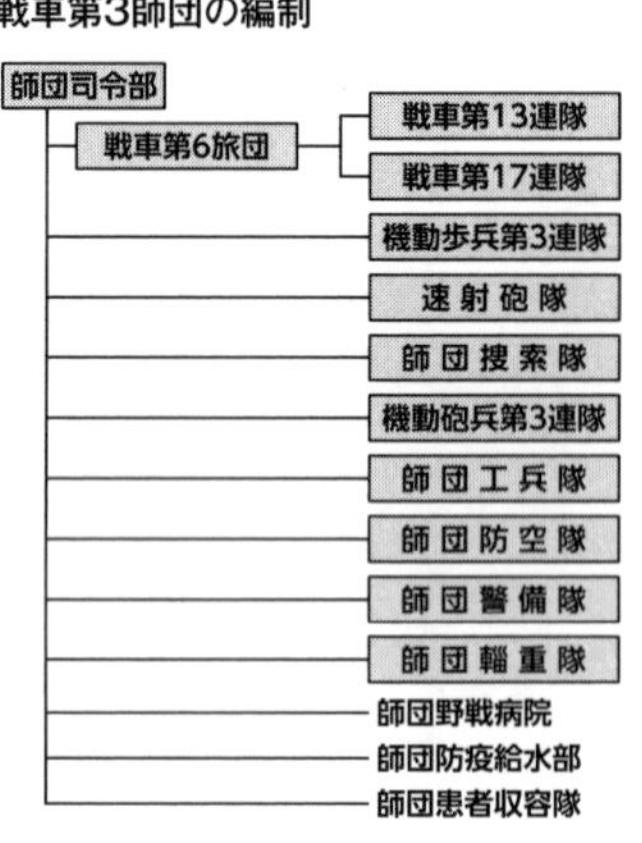

（表4-18）

地での機動戦を期待されていた。ただ騎兵第四旅団はいくつかの問題を抱えていた。人員こそ定期的に補充されていたものの、馬匹に関して補充が数年行なわれていなかったのである。

騎兵部隊の馬匹は年に八分の一が補充交代されるのが原則であったが、ほとんどの部隊ではそれが太平洋戦争開戦以降行なわれていないも同然だった。師団数の急増で不足しているのは自動車だけではなく軍馬も不足していたのである。

馬齢も古い馬では二〇年を超え、平均で一六年を超えていたという。老馬では作戦中に落伍しやすいため、三分の一の馬匹は第一線では使用できず、留守部隊に残置せざるを得なかった。また輜重においても使用をあきらめ、自動車を活用することとなった。このため旅団の編制そのものは人員三二三〇人、馬匹三一八九頭、自動車一〇四両であったが、出動兵力は人員一一〇九人、馬匹一二二六頭、輜重隊の自動車七〇両であった。

このように日華事変から七年の歳月は、部隊数こそ飛躍的に増えたものの、日本陸軍の体力を少なからず疲弊させていた。

このことは戦車第三師団も同様で、編制上は強力な機械化部隊だが、その内情は人員・機材の補充が追いついていないという問題を抱えていた。同師団が編成を命じられたのが一九四二年一二月であったが、編成完結には一年近い時間を要した。戦車も新旧が混在し、無線機類も整備できたのは一割程度にとどまった。

畑俊六支那派遣軍総司令官が同師団を視察したときも「戦力は頗る低く、正規のものの二分の一、ソ連のものと比べて、二、三割に過ぎない。機動兵団としての戦力の発揮には前途なお遼遠なり」と酷評している。

戦車第三師団は動かす前に大規模な整備が必要であり、方面軍との折衝の結果、野戦整備廠がこれを実施することになった。一号作戦の発令とともに、兵站物資が集積されたが、京漢作戦については支那派遣軍の手持ちの軍需品で賄い、増加補給は次の湘桂作戦用であった。作戦のために大本営が増強すべき兵器・資材として割り出した数量は、次のとおりだった。

地上一般弾薬　約四個師団一会戦分
航空弾薬　二飛行団月分
自動車燃料　四万キロリットル
航空燃料　一万キロリットル
渡河資材　(舟艇)六〇〇隻

この頃、北支方面軍が常時保有すべき軍需品の基準とされた量は次のとおりだった。

弾薬　一会戦分
各種燃料　四か月分
糧秣　二か月分

その後の作戦研究において、京漢作戦の使用弾薬は「〇・三会戦分を基準」とされた。

この時の「〇・三会戦分」の算定根拠は、「中原会戦の約四倍のものを二度」を想定しての数字である。中原会戦とは一九四一年五月から六月の戦闘で、動員兵力は六個師団を中心に約四万人であった。実際の作戦の参加兵力としては人員約一四万人、馬匹約三万頭、自動車約六千両、火砲約二五〇門を想定していた。

これらの兵站を実現するために動員された兵站関係部隊は、一部については残念ながら資料が残っていない。そのため不完全ではあるが、判明している範囲では表4-19のとおりであった。

この中で、第七師団第四陸上輸卒隊は人員三二一人だが、自動車などは保有していない。独立輜重兵第一連隊も自動車編制ではなく、連隊本部と、駄馬四個中隊の人員五八二人、馬匹四一一頭であるが、特務兵を中心とした兵約千人、駄馬千頭弱が増加配属されていたという。

一号作戦での兵站輸送では馬糧が最も優先順位が低かったという。限られた兵站輸送力で致し方ないことだったが、結果として馬匹編制の兵站部隊は、馬糧の入手に苦労することになる。このため自動車隊が騎兵連隊から馬糧を輸送し、輜重兵連隊に融通するようなことも起きている。

架橋材料第二四中隊は馬匹五二九頭であったが、第二五中隊と第三一中隊は乗用車五両に自動貨車四三両と自動車化されていた。

興味深いのは電信第一〇連隊であろう。この部隊は五〇両近くの自動車と一〇〇頭前後の馬匹を保有し、人員は一五〇〇人前後で、四個有線中隊に一個無線中隊、それに一個材料廠であった。大量の自動車・戦車を動員しながらも、鉄道が兵站の主要手段だった京漢作戦では有線通信が無線よりも多用されたのだろう。

なお京漢作戦はほかにも五個自動車連隊ほどの部隊が投入されたといわれるが、詳細は不明である。

北支方面軍直轄
- 自動車第二一連隊
- 自動車第二二連隊

第一軍直轄
- 自動車第二四連隊
- 自動車第二七連隊
- 自動車第三七連隊
- 独立輜重兵第一連隊

第一二軍直轄
- 自動車第二五連隊
- 自動車第二六連隊
- 自動車第三六連隊
- 電信第一〇連隊
- 第七師団第四陸上輸卒隊
- 架橋材料第二四中隊
- 架橋材料第二五中隊
- 架橋材料第三一中隊
- 第一六八兵站病院
- 第一六九兵站病院
- 第一八〇兵站病院
- 第一八九兵站病院

駐蒙軍直轄
- 自動車第三三連隊

（表4-19）

これらの兵站部隊を用いることで、物資の集積は秘密裏に行なわれ、おおむね作戦開始前には予定の場所へ配送できていた。

困難続きの兵站線の維持

作戦は一九四四年四月一七日、中牟正面において新黄河の渡河から開始された。

第一二軍は、中国軍と激戦を重ねながら、ついに許昌城まで進出する。中国軍は部隊を北上させ、日本軍の側面を攻撃する動きを見せた。これに対して、北支方面軍司令官岡村寧次（やすじ）大将は、第一二軍に対して右旋回を指示した。

第一二軍は戦車第三師団と騎兵第四旅団を汝河に沿って移動させ、中国軍の退路を遮断、敵の離脱を阻止するためだった。これにより五月九日に第一二軍は中国軍への攻撃をほぼ完了する。中国軍の退却が予想以上に早かったこともあり、計画していたような敵の壊滅には至らなかった反面、京漢作戦の目的である京漢線の打通は一応達成された。

米軍機の攻撃の前には脆弱な揚子江の船舶輸送に兵站のすべてを頼るのはあまりにも危険すぎる。このため第二野戦鉄道隊は京漢鉄道の修復・復旧を急ぎ一〇月には作業を完了し、華北・漢口間の列車の運行が可能となった。

続く湘桂作戦の中核戦力である第一一軍にとって、兵站の問題は深刻であった。それまでの一時的な兵站線の構築ではなく、恒久的な兵站線を維持しなければならなかった。しかも作戦のために部隊の機動力に追躡できる必要があるとともに、それらは米軍機の襲撃による兵站線遮断をも考慮しなければならなかった。

さらに中国軍により道路、鉄道は徹底して破壊され、それらを復旧せねばならないが、そのための資材調達の負担も大きかった。

こうした状況で京漢作戦以上の後方諸部隊が動員された。準備は京漢作戦直前の三月から四月にかけて行なわれた。主なものは、

架橋材料中隊　四個
渡河材料中隊　三個
野戦輸送司令部　一個
自動車連隊　六個
独立自動車大隊　五個
独立自動車中隊　七個
独立輜重兵連隊　一個

１号作戦（大陸打通作戦）は日本陸軍機甲部隊が、組織的、大規模に運用された最後の機会であった。長江（揚子江）南西地域の山岳地帯を前進する機械化部隊。ニッサン180型自動貨車の車列と、写真左側には整備、点検中であろうか、九七式中戦車改とその後方にトラックが停車している。

独立輜重兵大隊　一個
兵站輜重兵中隊　五個
野戦自動車廠　　一個

兵站計画としては、岳州から易俗河までの約二〇〇キロは水路を用い、易俗河から衡陽間の約一〇〇キロは自動車輸送を主とするとされた。

一年以上の占領を想定していたので、兵站基地を多く設定したかったが、兵站部隊の規模が部隊に比べて小さいため、兵站基地の相互間隔は二日行程以上となることを強いられた。だが五月になると作戦の修正にともなう後方負担の増大から、兵站作戦も軌道修正を強いられる。作戦は次の第一期から第三期に分けられ、作戦期間はおおむね五か月と見積もられた。

- 第一期　長沙、衡陽付近の攻略
- 第二期　桂林、柳州付近の攻略
- 第三期　掃討、鉄道占領

これに合わせ、甲兵站線（岳州―衡陽道）と乙兵站線（祟陽―平江―株州道）が設定された。甲兵站線の輸送部隊は、

自動車第三〇連隊
自動車第三五連隊
独立自動車第三二大隊
独立自動車第三三大隊
独立自動車中隊五個
独立輜重兵第四連隊

対する乙兵站線は、

自動車第三二連隊
自動車第三三連隊
自動車第三四連隊
独立自動車第三一大隊
独立自動車第四九大隊
独立自動車第八三大隊
独立輜重兵第五四大隊
輜重兵中隊二個

さらに重要な兵站線として水路兵站線がある。このため岳州に碇泊場司令部を設定し、武漢・岳州間

の船舶輸送にあたるほか、湘江を利用する軍需品の管理も行なった。

　こうした兵站準備が進められ、一九四四年五月、湘桂作戦が開始される。作戦計画では、漢口方面から出動した陸軍第一一軍（第三師団、第一三師団、第三四師団、第三七師団、第五八師団、第四〇師団、その他直轄部隊）は、中国軍を撃破しつつ南下する。その後、衡陽に進出、確保した後、次の作戦を準備する。さらに桂林・柳州付近のアメリカ軍航空基地を覆滅するとともに、一部戦力はそのまま西進し南寧を経て仏印に至る。そして第二軍は南部奥漢線の打通を目指す、とされた
　だが京漢作戦に比べて、湘桂作戦は兵站面の困難が多かった。まず日本軍には制空権はなく、アメリカ軍機の活動は大きな脅威であった。さらに一号作戦全体で約一万五千両の自動車が用意されたが、燃料が不足し、一部については木炭が使用された。この燃料問題は制空権確保にも大きな影を落とす。

　燃料節約のために兵站輸送は船舶と鉄道に頼ることになった。ただ船舶は雨期に入ると、河川の増水のため航行不能となり、天候が回復するとアメリカ軍機による攻撃を受けた。鉄道も頻繁に破壊され、それを修復するのに必要な資材の入手が問題となった。このため必要性の低い支線や側線を解体し、修理用の資材とするようなことも行なわれた。

　そして一九四四年六月に、大陸打通作戦の根本を揺るがす出来事が起こる。

　一つは六月にサイパン島が、七月にテニアン島がアメリカ軍に占領されたことである。B29爆撃機による本土空襲はこれらの基地から発進している。敵航空機の行動範囲内に発進基地を作らせないという本土防衛構想の根幹がここで崩れてしまったのだ。

　二つ目は、六月一五日の深夜、中国の成都から発進したB29の大編隊が北九州を初めて爆撃したのである。これは通常の航空作戦として、本土空襲が可能となったことを意味していた。

　これにより大陸打通作戦中止論が陸軍内部でも出たのだが、作戦は続行された。これは戦況が悪化し

たにもかかわらずというより悪化したからこそという判断である。フィリピンの防衛などを考えれば、南方までの交通線が不可欠という理由からだ。

こうして作戦は続き、一一月九日には、第一一軍が桂林城の総攻撃を開始する。中国軍の激しい抵抗に遭うが、桂林は陥落した。この桂林および柳州攻略により、大陸打通作戦の主たる目的であった中国西南部のアメリカ軍航空基地の覆滅は完了した。それでも打通作戦自体はなお続いていた。

一一月二四日、第二三軍の二二師団が南寧に進出し、仏印打通は完成した。ほかの戦闘を行ないつつ、湘桂作戦は事実上、昭和二〇年一月三〇日の遂川攻略で終了する。

ただ兵站輸送の負担は尋常ではなかった。鉄道を修復すべき鉄道部隊自体が動けないことも少なくなかった。燃料の輸送も、悪路により補給量より、輸送のための消費量が多いような状況である。

一一月頃の武漢（武昌・漢口）と柳州の輸送では、鉄道が使える武漢と岳州までは、武漢に到着した三五〇〇トンの軍需品をそのまま移送できた。しかし、岳州以南は鉄道が使えないため、水路輸送と自動車輸送となり、一部は軽便鉄道も用いた。そこまで二五〇〇トンは輸送できた物資も船舶が使えない衡陽からは六〇〇トンしか発送できず柳州に到着したのは、武漢の十分の一以下の三〇〇トンであった。

兵器行政における日本陸海軍の不作為

ここまで太平洋戦争におけるマレー作戦と大陸打通作戦という、最初と最後の日本陸軍の大規模な軍事作戦を例示した。両者は補給線の確保を目的としている点で共通点を持つ。

そして両者は一応は作戦の成功を見ているが、精鋭を投入できたマレー作戦と、疲弊した師団を糾合せざるを得なかった大陸打通作戦とでは、戦場の様相は違っていた。そもそも進攻作戦だったマレー作戦に対して、大陸打通作戦は海上輸送路の安全が確保できないということへの防衛作戦であった。

1945（昭和20）年２～３月の硫黄島の攻防戦で撃破された九七式中戦車「チハ」。同島守備隊には戦車第26連隊が配属されたが、輸送船が米潜水艦の雷撃で沈没、戦車の多くを失い、米軍上陸前に再び受領し配備できたのは、軽戦車、中戦車合わせて20両だった。

それでもマレー作戦から大陸打通作戦まで、日本軍も自動車の運用経験や戦車戦術の経験をそれなりに蓄積していただろう。

そしてマレー半島よりも中国大陸こそが機甲部隊の運用には理想的であったかもしれない。だがすでに述べたように、第一機甲軍は一九四三年一〇月に解隊され、部隊は各戦域に転戦することを余儀なくされた。

とはいえ戦車の性能や数量を考えると、仮に機甲軍が解隊されなかったとしても、活躍できた余地は限定的なものだっただろう。海上輸送路の安全も確保されず、制空権の確保も難しくなっていたためだ。輸送手段と制空権が保障されていない状況では、機甲部隊に限らず、どのような部隊でも活躍は期待できない。

よしんば輸送の安全や制空権が確保されていたとしても、肝心の戦車の火力と防御の問題がある。一九四二年の機甲軍創設の時点で、主力の中戦車でさえ、短砲身の五七ミリ砲搭載の九七式中戦車であり、軽戦車も三七ミリ砲の九五式軽戦車であった。

新型砲塔搭載の九七式中戦車にしても、その主砲は対戦車砲をベースとしているとはいえ、口径は四七ミリにすぎなかった。そしてすでに諸外国の戦車の火力は七〇ミリ以上が当たり前になりつつあった。

それを「工業力の差」で片付けるのは簡単ではあるが、日本陸軍はノモンハン事件前に戦車の火力増強の必要性を理解していた。だが、そこから一式中戦車が登場してきたのは、機甲軍司令部が新編されるのとほぼ同時期なのである。

まともな自動車産業も部品産業もない時代に、年度予算の関係で極めてタイトなスケジュールながら国産戦車第一号が製作されたことと、機甲軍創設が平時ではなく戦時下であることを考えるなら、三年は決して短い歳月ではないだろう。単純な比較はできないものの、同じ陸軍でも五式一五センチ高射砲のようなレーダーと連動した高性能兵器を二年足らずで開発した事例もあるのである。

九七式戦車誕生までは、おおむね世界水準だった日本の戦車が急激に後れをとったのは、工業力の問題以前に、兵器行政全般における陸軍のマネジメントの問題なのではあるまいか。むしろ工業力で劣るからこそ、日本陸海軍には諸外国に勝る合理的な兵器行政に関するマネジメントが必要だったはずである。

そしてそれは単に兵器生産の問題にとどまらず、国家戦略全般にいえよう。陸海軍や関係官庁があれだけ産業や経済の統制を進めたのは、それらの効率化のための手段ではなかったか？　だが現実は統制経済は、統制それ自体が目的となっていたかのようである。これこそ国家によるトップマネジメントの問題だろう。

故障を招いた背景と要因

マネジメントという問題に関して、本書の最後で考えたいことがある。それは日本軍の自動車の故障問題についてである。

満洲事変から太平洋戦争にかけて、自動車隊にかかわった人々の手記を読むと、必ずといってよいほど言及しているのは自動車の故障・修理の苦労についてである。

国産車の信頼性が低いこととの対比で、戦前のフォードやGMのトラックが活躍した話は少なくない。最前線で自動車の故障に泣かされた兵士たちにとって、フォードやGM車より信頼性の低い国産車は、技術的に劣っていると解釈されても仕方ない面はある。

実際、自動車の性能向上のために『自動車技術委員会』が設けられたことはすでに述べた。

たとえば日華事変初期の頃の前線部隊（一九三八年の独立攻城砲第二大隊など）の資料を見ても、国産自動貨車の故障の報告に関するリストの長さと比べて、フォードやGM車のリストはその四分の一から三分の一程度なのも事実である。ただ、こうした従来から指摘されている国産車の故障に関して、単純に「日本の自動車技術の問題」で片付けるのは適当ではないようだ。

一例として、日本軍の自動貨車を鹵獲したアメリカ軍の評価報告がある。それによると彼らは重量あたりの馬力の低さや、一部車両に関してはアメリカ車の模倣などと評しているほか、構造上の問題にも言及している。しかし、信頼性の問題についての言及はなく、九四式自動貨車のように「信頼性が高い」と評価されているものさえある。

鹵獲車の評価試験と実戦での運用を同列に語ることには不適当な部分もあるかもしれないが、少なくともアメリカ軍の試験では、信頼性を疑わせるような事案はなかったことは推測できる。

では、この食い違いはどこから生じるのか？　一つにはそれは運用する側の運用方法の違いからである。

総じて自動車慣れしているアメリカ人は、日本兵よりも適切に自動車を扱ったために、信頼性を疑わせるような故障には遭わなかったのだろう。そう考えられるのは、実は日本軍において自動車の故障率に部隊ごとに大きな違いがあるからである。

一九四一年のデータ（出典は『産業の昭和社会史「自動車」』日本経済評論社収録の陸軍機甲学校「自動車の故障と教育訓練」）から興味深い事実が見えてくる。

Ａ：常設自動車隊／平時保管自動車
Ｂ：常設騎兵連隊／平時保管自動車（程度不良）
Ｃ：動員自動車隊／内地で徴発された自動車
Ｄ：臨時編成自動車隊／程度良好の新車多数

このＡからＤの部隊で調べた結果、Ａの常設の自動車隊で程度良好の平時保管車を用いる部隊で三か月平均故障率が六七パーセントで最も故障率が低く、ついでＢの八一パーセント、Ｃの一一五パーセント、Ｄの二七六パーセントに続く。

それぞれの部隊について、具体的にどのような自動車が配備されていたかは不明であるが、ある程度の推論は可能だ。

Ａに関しては、大衆車が配備されるのが常であるから、フォード・ＧＭ・トヨタ・日産のいずれかであろうが、ノモンハン事件の自動車連隊の事例で考えれば、異なる自動車を扱う中隊がいくつか編成されていたと思われる。自動車連隊はアメリカ車が多数派であった。

Ｂは、常設の騎兵連隊であるので九四式六輪自動貨車の系統である可能性が高いだろう。

Ｃは、動員により短期間に徴用可能なことから国内での数が多いフォード・ＧＭのトラックとして間違いはないだろう。

Ｄは、臨時編成の自動車隊で、新車とあるから大衆車型であるトヨタ・日産のトラックと考えられる。

以上の推論を前提に考えると、信頼性が高いといわれるフォード・ＧＭのトラックを扱っているはずなのに、ＣはＡの七割増しで故障が多い。逆にＢは程度の悪い国産車でありながら、故障率はＣよりはるかに低く、Ａの二割増し程度でしかない。

このことは、国産車・アメリカ車にかかわらず、常設自動車隊の故障率は低いという事実だ。

つまり使用機材が自動車隊の自動車の稼働率の向上には、教育訓練が必要であることを意味する。そこに常設部隊と臨時編成・動員部隊との差が生まれる。

事実、先のＡからＤの部隊における廃車原因のうちで、衝突大破や失火喪失が報告されているのはＣ

徐州攻略作戦で行軍中の部隊。フォード、シボレーの４輪トラックに、大勢の歩兵が乗車している。写真のフォードなど大衆車クラスのトラックは本来、後方での兵站輸送に使用する車種であったが、戦争の拡大にともなう自動車需要の急増で作戦部隊の機動戦闘にも用いられた。

とDの部隊だけである。それだけでなく、故障原因で「不注意に起因する」とされたものは、Aでは一〇・三パーセント、Bでは一七パーセントに対して、Cでは六四パーセントに達している（Dについては不明だが、同程度に高いものと推測される）。

さて、おそらくは新車のトヨタ・日産の自動車を提供されている臨時編成自動車隊のDについて考察してみる。

Dは廃車の原因も深刻なら、故障率も突出して高い。ともかく三か月の間に同一車が三回故障、つまり毎月一回は故障しているようなものだ。これだけならば国産大衆車の技術的問題が主因であるかに見える。しかし、Dの故障率の高さにはもっと深刻な問題があった。

機甲整備学校の指摘によると、Dに支給された新車は、慣らし運転や初期メンテナンスの配慮なしのまま、実戦に投入したことが、故障を頻発させた原因であった。戦時下では、自動車が足りず、輸入車も手に入らないという状況で、工場で完成した国産トラックは、すぐに陸軍の兵器廠や補給廠に送られ、そこからさらに前線へと運ばれていた。

この間、兵器廠や補給廠で慣らし運転などを行なった形跡もなく、受領した部隊では慣らし運転や初期メンテナンスをする余裕がないのが実情であった。当時の手記などを読んでも、補給廠などで受領された自動車は、そのまま部隊で輸送任務に投入されている（もっとも自動貨車の履歴などを見ると、一台の自動車が補給廠や自動車廠を介して複数の部隊を渡り鳥のように移動することも珍しくなく、受領した自動車が常に新車とは限らなかった）。

本来なら慣らし運転など、なされるべき作業が省略され、自動車は前線に投入された。自動車の故障が増える背景はこうして作られていったのだ。

国内徴用車のCと国産新車のDの比較でも故障率に倍以上の差があるのは、徴用車の場合は、十分な慣らし運転や初期メンテナンスが行なわれていたことが大きいのではないだろうか。Bのように国産車でも、常設部隊では故障率は低いことからも、そう推論できる。

自動車の扱いに慣れた部隊だと故障率が低い。それは裏を返せば、当時の自動車は整備に手間を要し、運用に相応の専門知識を必要としたということである。このあたりの感覚はエンストとも無縁で、整備らしい整備も必要とせず、極論すればガソリンさえ補給すればどこまでも走る今日の自動車しか知らない人間には、なかなか理解できないだろう。

だがこの時代の自動車、特に国産車では、注油箇所も多く、しかも部位ごとに用いる油が異なるなど、整備には相応の手間がかかる機械だったのである。

このことは一九四〇年の『輜重兵操典』においても、「自動車の整備の良否は任務達成に影響すること頗る大なり。故に綿密の之が基礎的教育を行うと共にしばしば状況を設けその演練を重ねるを要す」と自動車の「基礎教育」の重要性を特に述べている。つまりあえて一項を独立させてまで、こうした指摘が必要な現実が日華事変から三年後の日本陸軍にはあったわけだ。

重要なのは、「整備の重要性」を指摘する文脈の中で指摘されているのが「整備頻度」の話ではなく「基礎教育」である点だろう。それだけ当時の軍用車を運用するためには、要求される知識水準は高かった。
実際に当時の自動車関係の教範などを見ても、自動車の細かい構造についての説明とともに、それらのメンテナンスの仕方や、故障時の対応などが記されていることが珍しくない。使用すべき液体潤滑油だけで用途によって実に八種類の区分があるのだ。小隊ごとに車廠を設定し、中隊縦列では収容班が脱落車の整備・調整にあたったのも、自動車がそうした機械であるためだ。

終始つきまとった整備の問題

ここで再び「日本軍の自動車の信頼性」について考えなければなるまい。つまり「自動車の技術水準で劣るから故障しやすい」という通説の是非についてである。

兵器の信頼性とは、（狭義の）機械の技術水準プラス利用者側の運用術の両方の条件が揃って、初めて成立することがわかろう。

むろん「武人（ぶじん）の蛮用（ばんよう）」に堪えてこその兵器技術という意見もあるだろう。しかし、よほどの極限状態にでもない限り、素人をいきなり前線に出すような軍隊はない。

その国の置かれた状況により、程度の差はあるとしても、訓練を施した上で戦場に出ることになる。

当然その中には、与えられた兵器の運用術や整備点検の知識も含まれる。

たとえば前述の自動車隊で設定される車廠だが、そこで行なわれる業務は次のとおりである。

- 自動車各部の検査と異常の有無の確認（異常があれば分隊長に報告）
- 不調箇所の修理調整
- 綿密な手入れ（特に故障しやすい部位の手入れ）
- 冷却水の補充
- 機械油の補充
- 重要個所への給脂（グリスなどの油）

ざっと項目を挙げただけでもこれだけの作業があり、また必要だった。たとえば潤滑油の管理一つとっても、注油量だけでなく油質管理が必要で、特に堆積しているエンジン内のスラッジの清掃を怠らないことが要求された。

常設部隊では、これだけの整備点検を実施できる将兵の教育が可能だった。しかし、臨時編成や緊急動員で編成された部隊では、すべての将兵にそこまで入念な訓練を施す時間的余裕はなかっただろう。

なぜなら師団数の急増の前に、開戦前のような時間と手間をかけた人材育成など不可能となっていたためだ。それが臨時編成や動員部隊での初歩的な故障の発生を生むことになる。

報告されている故障例をいくつか挙げよう。

●プラグの型式がエンジンと合っていない
●プラグのギャップが調整されていない
●手入れのためにプラグを焼いて毀損(きそん)する
●バッテリーの電解液管理の杜撰(ずさん)さ
●セルモーターの回しすぎ
●ブレーキのエア抜き忘れ
●オイルブレーキにエンジンオイルを誤用する

これらはほんの一例であったらしい。いずれも初歩的なミスであり、本来ならば教育・訓練で回避可能な事案だ。

陸軍機甲整備学校でも自動車の損耗傾向を調査し、「自動車部隊には四～五日、少なくとも一週間に一日は整備の日を与える必要がある」と結論している。さらに「輸送力を維持するためには故障・定期修理も考慮し、約二割以上の余裕を胸算(きょうさん)した車両数で計画・運用するのを適当とすべきである」とも述べている。

しかし、部隊数の急増とそれにともなう自動車需要の拡大、さらに自動車部隊の急増と訓練の速成化にともなう技量の低下は、「二割の余裕」など実現できる環境ではなく、自動車の酷使が故障を増大させ、稼働率を下げ、それが再び自動車の酷使につながるという悪循環に陥っていたのが現実だった。

陸軍機甲整備学校の調査でも一〇〇両の自動車を三〇日運用した場合、三〇日後の稼働車数は七五両を切り、三日に一両は廃車になっていたという。

前線の自動車部隊で国産車よりフォードやＧＭの

自動車が歓迎されたのも、国産車よりも相対的にメンテナンスが容易だったことが大きかったと思われる。ただ前述のとおり、国産車もメンテナンスが十分であれば、必要十分な性能を発揮できたのも事実である。逆にフォードやGMの自動車であったとしても、不適切に扱うならば、故障してしまうのだ。

問題はむしろ、その十分なメンテナンスを実現するための条件が、次々と成立しなくなっていた点にある。

日華事変では、部隊の急増により、自動車隊の将兵の知識・経験は不十分になり、適切な自動車の運用ができなくなっていた。さらに追い打ちをかけたのは部隊の急増にともなう自動車需要の増大に供給が追いつかないという事実である。

たとえば日華事変の翌年のある砲兵大隊を見ると、大隊にはフォード・GM・日産のトラックが混在していた。日本から送られた日産の自動貨車と、満洲などで徴用されたトラックが一つの部隊で運用されていたわけだ。徴用車の場合、同じフォード・GMでも製造年の違いから、型式も違っていたという。

結果として、故障を起こしても部隊内で部品の融通も修理方法も異なり、自隊内での修理ができないだけでなく、野戦自動車廠にも部品がなく、上海や大連のバイヤーから部品を購入しなければならないことも多々あったという。これでは稼働率が向上するはずもない。

このように人材育成と兵站の裏付けを欠いたまま、短期間で部隊編成を急いだことが、自動車の型式の混在を招き、それが稼働率の低下につながり、十分な整備時間を設ける余裕を奪う。それがさらに稼働率を悪化させる。稼働率の悪化は補給部品や燃料、機械油の前線での入手を困難にし、それがまた稼働率を下げる。

さらに太平洋戦争期になると自動車部品も代用材料を用いねばならなくなり、海上輸送路の安全確保の失敗が国内で生産される部品の質の低下と同時に、その低下した品質の部品の海上輸送を困難にする。

そうした観点で考えるならば、日本軍の国産自動車の信頼性の問題は、機械的信頼性と稼働率に分けて考える必要があるだろう。アメリカ車と比較して日本車には鉄材の品質から始まって、電装品の耐久性など機械的信頼性で見劣りするのは事実としてあっただろう。

頻繁な整備が必要であることも、そうした技術面の問題といえなくもない。しかしながら、稼働率に関しては、必要かつ適切な整備を行なう限り、アメリカ車に劣らない稼働率が実現されていたのもまた事実である。

部品の信頼性にしても、故障部品の交換が迅速にできたなら、稼働率が低下することはないのだ。

つまり兵站機能が適切に機能していたならば、前線の将兵が国産車の故障・修理に泣くことはなかったのである。言い換えるなら、信頼性を維持するために必要な兵站に関する組織面での構造的な欠陥こそが、この問題の主たる原因といえるのではないだろうか。

日本車の技術的問題は、稼働率という観点で見るならば、人材育成も含めて兵站が機能していたならば、マレー作戦の日本軍のように高い水準で維持可能だったのだ。大本営レベルの戦争マネジメントの失敗が、自動車不足と稼働率低下を招き、最前線の将兵がそのツケを血と汗で払うことになったのだ。

ソロモン諸島やニューギニアなどの戦場で、日本兵の大半は戦闘ではなく、飢餓と疾病（しっぺい）により命を失った。それを考えるなら、人間である将兵に対してさえ、十分な食料・医療支援が行なえなかったのであれば、機械である自動車に対して、十分なメンテナンスを期待するほうが無理なのは当然であろう。

主な参考文献

『富国強馬』武市銀治郎、講談社選書メチエ
『日本の鉄道　成立と展開』野田正穂ほか、日本経済評論社
『産業の昭和社会史「自動車」』日本経済評論社
『日本製鋼技術史』下川義雄　アグネ技術センター
『大砲入門』佐山二郎、光人社
『わが国自動車工業の史的展開』国立国会図書館調査立法考査局
『日本自動車工業史』呂寅満、東京大学出版会
『戦前の日米自動車摩擦』櫻井清、白桃書房
『軍用自動車入門』高橋昇、光人社
『日本自動車史』佐々木烈、三樹書房
『国産車づくりへの挑戦』桂木洋二、グランプリ出版
『モーターサイクルの日本史』日本自動車工業界篇、山海堂
『日本自動車産業の成立と自動車製造事業法の研究』大場四千男、信山社
『日本自動車産業史研究』大場四千男、北樹出版
『国産トラックの歴史』中沖満、グランプリ出版
『日本軍機甲部隊の編成・装備（1）』敷浪迪、ガリレオ出版
『日本軍機甲部隊の編成・装備（2）』敷浪迪、ガリレオ出版
『輜重兵史（上下）』輜重兵史刊行委員会
『輜重兵操典』陸軍省編、川流堂
『自動車第一連隊史』自動車第一連隊史編纂委員会
『日本自動車産業史』日本自動車工業界
『別冊一億人の昭和史　昭和自動車史』毎日新聞社
『世界の自動車75』朝日新聞社
『自動車』大島卓・山岡茂樹、日本経済評論社
『日本陸軍の火砲　野戦重砲』佐山二郎、光人社
『機甲入門』佐山二郎、光人社
『第二次世界大戦の日本軍用車両』デルタ出版

『日本の戦車と軍用車両』高橋昇、文林堂
『ドキュメント昭和　アメリカ車上陸を阻止せよ』ＮＨＫドキュメント昭和取材班編、角川書店
『日本砲兵史』陸上自衛隊富士学校特科会編、原書房
『高射戦史』下志津（高射学校）修親会
『帝国陸軍機甲部隊』加登川幸太郎、白金書房
『戦車と将軍』土門周平、光人社
『日本騎兵史』萠黄会
『陸軍機甲部隊』歴史群像太平洋戦史シリーズ、学研
『臨時軍事費特別会計』鈴木晟、講談社
『戦車と砲戦車』歴史群像太平洋戦史シリーズ、学研
『日本陸軍の火砲―歩兵砲対戦車砲他』佐山二郎、光人社

アジア歴史資料センター
C12121564000　陸軍軍需審議会幹事会経過の概要
C12121563900　陸軍軍需審議会幹事会経過の概要（兵器研究方針一部改定の件）
C13010510500　第二次「ノモンハン」事件より見たる戦車の価値に就いて
C10003520800　人員車両一覧表（戦車第四連隊）
C10005956100　戦車第五連隊編成基準表
C10003652200　第一戦車団・第二戦車団人馬一覧表
C10007516300　独立混成第一旅団戦車隊編制改正着手手順表
C10002697100　在満諸部隊編制に対する意見提出の件
C02030204500　大正１４年　戦時編制改正理由書
C01004244800　列強歩兵支援用主力戦車参考諸元表
国立公文書館
A02030261900　陸軍機甲本部令
A03032012400　戦車自動車に関する陸軍技術本部兵器研究方針抜粋
写真／資料協力
靖國偕行文庫

おわりに

いまは定年退職されたある自動車エンジニアに伺った話であるが、戦後日本の自動車産業の転換点は、東名高速道路の開通であるという。

東名高速ができるまで、日本の自動車は時速60キロ以上の速度で長時間走行するという経験がなかったのだ。舗装道路が普及したとしても、まだ限られており、長時間それだけの速度で移動することはまずできなかった。

それで何が起きたかといえば、オーバーヒートする国産車が続出し、ここから「東名高速を走行できる自動車」が一つの合言葉となり、各社でそうした自動車開発が続いたのだという。

本書を書くにあたって感じたのは、戦前と今日の自動車技術の違いである。エンストとは無縁なのは当たり前。家電並みに故障しない機械がいまの自動車だ。

しかし、著者が子供の頃の国産車は違った。少し油断すればエンストは起きたし、キーを入れてもエンジンが始動しないことも珍しくなかった。

だがそれも戦後の自動車の話であり、戦前の自動車にはエンジン始動のための苦労があり、稼働率を維持するためには、自動車のローテーションや整備など組織的な運用が必要だった。

第二次世界大戦では各国の軍隊で多数の自動車が使用された。しかし、それは同時に大量の自動車を運用するには軍隊のような組織が必要だったことも意味していた。

自動車が円滑に運用できたかどうか。それはそのままその軍隊の組織が健康か、あるいは何らかの病理を抱えていたかを表していたのである。

林譲治（はやし・じょうじ）
1962年2月、北海道生まれ。ＳＦ作家。臨床検査技師を経て、1995年『大日本帝国欧州電撃作戦』（共著）で作家デビュー。2000年以降は『ウロボロスの波動』『ストリンガーの沈黙』と続く《ＡＡＤＤ》シリーズをはじめ、『記憶汚染』『進化の設計者』などを発表。最新刊は『星系出雲の兵站』（以上、早川書房刊）。家族は妻および猫（ラグドール）のコタロウ。

日本軍と軍用車両
—戦争マネジメントの失敗—

2019年（令和元年）９月５日　印刷
2019年（令和元年）９月15日　発行

著　者　林　譲治
発行者　奈須田若仁
発行所　並木書房
〒170-0002東京都豊島区巣鴨2-4-2-501
電話(03)6903-4366　fax(03)6903-4368
http://www.namiki-shobo.co.jp
作　図　神北恵太
編集協力　渡部龍太

印刷製本　モリモト印刷
ISBN978-4-89063-389-0